高等院校电气信息类专业“互联网+”创新规划教材

电磁场与电磁波

主　编　李丽君　郑娟娟

副主编　马　茜　张兆川

内 容 简 介

本书以培养学生学习专业基础理论兴趣、开拓学生的视野为目标，循序渐进地阐述了电磁场与电磁波的基础理论和分析方法。本书共8章，通过恰当地导入案例和阅读材料，增强了本书的可读性；用物理概念解释理论结果和数学推导，降低了学习难度；通过丰富的习题练习，强化了书中的知识点。

本书适用面较广，可作为高等院校理工科相关专业本科生的专业教材，还可作为从事电子信息工程、电气工程、通信工程和控制科学与工程等领域工作的工程技术人员的参考书。

图书在版编目(CIP)数据

电磁场与电磁波 / 李丽君，郑娟娟主编．—北京：北京大学出版社，2022.9

高等院校电气信息类专业"互联网+"创新规划教材

ISBN 978-7-301-33223-8

Ⅰ．①电…　Ⅱ．①李…②郑…　Ⅲ．①电磁场—高等学校—教材②电磁波—高等学校—教材　Ⅳ．①O441.4

中国版本图书馆CIP数据核字(2022)第142871号

书　　名　电磁场与电磁波
　　　　　　DIANCICHANG YU DIANCIBO
著作责任者　李丽君　郑娟娟　主编
策划编辑　郑　双
责任编辑　孙　丹　郑　双
数字编辑　蒙俞材
标准书号　ISBN 978-7-301-33223-8
出版发行　北京大学出版社
地　　址　北京市海淀区成府路205号　100871
网　　址　http://www.pup.cn　新浪微博：@北京大学出版社
电子信箱　pup_6@163.com
电　　话　邮购部010-62752015　发行部010-62750672　编辑部010-62750667
印 刷 者　北京飞达印刷有限责任公司
经 销 者　新华书店
　　　　　　787毫米×1092毫米　16开本　13.5印张　324千字
　　　　　　2022年9月第1版　2022年9月第1次印刷
定　　价　45.00元

前　言

“电磁场与电磁波”是电子及电气类专业的一门理论性较强的专业基础课，在大学物理电磁学的基础上，深入阐明电磁场与电磁波的基本概念、基本规律、基本分析和计算方法，运用电磁场和电磁波的理论及分析方法，解决和研究电磁场与电磁波及其相关问题；系统讲授静电场、恒定电场、恒定磁场、时变电磁场、均匀平面波、导行电磁波、电磁辐射等内容。通过学习，学生可以掌握电磁场与电磁波的基本概念和基本规律，能够运用数学知识求解电磁场的相关问题，训练并提高电磁场与电磁波方面的运算能力和抽象思维能力。

“电磁场与电磁波”课程中数学公式的推导较多，学生在学习过程中易受挫折和感觉乏味。本书在充分吸收经典教材内容的基础上，博采众家之长，内容全面，讲解方法新颖，以简单、易懂的引例引起学生的学习兴趣，在降低学习难度的基础上，尽可能省略冗长的数学推导过程。

本书由李丽君、郑娟娟任主编，马茜、张兆川任副主编。具体编写分工如下：第1～4章由郑娟娟编写，第5～7章由李丽君编写，第8章由马茜编写，张兆川参与了第5～8章的书稿校正和修改工作。另外，徐天纵、贾聪莹、展邦童、邵常升、孙佳佳、吕钰梦、李敏等参与了文字校对和图表制作工作，书中部分动画视频由中电科思仪科技股份有限公司协同制作，在此一并表示感谢。

由于编者水平有限，书中难免存在错误和不足之处，希望广大读者批评指正。

编　者

2022年3月

资源索引

目　录

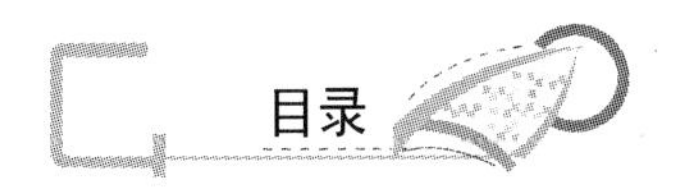

第1章

矢量分析和场论基础

电磁场是分布在三维空间的矢量场，矢量分析和场论是研究电磁场空间分布及变化规律的重要数学工具。本章系统地介绍了矢量分析和场论基础，给出了矢量的定义和基本运算，介绍了与电磁场理论密切相关的场论概念，如标量场的梯度、矢量场的散度与旋度等，以及场论中的散度定理、旋度定理、格林定理和亥姆霍兹定理等。

教学目标

1. 掌握矢量的基本运算。
2. 掌握标量场的梯度。
3. 掌握矢量场的散度与旋度。
4. 掌握矢量场的通量与环量。
5. 理解格林定理和亥姆霍兹定理。

教学要求

知识要点	能力要求	相关知识
矢量的基本运算	(1) 掌握标量与矢量的定义； (2) 掌握矢量的基本运算	标积与矢积
标量场	(1) 了解标量场的方向导数； (2) 掌握标量场梯度的定义与计算	等值面，哈密顿算子
矢量场	(1) 掌握矢量场的通量与散度的定义和计算； (2) 掌握矢量场的环量与旋度的定义和计算	散度定理与旋度定理，拉普拉斯算子
格林定理和亥姆霍兹定理	(1) 理解格林定理； (2) 理解亥姆霍兹定理	通量源和旋涡源，无旋场和无散场

基本概念

标量场的梯度：等于场点处的最大方向导数，沿着最大方向导数的方向。

矢量场的通量：矢量沿有向曲面或闭合曲面的面积分称为通量。

矢量场的散度：单位体积内的通量称为散度，也称通量密度。

矢量场的环量：矢量场沿有向闭合曲线的线积分称为矢量场沿该曲线的环量。

矢量场的旋度：等于场点处的环量密度的最大值，沿着最大环量密度的方向。

发现故事：

奥利弗·亥维赛（Oliver Heaviside，1850—1925）是英国物理学家、电气工程师。他自学微积分和麦克斯韦的《电磁通论》（*A Treatise on Electricity and Magnetism*），创立矢量分析学，并将电磁学中著名的麦克斯韦方程组改写为今天人们所熟知的形式。他将麦克斯韦方程组表述的符号系统由四元数改为矢量，将原来的 20 个方程精简到 4 个微分方程。

1.1 矢量的基本运算

1.1.1 标量与矢量

只有数值、没有方向特征的量称为标量。既有数值又有方向特征的量称为矢量，本书以黑斜体表示。标量的空间分布构成标量场，矢量的空间分布构成矢量场。在电磁场中，电场强度及磁场强度等物理量都是矢量。

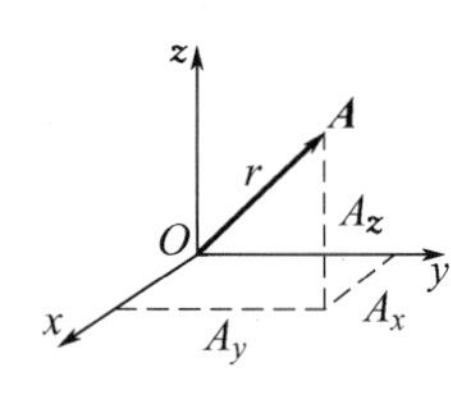

图 1-1 矢量的几何表示

矢量 $\boldsymbol{A}$ 的几何表示是一条有向线段，如图 1-1 所示，线段的长度表示矢量 $\boldsymbol{A}$ 的值，其指向表示矢量 $\boldsymbol{A}$ 的方向。矢量的值称为矢量的模，以绝对值符号 $|\boldsymbol{A}|$ 或斜体 A 表示。矢量的方向可以用单位矢量（模为 1 的矢量）$\boldsymbol{e}_r$ 表示，单位矢量

$$\boldsymbol{e}_r=\frac{\boldsymbol{A}}{|\boldsymbol{A}|} \tag{1-1}$$

则矢量 $\boldsymbol{A}$ 可表示为

$$\boldsymbol{A}=|\boldsymbol{A}|\boldsymbol{e}_r \tag{1-2}$$

在直角坐标系中，矢量 $\boldsymbol{A}$ 可以分解为 3 个相应的坐标分量 A_x，A_y，A_z。若 $\boldsymbol{e}_x$，$\boldsymbol{e}_y$，$\boldsymbol{e}_z$ 分别表示 x 轴、y 轴、z 轴方向上的单位矢量，则矢量 $\boldsymbol{A}$ 可表示为 3 个坐标轴上投影的合成矢量，即

$$\boldsymbol{A}=A_x\boldsymbol{e}_x+A_y\boldsymbol{e}_y+A_z\boldsymbol{e}_z \tag{1-3}$$

1.1.2 矢量的基本运算

1. 矢量的加减

两个矢量相加，如图 1-2（a）所示，矢量 $\boldsymbol{A}$ 与矢量 $\boldsymbol{B}$ 分别为平行四边形的两条边，

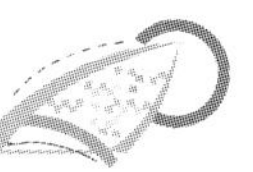

对角线为两个矢量之和

$$\boldsymbol{C}=\boldsymbol{A}+\boldsymbol{B} \tag{1-4}$$

两个矢量相减［图 1－2（b）］可以归结为相加运算，例如

$$\boldsymbol{D}=\boldsymbol{A}-\boldsymbol{B}=\boldsymbol{A}+(-\boldsymbol{B}) \tag{1-5}$$

在同一坐标系中，两个矢量的加减等于对应坐标分量的加减。例如，在直角坐标系中，若矢量 $\boldsymbol{A}$ 的坐标分量为（A_x，A_y，A_z），矢量 $\boldsymbol{B}$ 的坐标分量为（B_x，B_y，B_z），则合成矢量 $\boldsymbol{C}$ 的坐标分量为（A_x+B_x，A_y+B_y，A_z+B_z）。

2. 矢量的数乘

若矢量 $\boldsymbol{A}$ 与标量 k 相乘，则其乘积仍然是一个矢量，但各坐标分量均乘以 k，可表示为

$$\boldsymbol{B}=k\boldsymbol{A} \tag{1-6}$$

可见，矢量 $\boldsymbol{B}$ 等于矢量 $\boldsymbol{A}$ 的 $|k|$ 倍。若 $k>0$，则矢量 $\boldsymbol{B}$ 与矢量 $\boldsymbol{A}$ 同向，如图 1－3(a) 所示；若 $k<0$，则矢量 $\boldsymbol{B}$ 与矢量 $\boldsymbol{A}$ 反向，如图 1－3（b）所示。

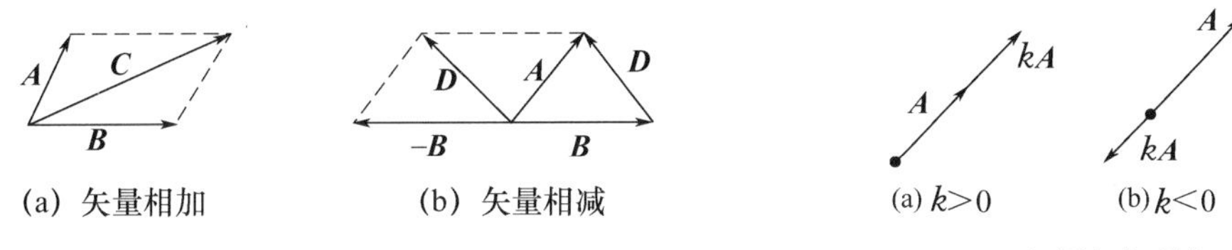

(a) 矢量相加　(b) 矢量相减

图 1－2　矢量的加减

(a) $k>0$　(b) $k<0$

图 1－3　矢量与标量相乘

3. 矢量的标积

矢量的标积又称点积或内积，以点号“·”表示，定义为两个矢量的值与它们之间夹角的余弦之积。如图 1－4 所示，若矢量 $\boldsymbol{A}$ 与矢量 $\boldsymbol{B}$ 的夹角为 θ，则两个矢量标积的几何表达式为

$$\boldsymbol{A}\cdot\boldsymbol{B}=|\boldsymbol{A}||\boldsymbol{B}|\cos\theta \tag{1-7}$$

式中，$|\boldsymbol{B}|\cos\theta$ 为矢量 $\boldsymbol{B}$ 在矢量 $\boldsymbol{A}$ 方向上的投影，即矢量 $\boldsymbol{B}$ 在矢量 $\boldsymbol{A}$ 方向上的分量。

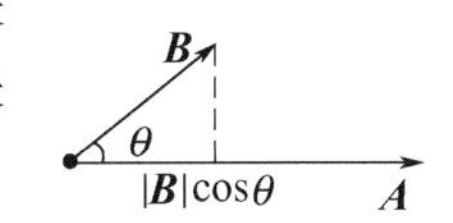

图 1－4　矢量的标积

由式(1－7) 可知

$$\boldsymbol{A}\cdot\boldsymbol{B}=\begin{cases}0 & \boldsymbol{A}\perp\boldsymbol{B}\\ |\boldsymbol{A}||\boldsymbol{B}| & \boldsymbol{A}/\!/\boldsymbol{B}\end{cases} \tag{1-8}$$

在直角坐标系中，矢量 $\boldsymbol{A}$ 和矢量 $\boldsymbol{B}$ 分别为

$$\boldsymbol{A}=A_x\boldsymbol{e}_x+A_y\boldsymbol{e}_y+A_z\boldsymbol{e}_z$$

$$\boldsymbol{B}=B_x\boldsymbol{e}_x+B_y\boldsymbol{e}_y+B_z\boldsymbol{e}_z$$

则矢量 $\boldsymbol{A}$ 与矢量 $\boldsymbol{B}$ 标积的代数表达式为

$$\boldsymbol{A}\cdot\boldsymbol{B}=A_xB_x+A_yB_y+A_zB_z \tag{1-9}$$

4. 矢量的矢积

矢量的矢积又称叉积或外积，以符号“×”表示。设

$$\boldsymbol{C}=\boldsymbol{A}\times\boldsymbol{B} \tag{1-10}$$

矢量 $\boldsymbol{C}$ 的值等于矢量 $\boldsymbol{A}$ 和矢量 $\boldsymbol{B}$ 的值与它们之间夹角的正弦之积，矢量 $\boldsymbol{C}$ 的方向垂

直于矢量$\boldsymbol{A}$与矢量$\boldsymbol{B}$确定的平面，则两个矢量矢积的几何表达式为

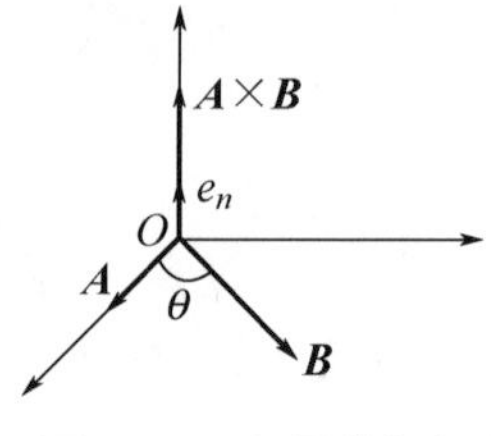

图 1-5　矢量的矢积

$$\boldsymbol{C}=\boldsymbol{A}\times\boldsymbol{B}=\boldsymbol{e}_n|\boldsymbol{A}||\boldsymbol{B}|\sin\theta \tag{1-11}$$

式中，$\boldsymbol{e}_n$是垂直于矢量$\boldsymbol{A}$和矢量$\boldsymbol{B}$所形成平面的单位矢量，其方向遵从由矢量$\boldsymbol{A}$到矢量$\boldsymbol{B}$的右手螺旋定则，如图 1-5 所示。

由式(1-11) 可见

$$|\boldsymbol{A}\times\boldsymbol{B}|=\begin{cases}0 & \boldsymbol{A}//\boldsymbol{B}\\ |\boldsymbol{A}||\boldsymbol{B}| & \boldsymbol{A}\perp\boldsymbol{B}\end{cases} \tag{1-12}$$

若在直角坐标系中，则矢量$\boldsymbol{A}$与矢量$\boldsymbol{B}$矢积的代数定义可表示为

$$\boldsymbol{A}\times\boldsymbol{B}=\begin{vmatrix}\boldsymbol{e}_x & \boldsymbol{e}_y & \boldsymbol{e}_z\\ A_x & A_y & A_z\\ B_x & B_y & B_z\end{vmatrix} \tag{1-13}$$

由此可见，矢量的矢积仍然是一个矢量。

1.2　标　量　场

对于一个标量场，不仅要掌握场量的空间分布情况，而且要知道它的变化规律。本节将介绍表征标量场变化规律的方向导数和梯度。

1.2.1　标量场的方向导数

在标量场中，由于各点标量的值可能不相等，因此某点标量沿着各方向的变化率可能不同。为了描述标量场的这种变化特性，引入方向导数的概念。标量场在某点的方向导数表示其自该点沿某个方向的变化率。

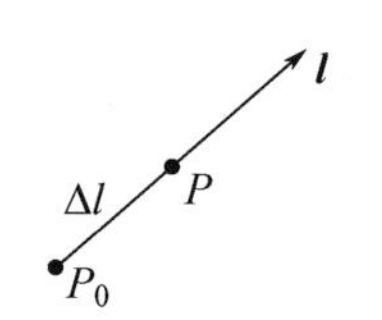

图 1-6　方向导数

对于定义在某空间的标量场，研究标量函数φ在其中的变化情况。如图 1-6 所示，将标量场在P_0点沿$\boldsymbol{l}$方向的方向导数$\left.\frac{\partial\varphi}{\partial l}\right|_{P_0}$定义为

$$\left.\frac{\partial\varphi}{\partial l}\right|_{P_0}=\lim_{\Delta l\to 0}\frac{\varphi(P)-\varphi(P_0)}{\Delta l} \tag{1-14}$$

式中，Δl为P_0点与P点的距离。

在直角坐标系中，方向导数

$$\frac{\partial\varphi}{\partial l}=\frac{\partial\varphi}{\partial x}\frac{\partial x}{\partial l}+\frac{\partial\varphi}{\partial y}\frac{\partial y}{\partial l}+\frac{\partial\varphi}{\partial z}\frac{\partial z}{\partial l} \tag{1-15}$$

矢量$\boldsymbol{l}$的方向余弦为$\cos\alpha$，$\cos\beta$，$\cos\gamma$，则式(1-15) 可转换为

$$\frac{\partial\varphi}{\partial l}=\frac{\partial\varphi}{\partial x}\cos\alpha+\frac{\partial\varphi}{\partial y}\cos\beta+\frac{\partial\varphi}{\partial z}\cos\gamma \tag{1-16}$$

1.2.2　标量场的梯度

方向导数解决了标量场中标量函数φ在给定点处沿某个方向的变化率的问题，但是某点有无穷多个变化方向，沿哪个方向的变化率最大？最大变化率是多少呢？这正是标量场梯度要解决的问题。

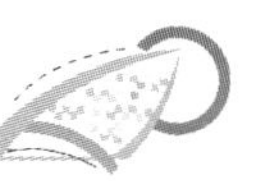

若令$\frac{\partial\varphi}{\partial x}$，$\frac{\partial\varphi}{\partial y}$，$\frac{\partial\varphi}{\partial z}$分别为矢量$\boldsymbol{G}$的3个坐标分量，即

$$\boldsymbol{G}=\boldsymbol{e}_x\frac{\partial\varphi}{\partial x}+\boldsymbol{e}_y\frac{\partial\varphi}{\partial y}+\boldsymbol{e}_z\frac{\partial\varphi}{\partial z} \tag{1-17}$$

矢量$\boldsymbol{l}$的单位矢量

$$\boldsymbol{e}_l=\boldsymbol{e}_x\cos\alpha+\boldsymbol{e}_y\cos\beta+\boldsymbol{e}_z\cos\gamma \tag{1-18}$$

则由式(1－16)，标量函数φ沿矢量$\boldsymbol{l}$方向的方向导数

$$\frac{\partial\varphi}{\partial l}=\boldsymbol{G}\cdot\boldsymbol{e}_l \tag{1-19}$$

矢量$\boldsymbol{G}$称为标量场φ的梯度，以grad φ表示，即

$$\mathrm{grad}\ \varphi=\boldsymbol{e}_x\frac{\partial\varphi}{\partial x}+\boldsymbol{e}_y\frac{\partial\varphi}{\partial y}+\boldsymbol{e}_z\frac{\partial\varphi}{\partial z} \tag{1-20}$$

由此可见，标量场φ的梯度是一个矢量场。由式(1－19)可知，当$\boldsymbol{e}_l$的方向与梯度方向一致时，方向导数$\frac{\partial\varphi}{\partial l}$取最大值。因此，梯度值等于该点的最大方向导数值，方向为该点φ具有最大方向导数的方向。

标量$\varphi(x, y, z)$等于常数的点构成的曲面称为标量场的等值面。某点梯度的3个坐标分量是与等值面垂直方向的3个方向数，即梯度的方向为等值面的法线方向。因此，梯度的方向与等值面垂直，且指向标量场数值增大的方向。

综上所述，标量场的梯度具有如下3个特征。

(1) 标量场的梯度是一个矢量，是空间坐标的函数。

(2) 梯度值为该点标量函数的最大变化率，即该点的最大方向导数值。

(3) 梯度的方向为该点最大方向导数的方向，垂直于等值面，且指向函数值增大的方向。

下面介绍一阶微分算子，称为哈密顿算子∇(读作Del)。

在直角坐标系中，哈密顿算子∇记为

$$\nabla=\boldsymbol{e}_x\frac{\partial}{\partial x}+\boldsymbol{e}_y\frac{\partial}{\partial y}+\boldsymbol{e}_z\frac{\partial}{\partial z} \tag{1-21}$$

标量函数φ的梯度表达式为

$$\nabla\varphi=\boldsymbol{e}_x\frac{\partial\varphi}{\partial x}+\boldsymbol{e}_y\frac{\partial\varphi}{\partial y}+\boldsymbol{e}_z\frac{\partial\varphi}{\partial z} \tag{1-22}$$

即

$$\mathrm{grad}\ \varphi=\nabla\varphi \tag{1-23}$$

在柱坐标系中，标量函数φ的梯度表达式为

$$\nabla\varphi=\boldsymbol{e}_\rho\frac{\partial\varphi}{\partial\rho}+\boldsymbol{e}_\phi\frac{1}{\rho}\frac{\partial\varphi}{\partial\phi}+\boldsymbol{e}_z\frac{\partial\varphi}{\partial z} \tag{1-24}$$

在球坐标系中，标量函数φ的梯度表达式为

$$\nabla\varphi=\boldsymbol{e}_r\frac{\partial\varphi}{\partial r}+\boldsymbol{e}_\theta\frac{1}{r}\frac{\partial\varphi}{\partial\theta}+\boldsymbol{e}_\phi\frac{1}{r\sin\theta}\frac{\partial\varphi}{\partial\phi} \tag{1-25}$$

梯度的一个重要性质就是梯度的旋度恒等于零，即

$$\nabla\times(\nabla\varphi)=0 \tag{1-26}$$

如果一个矢量场的旋度恒等于零，则该矢量场可以用另一个标量函数的梯度或负梯度表示，即如果

$$\nabla\times\boldsymbol{E}=0$$

则可令

$$\boldsymbol{E}=\nabla\varphi \text{ 或 } \boldsymbol{E}=-\nabla\varphi \tag{1-27}$$

式(1-27)中的正负取决于矢量场是沿着标量函数增大的方向还是减小的方向，若沿着标量函数增大的方向，则为正；若沿着标量函数减小的方向，则为负。

例 1-1 已知标量函数 $u(x,y,z)=x^2z+y^2x+2y$，求（2，1，1）处的梯度。

解 根据梯度的定义式(1-20)，求得标量函数 u 的梯度

$$\nabla u=(2xz+y^2)\boldsymbol{e}_x+(2xy+2)\boldsymbol{e}_y+x^2\boldsymbol{e}_z$$

在（2，1，1）处的梯度 $\nabla u=5\boldsymbol{e}_x+6\boldsymbol{e}_y+4\boldsymbol{e}_z$，其模 $|\nabla u|=\sqrt{77}$，即在（2，1，1）处的最大方向导数值（梯度）为 $\sqrt{77}$。

1.3 矢 量 场

为了描述矢量场的空间变化情况，揭示矢量场与源的关系，引入矢量场的散度和旋度的概念。

1.3.1 矢量场的通量与散度

1. 矢量场的通量

矢量 $\boldsymbol{A}$ 沿有向曲面 $\boldsymbol{S}$ 的面积分称为矢量 $\boldsymbol{A}$ 通过该有向曲面 $\boldsymbol{S}$ 的通量，以 Φ 表示，即

$$\Phi=\int_S \boldsymbol{A}\cdot \mathrm{d}\boldsymbol{S} \tag{1-28}$$

有向面元 $\mathrm{d}\boldsymbol{S}$ 的正法线方向的单位矢量为 $\boldsymbol{e}_n$，则 $\mathrm{d}\boldsymbol{S}=\boldsymbol{e}_n\mathrm{d}S$。

若 $\boldsymbol{S}$ 是闭合曲面，则

$$\Phi=\oint_S \boldsymbol{A}\cdot \mathrm{d}S \tag{1-29}$$

闭合曲面的方向通常规定为闭合面的外法线方向。根据矢量通过该闭合曲面的通量判断其是穿出闭合曲面还是进入闭合曲面，从而判断闭合曲面中源的性质。当矢量穿出闭合曲面时，$\Phi>0$，认为闭合曲面中存在正源；当矢量进入闭合曲面时，$\Phi<0$，认为闭合曲面中存在负源；当 $\Phi=0$（净通量为零）时，认为闭合曲面中无源。

2. 矢量场的散度

由上可知，可以根据通量判断闭合面中源的正负特性。但是，通量只能表示闭合面中源的总量。为体现场中任一点处通量源的分布情况，引入通量密度（散度）的概念。单位体积内的通量称为通量密度。若闭合曲面 $\boldsymbol{S}$ 无限收缩至一点，则矢量 $\boldsymbol{A}$ 通过闭合曲面 $\boldsymbol{S}$ 的通量与该闭合曲面包围的体积之比的极限称为矢量场 $\boldsymbol{A}$ 在该点的散度，以 $\mathrm{div}\boldsymbol{A}$ 表示，即

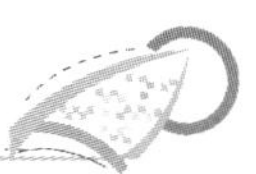

$$\mathrm{div}\boldsymbol{A}=\lim_{\Delta V\to 0}\frac{\oint_S A\cdot \mathrm{d}\boldsymbol{S}}{\Delta V} \tag{1-30}$$

式中，ΔV 为闭合曲面 $\boldsymbol{S}$ 包围的体积。

矢量场散度的 3 个特征如下。

(1) 矢量的散度是一个标量，是空间坐标的函数。

(2) 散度代表矢量场通量源的强度，散度不为零的点，存在矢量场的通量源，它是矢量线的起点或者终点；在无源区，各点的散度等于零。

(3) 若场中某点散度大于零，则该点存在正源；若散度小于零，则该点存在负源；若散度为零，则该点无源。

在直角坐标系中，矢量场 $\boldsymbol{A}$ 的散度表达式为

$$\mathrm{div}\boldsymbol{A}=\frac{\partial A_x}{\partial x}+\frac{\partial A_y}{\partial y}+\frac{\partial A_z}{\partial z} \tag{1-31}$$

考虑到哈密顿算子∇的定义式［式(1-21)］及矢量标积定义式［式(1-9)］，矢量场 $\boldsymbol{A}$ 的散度可以表示为哈密顿算子∇与矢量 $\boldsymbol{A}$ 的标积，即

$$\mathrm{div}\boldsymbol{A}=\nabla\cdot\boldsymbol{A} \tag{1-32}$$

在直角坐标系中，矢量场 $\boldsymbol{A}$ 的散度又可以表示为

$$\nabla\cdot\boldsymbol{A}=\frac{\partial A_x}{\partial x}+\frac{\partial A_y}{\partial y}+\frac{\partial A_z}{\partial z} \tag{1-33}$$

在柱坐标系中，矢量场 $\boldsymbol{A}$ 的散度表达式为

$$\nabla\cdot\boldsymbol{A}=\frac{1}{\rho}\frac{\partial}{\partial\rho}(\rho A_\rho)+\frac{1}{\rho}\frac{\partial A_\phi}{\partial\phi}+\frac{\partial A_z}{\partial z} \tag{1-34}$$

在球坐标系中，矢量场 $\boldsymbol{A}$ 的散度表达式为

$$\nabla\cdot\boldsymbol{A}=\frac{1}{r^2}\frac{\partial}{\partial r}(r^2 A_r)+\frac{1}{r\sin\theta}\frac{\partial}{\partial\theta}(\sin\theta A_\theta)+\frac{1}{r\sin\theta}\frac{\partial A_\phi}{\partial\phi} \tag{1-35}$$

3. 散度定理

散度定理是矢量分析中的重要定理，是电磁场理论中经常使用的一个数学定理，公式如下

$$\int_V \nabla\cdot\boldsymbol{A}\mathrm{d}V=\oint_S \boldsymbol{A}\cdot\mathrm{d}\boldsymbol{S} \tag{1-36}$$

式中，$\boldsymbol{S}$ 为包围体积 V 的表面。

散度定理说明了矢量场散度的体积分等于矢量场在包围该体积的闭合曲面上的面积分。散度定理有以下两个应用。

(1) 从数学来看，散度定理可以实现矢量函数的闭合面积分与标量函数的体积分之间的转换。

(2) 从场的观点来看，散度定理建立了区域 V 中的场与包围该区域边界面上的场之间的关系。

下面介绍二阶微分算子，称为拉普拉斯算子∇^2。

在直角坐标系中，根据梯度表达式［式(1-20)］及散度表达式［式(1-33)］，可得标量函数 φ 的梯度的散度

$$\nabla \cdot \nabla \varphi = \nabla \cdot \left(\boldsymbol{e}_x \frac{\partial \varphi}{\partial x} + \boldsymbol{e}_y \frac{\partial \varphi}{\partial y} + \boldsymbol{e}_z \frac{\partial \varphi}{\partial z} \right) = \frac{\partial^2 \varphi}{\partial x^2} + \frac{\partial^2 \varphi}{\partial y^2} + \frac{\partial^2 \varphi}{\partial z^2} \tag{1-37}$$

可写为

$$\nabla \cdot \nabla \varphi = (\nabla \cdot \nabla) \varphi = \nabla^2 \varphi \tag{1-38}$$

式中，∇^2在直角坐标系中的表达式为

$$\nabla^2 = \frac{\partial^2}{\partial x^2} + \frac{\partial^2}{\partial y^2} + \frac{\partial^2}{\partial z^2} \tag{1-39}$$

在直角坐标系中，标量函数 φ 的梯度的散度$\nabla \cdot \nabla \varphi$ 的拉普拉斯表达式为

$$\nabla^2 \varphi = \frac{\partial^2 \varphi}{\partial x^2} + \frac{\partial^2 \varphi}{\partial y^2} + \frac{\partial^2 \varphi}{\partial z^2} \tag{1-40}$$

在柱坐标系中，标量函数 φ 的拉普拉斯表达式为

$$\nabla^2 \varphi = \frac{1}{\rho} \frac{\partial}{\partial \rho} \left(\rho \frac{\partial \varphi}{\partial \rho} \right) + \frac{1}{\rho^2} \frac{\partial^2 \varphi}{\partial \phi^2} + \frac{\partial^2 \varphi}{\partial z^2} \tag{1-41}$$

在球坐标系中，标量函数 φ 的拉普拉斯表达式为

$$\nabla^2 \varphi = \frac{1}{r^2} \frac{\partial}{\partial r} \left(r^2 \frac{\partial \varphi}{\partial r} \right) + \frac{1}{r^2 \sin\theta} \frac{\partial}{\partial \theta} \left(\sin\theta \frac{\partial \varphi}{\partial \theta} \right) + \frac{1}{r^2 \sin^2\theta} \frac{\partial^2 \varphi}{\partial \phi^2} \tag{1-42}$$

拉普拉斯算子∇^2也可对矢量进行运算，但失去了原有的“梯度的散度”概念，只是一种符号运算。例如，在直角坐标系中，拉普拉斯算子∇^2对矢量 $\boldsymbol{A}$ 的运算表示为

$$\nabla^2 \boldsymbol{A} = \frac{\partial^2}{\partial x^2} \boldsymbol{A} + \frac{\partial^2}{\partial y^2} \boldsymbol{A} + \frac{\partial^2}{\partial z^2} \boldsymbol{A} \tag{1-43}$$

已知

$$\boldsymbol{A} = A_x \boldsymbol{e}_x + A_y \boldsymbol{e}_y + A_z \boldsymbol{e}_z \tag{1-44}$$

得

$$\nabla^2 \boldsymbol{A} = (\nabla^2 A_x) \boldsymbol{e}_x + (\nabla^2 A_y) \boldsymbol{e}_y + (\nabla^2 A_z) \boldsymbol{e}_z \tag{1-45}$$

可见，在直角坐标系中，拉普拉斯算子∇^2对矢量 $\boldsymbol{A}$ 的运算表示为对 $\boldsymbol{A}$ 的各坐标分量进行运算。

1.3.2 矢量场的环量与旋度

1. 矢量场的环量

矢量场 $\boldsymbol{A}$ 沿有向闭合曲线 $\boldsymbol{l}$ 的线积分称为矢量场 $\boldsymbol{A}$ 沿该曲线的环量，以 Γ 表示：

$$\Gamma = \oint_l \boldsymbol{A} \cdot \mathrm{d}\boldsymbol{l} \tag{1-46}$$

由式(1-46) 可知，环量可以描述矢量场的旋涡特性，环量值与 $\boldsymbol{l}$ 所环绕的净旋涡源的值成正比。

2. 矢量场的旋度

环量可以表示产生具有旋涡特性的源强度，但其代表的是闭合曲线包围的总的源强度，不能显示源的分布特性。为了体现场中每个点处旋涡源的分布情况，引入环量密度

的概念。单位面积上的环量称为环量面密度。

在矢量场中任取一点 M，围绕 M 作一条闭合的有向曲线 $\boldsymbol{l}$，该曲线包围的面积为 ΔS，令 $\boldsymbol{e}_n$ 为 ΔS 的正法向单位矢量，它与有向闭合曲线 $\boldsymbol{l}$ 遵循右手螺旋定则，那么极限

$$\lim_{\Delta S\to 0}\frac{\oint_l \boldsymbol{A}\cdot \mathrm{d}\boldsymbol{l}}{\Delta S} \tag{1-47}$$

称为矢量 $\boldsymbol{A}$ 对方向 $\boldsymbol{e}_n$ 的环量密度。在同一点上，矢量 $\boldsymbol{A}$ 可得到不同的环量密度。只有求出该点最大的环量密度值，才能判断该点处是否存在旋涡源。因此定义一个旋度矢量，以 rot$\boldsymbol{A}$ 表示，旋度矢量值等于该点环量密度的最大值，方向是使矢量 $\boldsymbol{A}$ 具有最大环量密度的方向。

矢量场的旋度表示该矢量单位面积上的最大环量。若矢量场的旋度不为零，则称该矢量场是有旋的。水从水槽流出或流入形象地表明了流体旋转速度场是有旋的。若矢量场的旋度等于零，则称该矢量场是无旋的或者保守的，静电场就是一个保守场。

矢量场旋度的 4 个特征如下。

(1) 矢量场旋度是一个矢量，是空间坐标的函数。

(2) 旋度值是该点环量密度的最大值。

(3) 旋度方向是该点最大环量密度的方向。

(4) 旋度不为零的场称为有旋场，旋度处处为零的场称为无旋场。

矢量 $\boldsymbol{A}$ 的旋度可以表示为哈密顿算子∇与矢量 $\boldsymbol{A}$ 的叉积，即

$$\mathrm{rot}\,\boldsymbol{A}=\nabla\times\boldsymbol{A} \tag{1-48}$$

在直角坐标系中，旋度可用行列式表示为

$$\nabla\times\boldsymbol{A}=\begin{vmatrix}\boldsymbol{e}_x & \boldsymbol{e}_y & \boldsymbol{e}_z\\ \dfrac{\partial}{\partial x} & \dfrac{\partial}{\partial y} & \dfrac{\partial}{\partial z}\\ A_x & A_y & A_z\end{vmatrix} \tag{1-49}$$

行列式展开后为

$$\mathrm{rot}\,\boldsymbol{A}=\nabla\times\boldsymbol{A}=\boldsymbol{e}_x\left(\frac{\partial A_z}{\partial y}-\frac{\partial A_y}{\partial z}\right)+\boldsymbol{e}_y\left(\frac{\partial A_x}{\partial z}-\frac{\partial A_z}{\partial x}\right)+\boldsymbol{e}_z\left(\frac{\partial A_y}{\partial x}-\frac{\partial A_x}{\partial y}\right) \tag{1-50}$$

在柱坐标系中，矢量场 $\boldsymbol{A}$ 的旋度表达式为

$$\nabla\times\boldsymbol{A}=\begin{vmatrix}\dfrac{\boldsymbol{e}_\rho}{\rho} & \boldsymbol{e}_\phi & \dfrac{\boldsymbol{e}_z}{\rho}\\ \dfrac{\partial}{\partial \rho} & \dfrac{\partial}{\partial \phi} & \dfrac{\partial}{\partial z}\\ A_\rho & \rho A_\phi & A_z\end{vmatrix} \tag{1-51}$$

在球坐标系中，矢量场 $\boldsymbol{A}$ 的旋度表达式为

$$\nabla\times\boldsymbol{A}=\begin{vmatrix}\dfrac{\boldsymbol{e}_r}{r^2\sin\theta} & \dfrac{\boldsymbol{e}_\theta}{r\sin\theta} & \dfrac{\boldsymbol{e}_\phi}{r}\\ \dfrac{\partial}{\partial r} & \dfrac{\partial}{\partial \theta} & \dfrac{\partial}{\partial \phi}\\ A_r & rA_\theta & r\sin\theta A_\phi\end{vmatrix} \tag{1-52}$$

旋度的一个重要性质是任意矢量旋度的散度恒等于零，即

$$\nabla \cdot (\nabla \times \boldsymbol{A}) = 0 \tag{1-53}$$

如果矢量场 $\boldsymbol{B}$ 的散度恒等于零，则该矢量可以用另一个矢量的旋度表示，即如果 $\nabla \cdot \boldsymbol{B}=0$，则可令

$$\boldsymbol{B} = \nabla \times \boldsymbol{A} \tag{1-54}$$

3. *旋度定理*

旋度定理又称斯托克斯定理，也是矢量分析中的重要定理，在电磁场理论中经常使用，公式如下：

$$\int_S (\nabla \times \boldsymbol{A}) \cdot \mathrm{d}\boldsymbol{S} = \oint_l \boldsymbol{A} \cdot \mathrm{d}\boldsymbol{l} \tag{1-55}$$

散度与旋度

式中，S 为 $\boldsymbol{l}$ 包围的面积，$\mathrm{d}\boldsymbol{S}$ 的方向与 $\mathrm{d}\boldsymbol{l}$ 的方向遵循右手螺旋定则。

旋度定理说明矢量场旋度的面积分等于矢量场在限定该面积的闭合路径上的线积分。

旋度定理有如下两个应用。

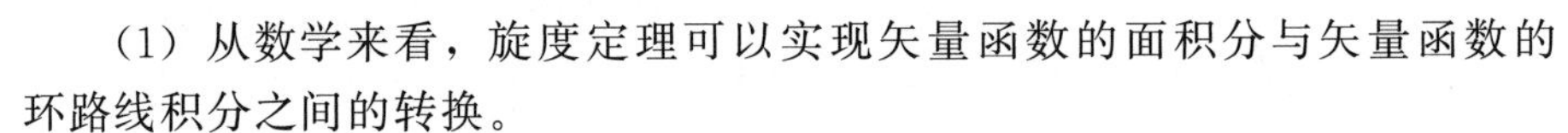

(1) 从数学来看，旋度定理可以实现矢量函数的面积分与矢量函数的环路线积分之间的转换。

(2) 从场的观点来看，旋度定理建立了曲面 S 中的场与限定该区域边界线上的场之间的关系。

至此，我们讨论了标量场的梯度、矢量场的散度及旋度。无论是梯度、散度还是旋度，都是微分运算，它们表示场在某点附近的变化特性，场中各点的梯度、散度或旋度可能不同。因此，梯度、散度及旋度描述的是场的点特性（微分特性）。

例 1-2 求空间任一点 (x, y, z) 的位置矢量 $\boldsymbol{r}$ 的散度和旋度。

解 已知

$$\boldsymbol{r} = x\boldsymbol{e}_x + y\boldsymbol{e}_y + z\boldsymbol{e}_z \tag{1-56}$$

因此

$$\nabla \cdot \boldsymbol{r} = \frac{\partial x}{\partial x} + \frac{\partial y}{\partial y} + \frac{\partial z}{\partial z} = 3 \tag{1-57}$$

$$\nabla \times \boldsymbol{r} = \begin{vmatrix} \boldsymbol{e}_x & \boldsymbol{e}_y & \boldsymbol{e}_z \\ \dfrac{\partial}{\partial x} & \dfrac{\partial}{\partial y} & \dfrac{\partial}{\partial z} \\ x & y & z \end{vmatrix} = 0 \tag{1-58}$$

例 1-3 已知矢量 $\boldsymbol{A}(x, y, z) = xy^2z^2\boldsymbol{e}_x + x^3z\boldsymbol{e}_y + x^2y^2\boldsymbol{e}_z$，试求 $\nabla \cdot \boldsymbol{A}$，$\nabla \times \boldsymbol{A}$ 及 $\nabla^2 \boldsymbol{A}$。

解

$$\nabla \cdot \boldsymbol{A} = \frac{\partial A_x}{\partial x} + \frac{\partial A_y}{\partial y} + \frac{\partial A_z}{\partial z} = y^2z^2 + 0 + 0 = y^2z^2 \tag{1-59}$$

$$\nabla \times \boldsymbol{A} = \begin{vmatrix} \boldsymbol{e}_x & \boldsymbol{e}_y & \boldsymbol{e}_z \\ \dfrac{\partial}{\partial x} & \dfrac{\partial}{\partial y} & \dfrac{\partial}{\partial z} \\ A_x & A_y & A_z \end{vmatrix} = \begin{vmatrix} \boldsymbol{e}_x & \boldsymbol{e}_y & \boldsymbol{e}_z \\ \dfrac{\partial}{\partial x} & \dfrac{\partial}{\partial y} & \dfrac{\partial}{\partial z} \\ xy^2z^2 & x^3z & x^2y^2 \end{vmatrix} \tag{1-60}$$

$$= (2x^2y - x^3)\boldsymbol{e}_x + (2xy^2z - 2xy^2)\boldsymbol{e}_y + (3x^2z - 2xyz^2)\boldsymbol{e}_z$$

$$\nabla^2 \boldsymbol{A} = \boldsymbol{e}_x \nabla^2 \boldsymbol{A}_x + \boldsymbol{e}_y \nabla^2 \boldsymbol{A}_y + \boldsymbol{e}_z \nabla^2 \boldsymbol{A}_z = (2xz^2 + 2xy^2)\boldsymbol{e}_x + 6xz\boldsymbol{e}_y + (2y^2 + 2x^2)\boldsymbol{e}_z \quad (1-61)$$

1.4　格林定理和亥姆霍兹定理

下面介绍电磁场中常用的两个重要定理——格林定理和亥姆霍兹定理。

1.4.1　格林定理

设任意两个标量场 Φ 及 Ψ，在区域 V 中有连续的二阶偏导数，如图 1－7 所示。定义一个矢量场 $\boldsymbol{A}$ 为标量函数 Ψ 与矢量函数 $\nabla\Phi$ 之积，即

$$\boldsymbol{A} = \Psi \nabla\Phi \quad (1-62)$$

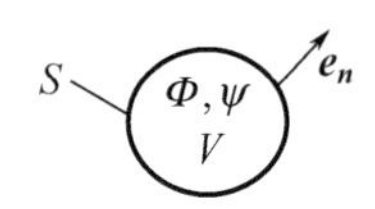

图 1－7　格林定理

则

$$\nabla \cdot \boldsymbol{A} = \nabla \cdot (\Psi \nabla\Phi) = \nabla\Psi \cdot \nabla\Phi + \Psi \nabla^2 \Phi \quad (1-63)$$

设矢量场 $\boldsymbol{A}$ 在区域 V 及其表面 $\boldsymbol{S}$ 上是处处连续的可微单值函数，则有散度定理

$$\int_V \nabla \cdot \boldsymbol{A} \mathrm{d}V = \oint_S \boldsymbol{A} \cdot \mathrm{d}\boldsymbol{S} \quad (1-64)$$

将式(1－62) 和式(1－63) 代入式(1－64) 中，可得

$$\int_V (\nabla\Psi \cdot \nabla\Phi + \Psi \nabla^2 \Phi) dV = \oint_S (\Psi \nabla\Phi) \cdot \mathrm{d}\boldsymbol{S} \quad (1-65)$$

式(1－65) 称为格林第一定理。

若将式(1－65) 中的 Ψ 与 Φ 互换，则等式仍然成立，即

$$\int_V (\nabla\Psi \cdot \nabla\Phi + \Phi \nabla^2 \Psi) \mathrm{d}V = \oint_S (\Phi \nabla\Psi) \cdot \mathrm{d}\boldsymbol{S} \quad (1-66)$$

式(1－65) 减式(1－66)，可得

$$\int_V (\Psi \nabla^2 \Phi - \Phi \nabla^2 \Psi) \mathrm{d}V = \oint_S (\Psi \nabla\Phi - \Phi \nabla\Psi) \mathrm{d}\boldsymbol{S} \quad (1-67)$$

式(1－67) 称为格林第二定理。

由于格林定理表明区域 V 中的场与边界 S 上的场之间的关系，因此可以利用格林定理将区域中场的求解问题转换为边界上场的求解问题。此外，格林定理说明了两种场应满足的关系，如果已知一种场，则可利用格林定理求解另一种场。所以，格林定理广泛用于矢量分析和电磁场理论。

1.4.2　亥姆霍兹定理

通过 1.3 节对矢量场的散度和旋度的讨论可知：一个矢量场 $\boldsymbol{F}$ 的散度 $\nabla \cdot \boldsymbol{F}$ 唯一地确定场中任一点的通量源密度 ρ，旋度 $\nabla \times \boldsymbol{F}$ 唯一地确定场中任一点的旋涡源密度 $\boldsymbol{J}$。如果已知矢量场的散度、旋度或者二者皆已知，那么能否唯一地确定这个矢量场呢？可用亥姆霍兹定理解决这个问题。

若在无限区域中矢量场 $\boldsymbol{F}(\boldsymbol{r})$ 处处是单值，且其导数连续有界，源分布在有限区域 V' 中，则该矢量场由散度、旋度和边界条件唯一确定，并可以表示成一个无旋场（$-\nabla\Phi$）和一个无散场（$\nabla \times \boldsymbol{A}$）的叠加，这就是亥姆霍兹定理，即

$$\boldsymbol{F}(\boldsymbol{r})=-\nabla\Phi(\boldsymbol{r})+\nabla\times\boldsymbol{A}(\boldsymbol{r}) \tag{1-68}$$

亥姆霍兹定理表明，研究一个矢量场的性质时，需要从矢量的散度和旋度两个方面研究。一个矢量场可能既有发散源又有旋涡源，可表示为一个只有散度且旋度为零的矢量场 $\boldsymbol{F}_1$ 与一个只有旋度且散度为零的矢量场 $\boldsymbol{F}_2$ 之和。

$$\nabla\cdot\boldsymbol{F}=\nabla\cdot\boldsymbol{F}_1=\rho \tag{1-69}$$

$$\nabla\times\boldsymbol{F}=\nabla\times\boldsymbol{F}_2=\boldsymbol{J} \tag{1-70}$$

ρ 和 $\boldsymbol{J}$ 分别是散度和旋度对应的通量源和旋涡源，在电磁场中分别是电荷和电流密度。只要给定矢量场的散度和旋度，就相当于确定了源的分布。如果场域有限，则给定边界条件后，矢量场唯一确定。

由于任一矢量场均可表示为一个无旋场与一个无散场之和，因此需要从散度和旋度两个方面研究矢量场（如电场和磁场等），称为矢量场的微分形式的基本方程；或者从矢量场的闭合面的通量和闭合回路的环量两个方面研究，即矢量场积分形式的基本方程。无散且无旋的矢量场在无限空间中是不存在的，它只可能存在于局部有限空间的无源区。

本章小结

本章介绍了描述矢量场的数学工具，包括矢量的概念，矢量的加减、标积与矢积，标量场的梯度，矢量场的散度和旋度等；还介绍了格林定理和亥姆霍兹定理。亥姆霍兹定理不但给出了矢量场的源和场之间的定量关系，而且揭示了研究矢量场散度和旋度的重要性。因此，后面讨论电磁场的特性时，需要先研究散度和旋度。

本章的重点是掌握标量场的梯度、矢量场的散度和旋度的概念，以及它们在 3 种常用坐标系中的表达式；理解格林定理和亥姆霍兹定理的内涵及重要性。

习 题 1

一、选择题

1-1　已知矢量 $\boldsymbol{A}=\boldsymbol{e}_x+2\boldsymbol{e}_y-3\boldsymbol{e}_z$ 和 $\boldsymbol{B}=-3\boldsymbol{e}_x-2\boldsymbol{e}_y+4\boldsymbol{e}_z$，则 $\boldsymbol{A}\times\boldsymbol{B}$ 在 $\boldsymbol{C}=\boldsymbol{e}_x-2\boldsymbol{e}_y+\boldsymbol{e}_z$ 上的分量为（　　）。

A. 1.63　　B. −1.63　　C. 2.81　　D. −2.81

1-2　若矢量 $\boldsymbol{A}=\boldsymbol{e}_r\dfrac{\cos^2\phi}{r^3}$，其中 $1<r<2$，V 为矢量 $\boldsymbol{A}$ 所在的区域，则 $\int_V\nabla\cdot\boldsymbol{A}\mathrm{d}V$ 等于（　　）。

A. π　　B. 2π　　C. -2π　　D. $-\pi$

1-3　设 S 为球心位于原点、半径为 10 的球面，则 $\oint_S(\boldsymbol{e}_r3\sin\theta)\cdot\mathrm{d}\boldsymbol{S}$ 等于（　　）。

A. $300\pi^2$　　B. 300π　　C. $200\pi^2$　　D. 200π

1-4　设标量 $\Phi=xy^2+yz^3$，矢量 $\boldsymbol{A}=4\boldsymbol{e}_x+\boldsymbol{e}_y-\boldsymbol{e}_z$，则标量函数 Φ 在点 (2,−2,1) 处沿矢量 $\boldsymbol{A}$ 方向的方向导数为（　　）。

A. 10　　B. 12　　C. 15　　D. 18

二、填空题

1-5 已知矢量 $\boldsymbol{A}=\boldsymbol{e}_x y+\boldsymbol{e}_y x$，$P_1$ 及 P_2 两点的坐标分别为 $P_1(1,1,-1)$ 和 $P_2(4,2,-1)$。

(1) 若取 P_1 与 P_2 两点之间的抛物线 $x=y^2$ 为积分路径，则线积分 $\int_{P_2}^{P_1}\boldsymbol{A}\cdot \mathrm{d}\boldsymbol{l}=$________。

(2) 若取直线 P_1P_2 为积分路径，则线积分 $\int_{P_2}^{P_1}\boldsymbol{A}\cdot \mathrm{d}\boldsymbol{l}=$____________。

(3) 矢量场 $\boldsymbol{A}$ ________（是/不是）保守场。

1-6 已知标量函数 $u=x^2y^2z$，$\boldsymbol{e}_l=\boldsymbol{e}_x\dfrac{3}{\sqrt{50}}+\boldsymbol{e}_y\dfrac{4}{\sqrt{50}}+\boldsymbol{e}_z\dfrac{5}{\sqrt{50}}$，则 u 在点 $(2,2,3)$ 处沿 $\boldsymbol{e}_l$ 的方向导数为____________。

1-7 若标量函数 $\Phi=3x^2+2y^2+z^2+xy+2x-3y-6z$，则其在点 $P(1,-1,1)$ 处的梯度为____________。

1-8 已知矢量 $\boldsymbol{E}=\boldsymbol{e}_x(x^2+axz)+\boldsymbol{e}_y(xy^2+2by)+\boldsymbol{e}_z(z-z^2+2czx-2xyz)$，为使 $\boldsymbol{E}$ 为无源场，常数 a，b，c 的值分别为____________。

三、计算题

1-9 已知三个矢量分别为 $\boldsymbol{A}=3\boldsymbol{e}_x+2\boldsymbol{e}_y-\boldsymbol{e}_z$，$\boldsymbol{B}=\boldsymbol{e}_x+\boldsymbol{e}_y+3\boldsymbol{e}_z$，$\boldsymbol{C}=\boldsymbol{e}_x-3\boldsymbol{e}_z$。试求：(1) $|\boldsymbol{A}|$，$|\boldsymbol{B}|$，$|\boldsymbol{C}|$；(2) 单位矢量 $\boldsymbol{e}_a$，$\boldsymbol{e}_b$，$\boldsymbol{e}_c$；(3) $\boldsymbol{A}\cdot\boldsymbol{B}$；(4) $\boldsymbol{A}\times\boldsymbol{B}$；(5) $(\boldsymbol{A}\times\boldsymbol{B})\times\boldsymbol{C}$，$(\boldsymbol{A}\times\boldsymbol{C})\times\boldsymbol{B}$；(6) $(\boldsymbol{A}\times\boldsymbol{B})\cdot\boldsymbol{C}$，$(\boldsymbol{A}\times\boldsymbol{C})\cdot\boldsymbol{B}$。

1-10 求点 $P'(-3,1,4)$ 到点 $P(2,-2,3)$ 的距离矢量 $\boldsymbol{R}$ 及其方向。

1-11 已知标量函数 $u=2x^2+y^2+3z^2+4x-3y-3z$。(1) 求 ∇u；(2) 在哪些点上 $\nabla u=0$？

1-12 已知 $\boldsymbol{R}=\boldsymbol{e}_x x+\boldsymbol{e}_y y+\boldsymbol{e}_z z$，$\boldsymbol{C}$ 为常矢量。证明：(1) $\nabla\cdot\boldsymbol{R}=3$；(2) $\nabla\times\boldsymbol{R}=0$；(3) $\nabla(\boldsymbol{C}\cdot\boldsymbol{R})=\boldsymbol{C}$。

1-13 求矢量 $\boldsymbol{A}=\boldsymbol{e}_x x+\boldsymbol{e}_y x^2+\boldsymbol{e}_z y^2 z$ 沿 xOy 平面上的一个边长为 2 的正方形回路的线积分，其中两边分别与 x 轴和 y 轴重合；再求 $\nabla\times\boldsymbol{A}$ 对此正方形回路所包围的曲面的面积分，并验证旋度定理。

1-14 已知 $\boldsymbol{A}(x,y,z)=xy^2z^3\boldsymbol{e}_x+x^3z\boldsymbol{e}_y+x^2y^2\boldsymbol{e}_z$，$\boldsymbol{A}(r,\phi,z)=\boldsymbol{e}_r r^2\cos\phi+\boldsymbol{e}_z r^2\sin\phi$，$\boldsymbol{A}(r,\theta,\phi)=\boldsymbol{e}_r r\sin\theta+\boldsymbol{e}_\theta\dfrac{1}{r}\sin\theta+\boldsymbol{e}_\phi\dfrac{1}{r^2}\cos\theta$。试求 $\nabla\cdot\boldsymbol{A}$ 和 $\nabla\times\boldsymbol{A}$。

1-15 若标量场函数 $\Phi_1(x,y,z)=xy^2z$，$\Phi_2(r,\varphi,z)=rz\sin\varphi$，$\Phi_3(r,\theta,\varphi)=\dfrac{\sin\theta}{r^2}$。试求 $\nabla^2\Phi_1$，$\nabla^2\Phi_2$，$\nabla^2\Phi_3$。

1-16 已知矢量场 $\boldsymbol{F}$ 的散度 $\nabla\cdot\boldsymbol{F}=q\delta(r)$，旋度 $\nabla\times\boldsymbol{F}=0$，试用亥姆霍兹定理求该矢量场。

第2章 静电场

静止电荷的电荷量不随时间变化，其产生的电场也不随时间变化，这种电场称为静电场。本章首先由真空中的静电场给出基本场量电场强度和电位的定义及求解。然后讨论电介质在静电场中的极化现象，并给出静电场的基本方程。通过积分形式的基本方程，得到不同介质分界面上的边界条件；通过微分形式的基本方程，得到直接求解静电场问题的泊松方程和拉普拉斯方程，并以唯一性定理为基础，介绍了静电场问题的间接求解方法——镜像法。最后介绍了部分电容、静电能量和电场力的计算。

教学目标

1. 掌握静电场的基本场量电场强度和电位的定义及求解。
2. 掌握静电场的基本方程及其性质。
3. 理解边界条件。
4. 掌握泊松方程、拉普拉斯方程及其边值问题的求解。
5. 了解镜像法。
6. 掌握电容的计算，了解部分电容的概念。
7. 掌握静电能量的计算。
8. 掌握用虚位移法求电场力。

教学要求

知识要点	能力要求	相关知识
真空中的静电场	(1) 掌握电场强度的定义及真空中电场强度的求解； (2) 掌握电位的定义及求解； (3) 掌握电场强度与电位的关系	库仑定律，梯度

续表

知识要点	能力要求	相关知识
电介质中的静电场	(1) 了解介质的极化； (2) 掌握介质中静电场的求解； (3) 掌握电位移与电场强度的关系	高斯通量定律的应用
静电场的基本方程和边界条件	(1) 掌握积分形式和微分形式的基本方程； (2) 理解静电场的基本性质； (3) 掌握电场强度和电位移满足的边界条件	散度定理和旋度定理，无旋场和有散场
泊松方程和拉普拉斯方程	(1) 掌握泊松方程的形式； (2) 掌握拉普拉斯方程的形式	唯一性定理
镜像法	(1) 了解点电荷对接地无限大导体平面的镜像； (2) 掌握两种介质交界的点电荷的镜像	镜像法
电容与部分电容	(1) 掌握电容的计算； (2) 了解部分电容的概念	电容
静电能量与静电力	(1) 掌握用电位求静电能量； (2) 掌握用基本场量求静电能量和能量密度； (3) 掌握用静电能量求电场力	虚位移法

基本概念

电场强度：单位正电荷受到的电场力。

电位：移动单位正电荷电场力所做的功。

电位移：又称电通量密度，电场中任意闭合面积分等于该闭合面内包含的自由电荷。

电容：其值等于电荷与电压的比值，电容与导体的形状、尺寸、相互位置及导体间的介质有关，与带电情况无关。

虚位移法：用虚功原理求电场力，位移只是一种假设，用来探索能量的变化趋势，实际上并未发生位移。

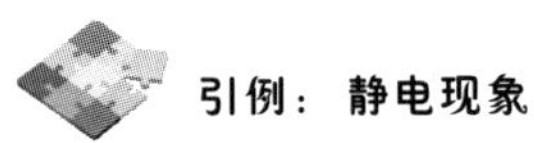

引例：静电现象

当一个物体的表面接触到其他表面时，电荷集结于该物体表面成为静电。人类早在公元前六世纪就发现琥珀摩擦后能够吸引轻小物体，这就是静电场中的静电现象，即自由电荷在物体之间转移后呈现电性。静电现象包括许多自然现象，如手与塑料袋间的吸引、貌似自发性的谷仓爆炸、制造过程中电子元件的损毁等。静电现象由点电荷相互作用的静电力产生，库仑定律用于描述静电力的物理性质。

静电学主要研究静电应用技术（如静电复印、静电除尘、静电生物效应等）和静电防护技术（如减少各行业的静电危害）。近年来，随着科学技术的飞速发展、微电子技术的广泛应用及电磁环境越来越复杂，静电放电的电磁场效应［如电磁干扰（Electromagnetic Interference，EMI）及电磁兼容性（Electromagnetic Compatibility，EMC)］问题已经成为迫切需要解决的问题。随着高分子材料和静电敏感材料的发展及使用，以及现代化生产过程的高速化，静电的危害越来越突出。1967 年 7 月 29 日，美国福莱斯特级航空母舰上发生严重事故，一架飞机上的导弹突然点火，造成 7200 万美元的损失，并损伤 134 人，调查结果是导弹屏蔽接头不合格，静电引起了点火。1969 年年底，在不到一个月的时间内，荷兰、挪威、英国的三艘 20 万吨超级油轮洗舱时产生的静电相继引发爆炸。

许多国家建立了静电研究机构，我国从 20 世纪 60 年代末开始开展静电研究工作，80 年代以来，我国静电研究发展极为迅速。1981 年，我国成立了中国物理学会静电专业委员会，并召开了第一次全国静电学术会议，静电研究和应用的范围越来越广。

2.1 真空中的静电场

2.1.1 电场强度

静电场

什么是静电场？电荷之间的相互作用力是如何传递的？围绕静电传递问题有过多年争论。现在我们知道，电荷的周围存在一种特殊形式的物质，称为电场。电场对其中的电荷有机械力的作用。相对于观察者静止的且电量不随时间变化的电荷引起的电场为静电场。

静电场的基本场量是电场强度 $\boldsymbol{E}$，定义为

$$\boldsymbol{E}(x,y,z)=\lim_{q_t\to 0}\frac{\boldsymbol{f}(x,y,z)}{q_t} \tag{2-1}$$

式中，$\boldsymbol{f}$ 为试体电荷 q_t 在点（x，y，z）处受到的力，试体电荷的体积和电量应足够小。电场强度 $\boldsymbol{E}$ 的定义为单位电荷所受的电场力，仅与该点的电场有关，与试体电荷无关。通常把电场强度简称为场强。

由场强的定义引入静电场的基本定律——库仑定律，并给出真空中点电荷与分布电荷产生的场的求解方法。

发现故事：库仑定律

库仑定律由法国物理学家库仑（Coulomb，1736—1806）于 1785 年在《电力定律》论文中提出。库仑定律是电学发展史上的第一个定量规律，是电磁学和电磁场理论的基本定律，阐明了带电体相互作用的规律，决定了静电场的性质，也为整个电磁学奠定了基础。电量的单位是为了纪念库仑而以他的名字命名的（电量符号是 Q，单位为库仑，符号为 C）。

1785 年库仑利用扭秤实验，测定了电荷之间的作用力。他在实验中发现静电力与距离的平方成反比，且静电力与电量的乘积成正比，从而得到完整的库仑定律。库仑定律打开了电的数学理论的大门，使静电学进入定量研究的新阶段，也为泊松等人发展电学理论奠定了基础。

在库仑定律的常见表述中，通常有“真空”和“静止”，因为库仑定律的实验基础——扭秤实验为了排除其他因素的影响，是在亚真空中进行的。另外，一般讲静电现象时由真

空中的情况开始，所以库仑定律中有"真空"的说法。实际上，库仑定律不仅适用于真空，而且适用于均匀介质和静止的点电荷之间。

1. 库仑定律

在无限大真空中，两个点电荷 q_1 与 q_2 之间的作用力可由库仑定律确定。例如 q_2 受到（来自 q_1）的作用力为

$$\boldsymbol{f}_{21}=q_2\frac{q_1}{4\pi\varepsilon_0 r^2}\boldsymbol{e}_{r12} \tag{2-2}$$

同理，q_1 受到（来自 q_2）的作用力为

$$\boldsymbol{f}_{12}=q_1\frac{q_2}{4\pi\varepsilon_0 r^2}\boldsymbol{e}_{r21} \tag{2-3}$$

式(2-2)和式(2-3)中，r 是两个点电荷之间的距离；$\boldsymbol{e}_{r12}$ 和 $\boldsymbol{e}_{r21}$ 是沿 $\boldsymbol{r}$ 方向的单位矢量，前者由 q_1 指向 q_2，后者由 q_2 指向 q_1，因此 $\boldsymbol{e}_{r12}=-\boldsymbol{e}_{r21}$，如图 2-1 所示；$\varepsilon_0$ 是真空的介电常数。

图 2-1　$\boldsymbol{e}_{r12}$ 和 $\boldsymbol{e}_{r21}$

本书中的单位采用国际单位制（简称国际制，代号为 SI）。在库仑定律的表达式中，电荷的单位为库仑（C）；距离的单位为米（m）；力的单位为牛顿（N）；ε_0 的单位为法拉/米（F/m），其值为 $10^{-9}/36\pi\approx8.85\times10^{-12}$。

2. 点电荷产生的场强

在求解静电场前，需区分场中的两类"点"。一类是源点，表明场源（如点电荷）所在处；另一类是场点，即需要确定场量的点。通常以（x'，y'，z'）或（$\boldsymbol{r}'$）表示产生电磁场的源点坐标，以（x，y，z）或（$\boldsymbol{r}$）表示空间电磁场的场点坐标。如图 2-2 所示，P' 表示源点，P 表示场点。

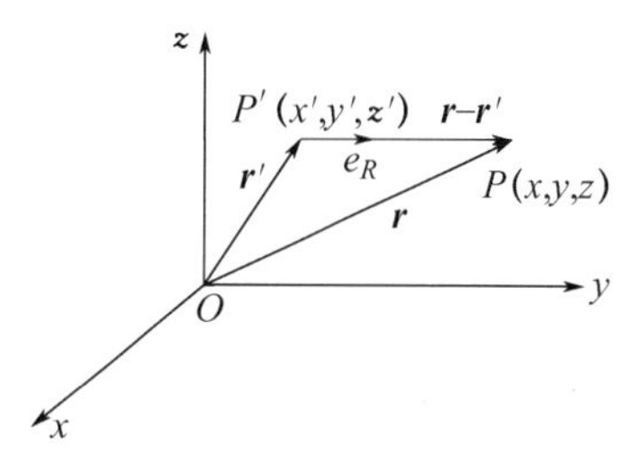

图 2-2　源点和场点坐标矢量

如用 $\boldsymbol{r}'$ 表示从坐标原点到源点的距离矢量，用 $\boldsymbol{r}$ 表示从坐标原点到场点的距离矢量，则矢量差 $\boldsymbol{r}-\boldsymbol{r}'$ 表示从源点到场点的距离矢量，通常用 $\boldsymbol{R}$ 表示，$\boldsymbol{R}=\boldsymbol{r}-\boldsymbol{r}'$，$\boldsymbol{R}$ 还可表示成

$$\boldsymbol{R}=R\boldsymbol{e}_R \tag{2-4}$$

且

$$R=\sqrt{(x-x')^2+(y-y')^2+(z-z')^2} \tag{2-5}$$

$$\boldsymbol{e}_R=\frac{\boldsymbol{r}-\boldsymbol{r}'}{|\boldsymbol{r}-\boldsymbol{r}'|}$$

式中，$\boldsymbol{e}_R$ 是 $\boldsymbol{R}$ 方向的单位矢量。

如果电场中有多个源点，则用 $\boldsymbol{r}'_k$ 表示从坐标原点到第 k 号源点（x'_k，y'_k，z'_k）的距离矢量，且令从该源点到场点（$\boldsymbol{r}$）的距离矢量为 $\boldsymbol{R}_k$，则 $\boldsymbol{R}_k=\boldsymbol{r}-\boldsymbol{r}'_k$，$\boldsymbol{R}_k$ 方向的单位矢量 $\boldsymbol{e}_{R_k}=\dfrac{\boldsymbol{r}-\boldsymbol{r}'_k}{|\boldsymbol{r}-\boldsymbol{r}'_k|}$。设有 n 个点电荷 q_1，q_2，…，q_k，…，q_n，分别位于（$\boldsymbol{r}'_1$），（$\boldsymbol{r}'_2$），…，（$\boldsymbol{r}'_k$），…，（$\boldsymbol{r}'_n$），则它们作用于场点（$\boldsymbol{r}$）处的点电荷 q_0 的力可表示成

$$\begin{aligned} \boldsymbol{f}_0 &= \frac{q_0}{4\pi\varepsilon_0}\sum_{k=1}^{n}\frac{q_k}{|\boldsymbol{r}-\boldsymbol{r}_k'|^2}\frac{\boldsymbol{r}-\boldsymbol{r}_k'}{|\boldsymbol{r}-\boldsymbol{r}_k'|} \\ &= \frac{q_0}{4\pi\varepsilon_0}\sum_{k=1}^{n}\frac{q_k}{R_k^2}\boldsymbol{e}_{R_k} \end{aligned} \tag{2-6}$$

在无限大真空中，多个点电荷对某个点电荷的作用力，可应用库仑定律将各点电荷的力做矢量叠加求得，因为真空介电常数 ε_0 是一个常量，或者说可把真空看成一种线性介质。

根据电场强度的定义和库仑定律，可以求得无限大真空中位于原点上的点电荷 q 在距离为 $\boldsymbol{r}$ 的地方的电场强度

$$\boldsymbol{E}(\boldsymbol{r})=\frac{q}{4\pi\varepsilon_{\varepsilon 0}r^2}\boldsymbol{e}_r \tag{2-7}$$

如果点电荷所在处（场源）的坐标为（$\boldsymbol{r}'$），则它在场点（$\boldsymbol{r}$）引起的电场强度为

$$\boldsymbol{E}(x,y,z)=\frac{q}{4\pi\varepsilon_0|\boldsymbol{r}-\boldsymbol{r}'|^2}\frac{\boldsymbol{r}-\boldsymbol{r}'}{|\boldsymbol{r}-\boldsymbol{r}'|}=\frac{q}{4\pi\varepsilon_0 R^2}\boldsymbol{e}_R \tag{2-8}$$

由式(2－6) 可知，在无限大真空中，多个点电荷在某个场点引起的电场强度，可根据式(2－8) 并应用叠加原理求得

$$\begin{aligned} \boldsymbol{E}(x,y,z) &= \boldsymbol{E}_1+\cdots+\boldsymbol{E}_k+\cdots+\boldsymbol{E}_n \\ &= \frac{1}{4\pi\varepsilon_0}\sum_{k=1}^{n}\frac{q_k}{|\boldsymbol{r}-\boldsymbol{r}_k'|^2}\frac{\boldsymbol{r}-\boldsymbol{r}_k'}{|\boldsymbol{r}-\boldsymbol{r}_k'|} \\ &= \frac{1}{4\pi\varepsilon_0}\sum_{k=1}^{n}\frac{q_k}{R_k^2}\boldsymbol{e}_{R_k} \end{aligned} \tag{2-9}$$

国际单位制中，电场强度 $\boldsymbol{E}$ 的单位是库仑/［（法拉/米）·米^2］＝库仑/（法拉·米）＝伏特/米（V/m）。

3. 分布电荷产生的场强

根据物质结构理论，电荷的分布实际上是不连续的。但从宏观来看，带电体上的电荷可以认为是连续分布的。电荷分布的疏密程度可用电荷密度表示。体分布的电荷用电荷体密度表示，面分布和线分布的电荷分别用电荷面密度和电荷线密度表示。电荷分布在物体内部时，单位体积内的电量称为体电荷密度；分布在物体表面时，单位面积上的电量称为面电荷密度；分布在线体上时，单位长度上的电量称为线电荷密度。

对于图 2－3 所示的电荷连续分布于体积 V' 内的情况，设位于 $\boldsymbol{r}'$ 处的元体积 $\Delta V'$ 内的净电荷是 $\Delta q(\boldsymbol{r}')$，则定义该源点的体电荷密度

$$\rho(\boldsymbol{r}')=\lim_{\Delta V'\to 0}\frac{\Delta q(\boldsymbol{r}')}{\Delta V'}=\frac{\mathrm{d}q(\boldsymbol{r}')}{\mathrm{d}V'} \tag{2-10}$$

当电荷连续分布于厚度可以忽略的平面上时，存在面电荷，定义面电荷密度

$$\rho_{S'}(\boldsymbol{r}')=\lim_{\Delta S'\to 0}\frac{\Delta q(\boldsymbol{r}')}{\Delta S'}=\frac{\mathrm{d}q(\boldsymbol{r}')}{\mathrm{d}S'} \tag{2-11}$$

同理，当电荷沿截面面积可以忽略的线形区域分布时，存在线电荷，定义线电荷密度

$$\rho_{l'}(\boldsymbol{r}')=\lim_{\Delta l'\to 0}\frac{\Delta q(\boldsymbol{r}')}{\Delta l'}=\frac{\mathrm{d}q(\boldsymbol{r}')}{\mathrm{d}l'} \tag{2-12}$$

相应的，作不同分布的元电荷 $\mathrm{d}q$ 可分别表示成 $\rho\mathrm{d}V'$，$\rho_{S'}\mathrm{d}S'$ 和 $\rho_{l'}\mathrm{d}l'$。

计算电场时，对于任何电荷分布，可以把它们分成许多元电荷 $\mathrm{d}q$，并将每个元电荷看成点电荷。因此，在无限大真空中，根据点电荷产生的场强的计算公式，可以得到（$\boldsymbol{r}'$）处的元电荷 $\mathrm{d}q$ 在场点（$\boldsymbol{r}$）处引起的元场强

$$\mathrm{d}\boldsymbol{E}=\frac{\mathrm{d}q}{4\pi\varepsilon_0}\frac{\boldsymbol{r}-\boldsymbol{r}'}{|\boldsymbol{r}-\boldsymbol{r}'|^3} \tag{2-13}$$

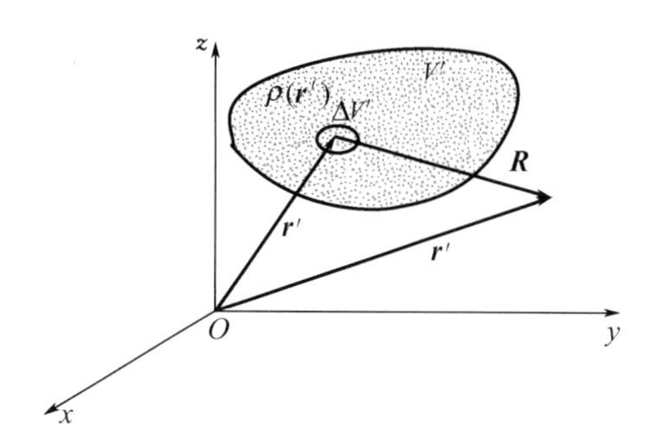

图 2-3　连续分布电荷坐标

应用叠加原理，对全部场源电荷进行积分，可得到场点（$\boldsymbol{r}$）处的场强

$$\boldsymbol{E}(\boldsymbol{r})=\frac{1}{4\pi\varepsilon_0}\int\frac{\boldsymbol{r}-\boldsymbol{r}'}{|\boldsymbol{r}-\boldsymbol{r}'|^3}\mathrm{d}q \tag{2-14}$$

例 2-1　求图 2-4（a）所示以线电荷密度 ρ_l 均匀分布的无限长线电荷在真空中引起的电场。

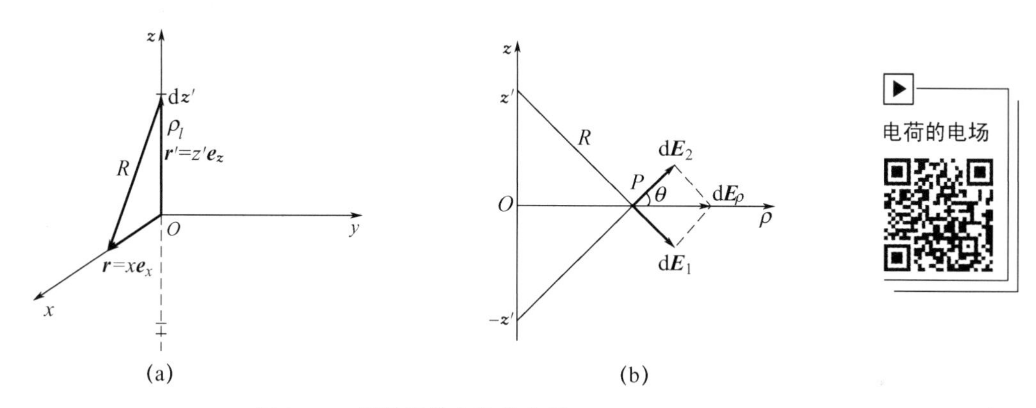

图 2-4　无限长线电荷的电场

解　取圆柱坐标，并将无限长线电荷沿 z 轴放置，在 z' 处取元电荷 $\mathrm{d}q=\tau\mathrm{d}z'$，同时在 $-z'$ 处取元电荷 $\mathrm{d}q$。从图 2-4（b）可以看出，两者在 P 点处引起的电场强度的 z 分量相互抵消，径向分量相互增强。由于对整个电荷分布都可以成对地取元电荷，因此得到的电场只有径向分量。

$$\boldsymbol{E}(\rho)=2\int_0^{\infty}\frac{\tau\mathrm{d}z'}{4\pi\varepsilon_0 R^2}\cos\theta\boldsymbol{e}_\rho \tag{2-15}$$

由于 $R=\sqrt{z'^2+\rho^2}$ 和 $\cos\theta=\dfrac{\rho}{R}$，因此

$$\boldsymbol{E}(\rho)=\frac{\tau\rho}{2\pi\varepsilon_0}\int_0^{\infty}\frac{\mathrm{d}z'}{(z'^2+\rho^2)^{3/2}}\boldsymbol{e}_\rho=\frac{\tau}{2\pi\varepsilon_0\rho}\boldsymbol{e}_\rho \tag{2-16}$$

以上计算结果表明，均匀无限长线电荷周围的电场垂直于线电荷，且场强与坐标 z、ϕ 无关，与垂直距离 ρ 成反比。

2.1.2 电位

前面介绍了用电场强度矢量 $\boldsymbol{E}$ 表征静电场的特性，并讨论了根据给定的电荷分布计算场强的方法。由于矢量运算比较复杂，因此希望找到一个标量函数表征静电场。由力学得知，力是一个矢量，而它做的功是一个标量。因此从电场力做功的角度引入电压的概念，由电压的定义给出电位的定义及求解，以及静电场的重要性质。

1. 电压的定义

将试验电荷 q_0 在静电场中沿某个路径从一点移到另一点时，电场力做功。q_0 的位移为 $\mathrm{d}\boldsymbol{l}$ 时，电场力所做的功为

$$\mathrm{d}A=\boldsymbol{f}\cdot\mathrm{d}\boldsymbol{l}=q_0\boldsymbol{E}\cdot\mathrm{d}\boldsymbol{l} \tag{2-17}$$

如将 q_0 从 P 点移到 Q 点，则电场力所做的总功为

$$A_{PQ}=q_0\int_P^Q\boldsymbol{E}\cdot\mathrm{d}\boldsymbol{l} \tag{2-18}$$

我们把 A_{PQ} 与 q_0 的比值定义为沿某个路径由 P 点移到 Q 点的电压，以 U_{PQ} 表示，则

$$U_{PQ}=A_{PQ}/q_0=\int_P^Q\boldsymbol{E}\cdot\mathrm{d}\boldsymbol{l} \tag{2-19}$$

式(2-19) 表明静电场中两点间的电压，等于两点间移动单位正电荷时电场力所做的功。在国际单位制中，电压的单位是伏特（V）。

发现故事

伏特是意大利物理学家，他在物理学方面作出了很多重要贡献，发明了起电盘、验电器、储电器等静电实验仪器。

伏特还发明了伏特电池，伏特电池对电学的发展产生了深远的影响，开创了一个新的“时代”，成为人类征服自然的有力武器之一。国际单位制中的电势、电势差和驱动电流的电动势的单位为伏特，就是为纪念他命名的。

伽伐尼在1786年和1792年分别在实验中观察到用铜钩挂起来的蛙腿在碰到铁架时会发生痉挛，他认为这是产生生物电的效果，伏特认为这是两种金属接触时产生的电效应。两种观点曾引起多年争论。伏特先后将多种金属放在各种液体中进行了几百次实验，终于发明了伏特电池。1800年，他正式向英国皇家学会报告了他的发现，由此产生稳恒电流的装置在电磁学研究中发挥了巨大作用。

2. 静电场是守恒场

静电场中任意两点间的电压等于场强的线积分。那么，任意两点间的电压值与积分路径有关吗？把无限大真空中原点处的点电荷引起的电场强度表达式(2-7) 代入式(2-19)并进行积分，得

$$U_{PQ}=\int_P^Q\frac{q}{4\pi\varepsilon_0 r^2}\boldsymbol{e}_r\cdot\mathrm{d}\boldsymbol{l}=\frac{q}{4\pi\varepsilon_0}\int_{r_P}^{r_Q}\frac{\mathrm{d}r}{r^2}=\frac{q}{4\pi\varepsilon_0}\left(\frac{1}{r_P}-\frac{1}{r_Q}\right) \tag{2-20}$$

式中，r_P 与 r_Q 分别为 P、Q 两点与点电荷 q 的距离。

由式(2-20) 可以看出，P、Q 两点间的电压只与 P 点和 Q 点的位置有关，而与选取

路径无关。

下面研究电场强度矢量 $\boldsymbol{E}$ 的环路线积分。因为积分与路径无关，所以在静电场中，分别沿两条路径 PmQ 和 PnQ 求矢量 $\boldsymbol{E}$ 的线积分，有

$$\int_{PmQ}\boldsymbol{E}\cdot \mathrm{d}\boldsymbol{l}=\int_{PnQ}\boldsymbol{E}\cdot \mathrm{d}\boldsymbol{l} \tag{2-21}$$

或写成

$$\int_{PmQ}\boldsymbol{E}\cdot \mathrm{d}\boldsymbol{l}+\int_{QnP}\boldsymbol{E}\cdot \mathrm{d}\boldsymbol{l}=0 \tag{2-22}$$

即

$$\int_{PmQnP}\boldsymbol{E}\cdot \mathrm{d}\boldsymbol{l}=0 \tag{2-23}$$

$PmQnP$ 构成一个闭合回路，通常写成环路线积分

$$\oint\boldsymbol{E}\cdot \mathrm{d}\boldsymbol{l}=0 \tag{2-24}$$

式(2-24) 说明，在静电场中沿任意闭合路径环绕一周移动单位正电荷，电场力所做的功为零。即沿任一闭合路径运动，功或能量是守恒的，因此静电场是守恒场。守恒场也称保守场。

小知识

电荷在电场中移动时，电场力做功，与物体在重力场中移动时重力做功相同。电荷在静电场中从一点移到另一点时，电场力做的功只与起点和终点的位置有关，而与经过的路径无关。如果电荷从静电场中的某点出发，沿任意闭合路径又回到出发点，则电场力所做的功等于零。具备这种特性的力和场分别称为保守力和保守场。静电力和重力都是保守力，静电场和重力场都是保守场。

3. 电位的定义和计算

根据静电场是保守场，可引入电位描述电场，就像在重力场中重力做功与路径无关，可引入重力势描述重力场一样。电场中某点的电位定义为把单位正电荷从该点移动到电位为零的点（参考点），电场力所做的功。电位是一个标量，用字母 φ 表示。电位的单位与电压的相同，也是伏特（V）。

如果取 Q 点为电位参考点，则 P 点的电位定义为

$$\varphi_P=\int_P^Q\boldsymbol{E}\cdot \mathrm{d}\boldsymbol{l} \tag{2-25}$$

φ_P 也称 P 点相对于 Q 点的电位。无论如何选取参考点 Q，一旦确定，空间中其他各点就都可以通过式(2-25) 求得单一电位值，即电位是一个单值函数。因此可以用电位表征静电场的特性。参考点的电位显然为零。

$$\varphi_Q=\int_Q^Q\boldsymbol{E}\cdot \mathrm{d}\boldsymbol{l}=0 \tag{2-26}$$

由于通常选择无限远点的电位为零，因此某点的电位等于把单位正电荷从该点移动到无限远，电场力所做的功，此时任意点 P 的电位定义为

$$\varphi_P = \int_P^{\infty} \boldsymbol{E} \cdot \mathrm{d}\boldsymbol{l} \tag{2-27}$$

下面计算真空中原点处的点电荷 q 在距离为 r 的地方的电位（设参考点在无限远处）。将式(2-7) 代入式(2-27) 得

$$\varphi(\boldsymbol{r}) = \frac{q}{4\pi\varepsilon_0 r} \tag{2-28}$$

如场源为 n 个点电荷，则场点（$\boldsymbol{r}$）处的电位可根据式(2-28) 应用叠加原理求得

$$\varphi(\boldsymbol{r}) = \frac{1}{4\pi\varepsilon_0}\sum_{k=1}^{n}\frac{q_k}{|\boldsymbol{r}-\boldsymbol{r}'_k|} = \frac{1}{4\pi\varepsilon_0}\sum_{k=1}^{n}\frac{q_k}{r_k} \tag{2-29}$$

对于场源包含各种分布电荷的一般情况，场点（$\boldsymbol{r}$）处的电位表达式为

$$\varphi(\boldsymbol{r}) = \frac{1}{4\pi\varepsilon_0}\int_{V'}\frac{\rho(\boldsymbol{r}')}{|\boldsymbol{r}-\boldsymbol{r}'|}\mathrm{d}V' + \frac{1}{4\pi\varepsilon_0}\int_{S'}\frac{\rho_S(\boldsymbol{r}')}{|\boldsymbol{r}-\boldsymbol{r}'|}\mathrm{d}S' + \frac{1}{4\pi\varepsilon_0}\int_{l'}\frac{\rho_l(\boldsymbol{r}')}{|\boldsymbol{r}-\boldsymbol{r}'|}\mathrm{d}l' \tag{2-30}$$

2.1.3 场强和电位的关系

既然电场强度和电位都是表征同一电场特性的场量，那么它们之间必有一定的内在联系。由式(2-27) 可知由 $\boldsymbol{E}$ 求 φ 的方法，下面推导由 φ 求 $\boldsymbol{E}$ 的方法。

由于 $\oint \boldsymbol{E} \cdot \mathrm{d}\boldsymbol{l}=0$，应用旋度定理，则

$$\oint \boldsymbol{E} \cdot \mathrm{d}\boldsymbol{l} = \int_S \nabla\times\boldsymbol{E}\cdot\mathrm{d}\boldsymbol{S} = 0 \tag{2-31}$$

因为式(2-31) 对于任意面积积分为零处处成立，所以被积函数必为零，即

$$\nabla\times\boldsymbol{E}=0 \tag{2-32}$$

表明在静电场中，场强 $\boldsymbol{E}$ 的旋度处处为零，可见静电场是一个无旋场。

由场论知识可知，任一个标量的梯度的旋度恒等于零，即对于标量电位 φ，有

$$\nabla\times\nabla\varphi=0 \tag{2-33}$$

对比式(2-32) 和式(2-33)，且知场强 $\boldsymbol{E}$ 沿电位减小的方向，可以得到场强 $\boldsymbol{E}$ 等于电位 φ 的负梯度，即

$$\boldsymbol{E}=-\nabla\varphi \tag{2-34}$$

由此可知，场中某点场强 $\boldsymbol{E}$ 的量值等于电位随距离的最大减小率，其方向沿着电位最大减小率的方向，即负梯度方向。

由于电位是标量函数，因此先求得电位 φ，再通过梯度运算求得场强 $\boldsymbol{E}$，要比直接通过矢量积分求场强简单。

小知识

只有在电位不变的区域里，场强才为零。电位为零处，场强不一定为零。场强为零处，电位不一定为零。在静电场中，导体是等位体，导体上各点电位相等且不一定为零，导体内部场强为零。

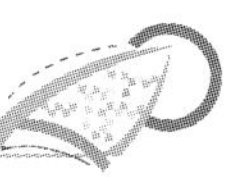

例 2-2 图 2-5 所示为真空中 xOy 平面上一个半径为 a 的圆环形线电荷（线电荷密度为 ρ_l），试确定轴线上离圆心 z 处的 P 点的电位及场强。

解 由图 2-5 可知，$\boldsymbol{r}=z\boldsymbol{e}_z$，$\boldsymbol{r}'=a\boldsymbol{e}_\rho$，$|\boldsymbol{r}-\boldsymbol{r}'|=R=[a^2+z^2]^{1/2}$ 是一个常量，$\mathrm{d}q=\rho_l a\,\mathrm{d}\phi$。根据式(2-30)，应用圆柱坐标，得电位

$$\varphi=\frac{\rho_l}{4\pi\varepsilon_0}\int_0^{2\pi}\frac{a\,\mathrm{d}\phi}{(a^2+z^2)^{1/2}}=\frac{\rho_l a}{2\varepsilon_0\,(a^2+z^2)^{1/2}} \tag{2-35}$$

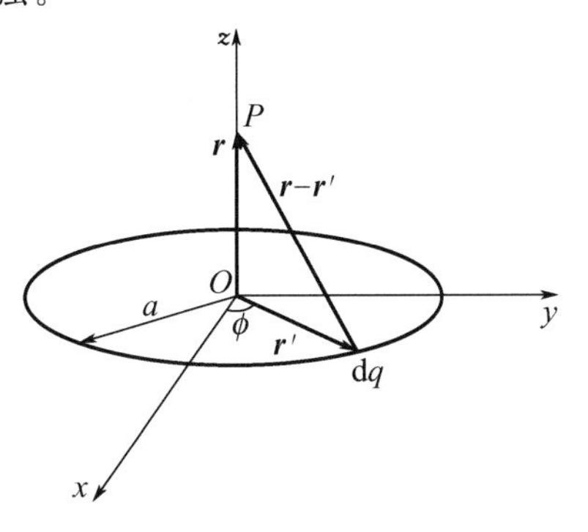

图 2-5 圆环形线电荷

根据分析，该处的场强仅有沿 z 方向的分量 E_z，即

$$\boldsymbol{E}=E_z\boldsymbol{e}_z=-\frac{\partial\varphi}{\partial z}\boldsymbol{e}_z=\frac{\rho_l a z}{2\varepsilon_0\,(a^2+z^2)^{3/2}}\boldsymbol{e}_z \tag{2-36}$$

例 2-3 图 2-6 所示为均匀带电圆盘，半径为 a，面电荷密度为 ρ_S，求圆盘轴线上的场强。

解 在圆盘上取一个半径为 r、宽为 $\mathrm{d}r$ 的圆环，圆环上的元电荷 $\mathrm{d}q$（$=\rho_S\cdot 2\pi r\mathrm{d}r$）在轴线上 P 点产生的电位为

$$\mathrm{d}\varphi=\frac{\mathrm{d}q}{4\pi\varepsilon_0\,(r^2+z^2)^{1/2}}=\frac{\rho_S r\,\mathrm{d}r}{2\varepsilon_0\,(r^2+z^2)^{1/2}} \tag{2-37}$$

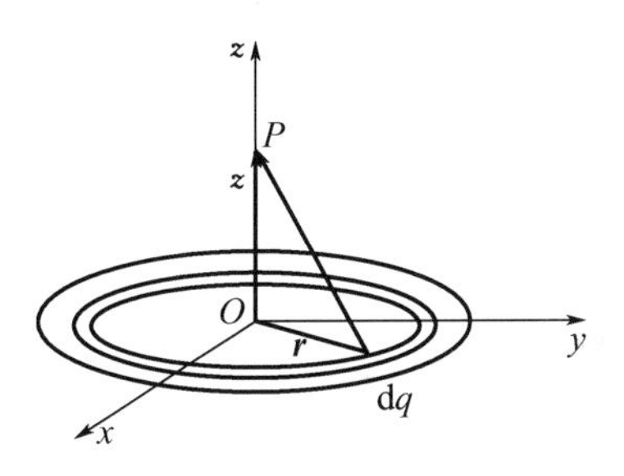

图 2-6 均匀带电圆盘

整个圆盘上的电荷对 P 点引起的电位

$$\varphi=\int_0^a\frac{\rho_S r\,\mathrm{d}r}{2\varepsilon_0\,(r^2+z^2)^{1/2}}=\frac{\rho_S}{2\varepsilon_0}\left[(r^2+z^2)^{1/2}\right]_0^a=\frac{\rho_S}{2\varepsilon_0}\left[(a^2+z^2)^{1/2}-z\right] \tag{2-38}$$

应用圆柱坐标系中的梯度表达式，可得场强

$$\boldsymbol{E}=-\nabla\varphi=-\frac{\partial\varphi}{\partial z}\boldsymbol{e}_z=\frac{\rho_S}{2\varepsilon_0}\left[1-\frac{z}{(a^2+z^2)^{1/2}}\right]\boldsymbol{e}_z \tag{2-39}$$

如圆盘的半径趋向无限大，则为无限大带电平面，求其引起的场强时，可将 $a\to\infty$ 代入式(2-39)，得

$$\boldsymbol{E}=\frac{\rho_S}{2\varepsilon_0}\boldsymbol{e}_z \tag{2-40}$$

场强 $\boldsymbol{E}$ 的量值是一个常量，与场点和带电平面间的距离无关。

2.1.4 场的分布图形

为了形象地描述电场，通常需要作场的分布图形。法拉第提出了电场线（$\boldsymbol{E}$ 线）的概念，$\boldsymbol{E}$ 线是一种曲线，曲线上每个点的切线方向都与该点场强方向一致。

如以 $\mathrm{d}\boldsymbol{l}$ 表示 $\boldsymbol{E}$ 线上的元段，则 $\boldsymbol{E}=k\mathrm{d}\boldsymbol{l}$，即 $E_x=k\mathrm{d}x$，$E_y=k\mathrm{d}y$，$E_z=k\mathrm{d}z$，在直角坐标系中得 $\boldsymbol{E}$ 线的微分方程为

$$\frac{\mathrm{d}x}{E_x}=\frac{\mathrm{d}y}{E_y}=\frac{\mathrm{d}z}{E_z} \tag{2-41}$$

它们的解为 $\boldsymbol{E}$ 线的方程。

静电场也可以用标量电位描述，由电位相等的点形成的曲面称为等位面，等位面和纸平面相交得到的截线称为等位线。等位面的方程为

$$\varphi(x,y,z)=C \tag{2-42}$$

取不同的 C 值，可获得一系列等位面的分布。等位面和电场线处处正交。在场图中，相邻两等位面之间的电位差相等，以表示出电场的强弱。等位面分布越密，场强越大。

例 2-4 试确定点电荷场中 $\boldsymbol{E}$ 线的方程。

解 设点电荷 q 位于原点处，则

$$\begin{aligned}\boldsymbol{E}(\boldsymbol{r})&=\frac{q}{4\pi\varepsilon_0 r^2}\boldsymbol{e}_r=\frac{q}{4\pi\varepsilon_0 r^3}(x\boldsymbol{e}_x+y\boldsymbol{e}_y+z\boldsymbol{e}_z)\\&=E_x\boldsymbol{e}_x+E_y\boldsymbol{e}_y+E_z\boldsymbol{e}_z\end{aligned} \tag{2-43}$$

由微分方程 $\mathrm{d}x/E_x=\mathrm{d}y/E_y$

解得 $x=C_1 y$

同理，由 $\mathrm{d}y/E_y=\mathrm{d}z/E_z$

解得 $y=C_2 z$

上面所列的第一个解表示经过 z 轴的一组平面，第二个解表示经过 x 轴的一组平面，两组平面相交得到的直线就是以原点为中心的射线，即场中的 $\boldsymbol{E}$ 线。等位线为一系列同心圆，图 2-7 给出了点电荷的电场分布。

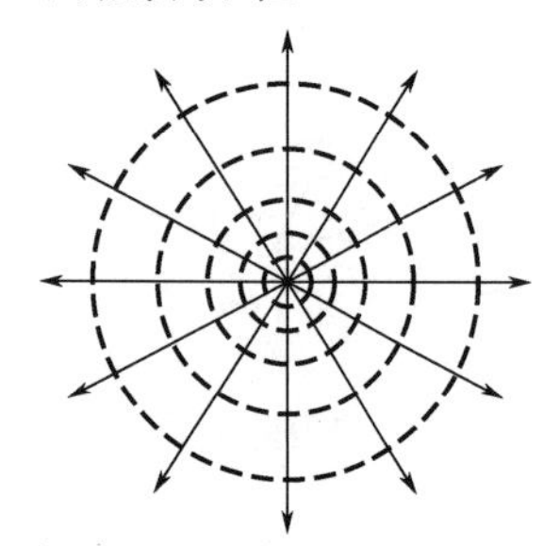

图 2-7 点电荷的电场分布

2.2 电介质中的静电场

2.1 节给出的静电场为自由电荷在无限大真空中的情况，但多数情况下存在介质，而不是真空。下面讨论存在介质时的电场问题，涉及介质的电磁性能。根据静电表现，物体可以分成两类：导电体（导体）和绝缘体（电介质）。

2.2.1 介质的极化

1. 静电平衡状态下的导体

导体含有大量自由电子，在外电场的作用下能够产生定向运动，具有导电性。静电场中的导体具有下述性质：①导体内的场强应为零；②导体是等位体，各点的电位相等；③导体表面上任一点的场强方向一定与导体表面垂直；④如果导体带电，则电荷只能分布在表面。

2. 电介质

与导体不同，在外电场的作用下，电介质内部粒子可以有微小的移动，但不能离开

分子的范围。电介质内部粒子所带电荷称为束缚电荷。理想介质也称绝缘体，是电导率为零的介质。实际上，电介质呈现很微弱的导电性。电介质在足够强的电场作用下，失去介电性能而成为导体，称为电介质击穿，对应的电压称为击穿电压，击穿时的场强称为击穿场强。常见绝缘材料的击穿场强见表2-1。

表2-1　常见绝缘材料的击穿场强

绝缘材料	空气	云母	瓷	橡胶	氧化铝	玻璃	尼龙	聚乙烯
击穿场强/(V/m)	3×10^6	10^8	10^7	4×10^7	6×10^6	9×10^6	1.9×10^7	1.8×10^7

3. 电偶极子

电偶极子是指相距很近的两个符号相反、量值相等的电荷，通常用电偶极矩 $\boldsymbol{p}$ 表征其特性。电偶极矩简称电矩，是电量 q 与正负电荷距离 $\boldsymbol{d}$ 的乘积，即 $\boldsymbol{p}=q\boldsymbol{d}$，$\boldsymbol{p}$ 的方向由负电荷指向正电荷。电偶极子在其周围引起电场，在外电场中也受到力的作用。

电偶极子是电介质理论和原子物理学的重要模型，研究从稳恒到X光频电磁场作用下电介质的色散和吸收，以及天线的辐射等都要用到电偶极子的概念。

4. 介质的极化

在外加电场的作用下，介质中的束缚电荷发生位移，这种现象称为极化。极化后的介质内部出现很多排列方向大致相同的电偶极子，这些电偶极子将产生电场。所以，极化后的介质中的电场是外加电场与电偶极子电场的合成，即电偶极子也可以作为电场的源。

关于介质的常用术语如下。

(1) 均匀介质：介质的特性不随空间坐标的改变而改变。

(2) 各向同性介质：介质的特性不随电场场量的方向的改变而改变，否则为各向异性介质，如二极管。

(3) 线性介质：介质的参数不随电场场量大小的改变而改变。

本书讨论无限大均匀或分区域均匀、线性及各向同性介质中的场。

为了表示介质的极化程度，便于分析极化电场，引入极化强度 $\boldsymbol{P}$。其定义是极化后形成的单位体积内电偶极矩的矢量和，即

$$\boldsymbol{P}=\lim_{\Delta V\to 0}\frac{\sum \boldsymbol{P}}{\Delta V} \tag{2-44}$$

实验结果表明，在各向同性线性介质中，极化强度 $\boldsymbol{P}$ 与外加场强 $\boldsymbol{E}$ 成正比，即

$$\boldsymbol{P}=\chi_e\varepsilon_0\boldsymbol{E} \tag{2-45}$$

式中，χ_e 为介质的电极化率，是一个正实数。

经分析推导，可以得到极化电荷的体电荷密度、面电荷密度与极化强度 $\boldsymbol{P}$ 的关系：

$$\left.\begin{aligned}\rho'(\boldsymbol{r})&=-\nabla\cdot\boldsymbol{P}(r)\\ \rho_S'(\boldsymbol{r})&=\boldsymbol{P}(r)\cdot\boldsymbol{e}_n\end{aligned}\right\} \tag{2-46}$$

式中，$\boldsymbol{e}_n$ 为介质表面的外法线方向上的单位矢量。

电介质极化的结果是在介质的表面产生极化面电荷，在介质内部产生极化体电荷。电介质对电场的影响可以归结为极化后极化电荷或电偶极子在真空中产生的电效应。

利用散度定理，根据式(2-46)推导出介质中穿过闭合面 S 的电极化强度的通量与闭合面内的束缚电荷 q' 的关系为

$$q'=-\oint_S \boldsymbol{P}\cdot \mathrm{d}\boldsymbol{S} \tag{2-47}$$

可见，极化电荷可以计算电介质极化后产生的场强和电位，但实际上 $\boldsymbol{P}$ 一般未知，因而难以计算。

小知识

电介质极化是指在外加电场作用下，电介质显示电性的现象。理想的绝缘介质内部没有自由电荷，而实际的电介质内部总是存在少量自由电荷，会导致电介质漏电（产生漏电流）。一般情况下，没有外加电场作用的电介质内部的正负束缚电荷处处抵消，宏观上不显现电性。在外加电场的作用下，束缚电荷的局部移动导致宏观上显示出电性，在电介质的表面和内部出现电荷，这种现象称为极化，出现的电荷称为极化电荷，这些极化电荷改变原来的电场。例如，充满电介质的电容器比真空电容器的电容大，就是电介质极化的结果。

2.2.2 介质中的静电场

由物理学得知，真空中的电场强度 $\boldsymbol{E}$ 通过任一闭合曲面的通量，等于该闭合面包围的自由电荷的电荷量 q 与真空介电常数 ε_0 之比，即

$$\oint_S \boldsymbol{E}\cdot \mathrm{d}\boldsymbol{S}=\frac{q}{\varepsilon_0} \tag{2-48}$$

可见，当闭合面中存在正电荷时，通量为正；当闭合面中存在负电荷时，通量为负；在电荷不存在的无源区，穿过任一闭合面的通量为零。

既然介质在电场的作用下发生极化，在介质内部出现束缚电荷，那么介质中的静电场可以认为是自由电荷与束缚电荷在真空中共同产生的。因此，在介质内部穿过任一闭合面 $\boldsymbol{S}$ 的电通量为

$$\oint_S \boldsymbol{E}\cdot \mathrm{d}\boldsymbol{S}=\frac{1}{\varepsilon_0}(q+q') \tag{2-49}$$

式中，q 为闭合面 $\boldsymbol{S}$ 中的自由电荷；q' 为闭合面 $\boldsymbol{S}$ 中的束缚电荷。将式(2-47)代入式(2-49)，得

$$\oint_S (\varepsilon_0 \boldsymbol{E}+\boldsymbol{P})\cdot \mathrm{d}\boldsymbol{S}=q \tag{2-50}$$

令

$$\boldsymbol{D}=\varepsilon_0 \boldsymbol{E}+\boldsymbol{P} \tag{2-51}$$

则式(2-50)可写为

$$\oint_S \boldsymbol{D}\cdot \mathrm{d}\boldsymbol{S}=q \tag{2-52}$$

式(2－51)定义的矢量 $\boldsymbol{D}$ 称为电位移，也称电通密度。由式(2－52)可知，介质中穿过任一闭合面的电位移 $\boldsymbol{D}$ 的通量等于该闭合面包围的自由电荷的代数和，与束缚电荷无关。表明无论高斯面内外有无介质存在，电位移 $\boldsymbol{D}$ 的闭合面积分（$\boldsymbol{D}$ 通量）都仅与面内的自由电荷有关，而与介质无关，但并不意味着电位移 $\boldsymbol{D}$ 的分布与介质无关。由于介质中束缚电荷的分布特性有时不易确定，因此，分析计算介质中的静电场时，使用电位移比场强方便。式(2－52)称为介质中的高斯通量定律，它是介质中静电场基本方程的积分形式。

利用散度定理，同时考虑到 $q=\oint_V \rho \mathrm{d}V$，式(2－52)可写为

$$\int_V (\nabla \cdot \boldsymbol{D}-\rho)\mathrm{d}V=0 \tag{2-53}$$

因为式(2－53)对于空间中任何体积均成立，所以被积函数应为零，得

$$\nabla \cdot \boldsymbol{D}=\rho \tag{2-54}$$

静电场基本方程的微分形式

式(2－54)表明，介质中某点电位移的散度等于该点自由电荷的体密度。式(2－54)为介质中静电场基本方程的微分形式。

与场强类似，电位移也可用一系列曲线表示。曲线上某点的切线方向等于该点电位移的方向，这些曲线称为电位移线。若规定电位移线组成的相邻电通管中电位移的通量相等，则电位移线的疏密程度可表示电位移值。电位移线起始于正的自由电荷，终止于负的自由电荷，与束缚电荷无关。

已知各向同性线性介质的极化强度 $\boldsymbol{P}=\varepsilon_0\chi_e\boldsymbol{E}$，代入式(2－51)得

$$\boldsymbol{D}=\varepsilon_0\boldsymbol{E}+\varepsilon_0\chi_e\boldsymbol{E}=\varepsilon_0(1+\chi_e)\boldsymbol{E} \tag{2-55}$$

令

$$\varepsilon=\varepsilon_0(1+\chi_e) \tag{2-56}$$

得到介质特性方程

$$\boldsymbol{D}=\varepsilon\boldsymbol{E} \tag{2-57}$$

式中，ε 为介质的介电常数。已知电极化率 χ_e 为正实数，则一切介质的介电常数均大于真空的介电常数。实际中，经常使用介电常数的相对值，这种相对值称为相对介电常数，以 ε_r 表示，其定义为

$$\varepsilon_r=\frac{\varepsilon}{\varepsilon_0}=1+\chi_e \tag{2-58}$$

可见，任何介质的相对介电常数均大于1。表2－2给出了常用介质的相对介电常数 ε_r。

表2－2　常用介质的相对介电常数 ε_r

介　　质	相对介电常数 ε_r	介　　质	相对介电常数 ε_r
空气	1.0	石英	3.3
油	2.3	云母	6.0
纸	1.3～4.0	陶瓷	5.3～6.5

续表

介　　质	相对介电常数 ε_r	介　　质	相对介电常数 ε_r
有机玻璃	2.6～3.5	纯水	81
石蜡	2.1	树脂	3.3
聚乙烯	2.3	聚苯乙烯	2.6

2.2.3　高斯通量定律的应用

当带电体的电荷分布具有一定对称性时，电场的分布也具有某种对称性，此时应用高斯通量定律可以十分简洁地求得场强 $\boldsymbol{E}$ 和电位移 $\boldsymbol{D}$。

（1）利用高斯定律求解场强必须遵从以下两个步骤。

① 必须对涉及的带电体系产生的场强进行定性分析，明确场强方向和大小的分布规律。

② 依据场强分布规律，判断能否用高斯定律求解；如果能，则构建适当的高斯面进行求解。

（2）构建高斯面必须满足以下两个条件。

① 所求场强的点必须在高斯面上。

② 高斯面上各点或高斯面上某区域各点场强相等。

在此基础上，高斯面的形状和大小原则上可任意选取，使待求场强 $\boldsymbol{E}$ 都可移到高斯定律的积分号外来进行求解。当然，求解具体问题时，应选择最简便的高斯面。

如果电场不具有对称性，则可以通过高斯定律和叠加原理进行求解。能否应用高斯定律求解电场的关键不是电场是否具有对称性，而是高斯定律等式左边 $\oint_S \boldsymbol{E} \cdot \mathrm{d}\boldsymbol{S}$ 是否能够进行积分。当然，如果电场对称，则高斯面更容易构建，且求解更加简单。

例 2-5　已知真空中有两个同心金属球壳，如图 2-8 所示，内球壳的半径为 R_1，带电荷 q_1，外球壳的内半径为 R_2，球壳厚度为 ΔR_2，带电荷 q_2。求场中各处的场强及电位。

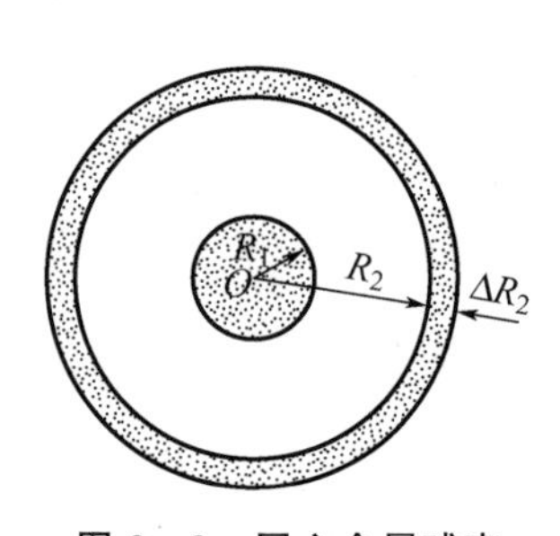

图 2-8　同心金属球壳

解　（1）根据静电场中导体的性质，内球壳电荷 q_1 均匀分布在导体球壳表面；外球壳的内表面上均匀分布总量为 $-q_1$ 的负值感应电荷，外表面上均匀分布总量为 q_1+q_2 的电荷。

（2）求场强，由内向外求解。求 r 处的场强，分区域应用高斯通量定律，作高斯闭合面半径为 r 且与导体同心的球面。在内球壳内部，即 $r<R_1$ 处，$\boldsymbol{E}=0$；在两球壳之间，即 $R_1 \leqslant r<R_2$ 处，$\boldsymbol{E}=\dfrac{q_1}{4\pi\varepsilon_0 r^2}\boldsymbol{e}_r$；在外球壳层中，即 $R_2 \leqslant r<R_2+\Delta R_2$ 处，$\boldsymbol{E}=0$；在外球壳以外，即 $r \geqslant R_2+\Delta R_2$ 处，$\boldsymbol{E}=\dfrac{q_1+q_2}{4\pi\varepsilon_0 r^2}\boldsymbol{e}_r$。

（3）求电位，由外向内求解。为方便计算，应先求外球壳以外的电位，并取无限远

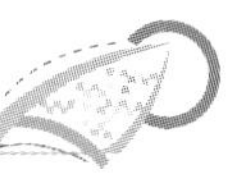

处为参考点。

① 在外球壳以外（$r \geqslant R_2 + \Delta R_2$ 处），

$$\varphi = \int_r^{\infty} \frac{q_1 + q_2}{4\pi\varepsilon_0 r^2} \mathrm{d}r = \frac{q_1 + q_2}{4\pi\varepsilon_0 r} \tag{2-59}$$

② 将 $r = R_2 + \Delta R_2$ 代入式(2-59)，得外球壳的电位

$$\varphi_2 = \frac{q_1 + q_2}{4\pi\varepsilon_0 (R_2 + \Delta R_2)} \tag{2-60}$$

由于导体是等位体，因此在外球壳以内，导体各处的电位都为 φ_2。

③ 在内、外球壳之间（$R_2 \geqslant r \geqslant R_1$ 处），

$$\varphi = \int_r^{R_2} \frac{q_1}{4\pi\varepsilon_0 r^2} \mathrm{d}r + \varphi_2 = \frac{q_1}{4\pi\varepsilon_0}\left(\frac{1}{r} - \frac{1}{R_2}\right) + \frac{q_1 + q_2}{4\pi\varepsilon_0 (R_2 + \Delta R_2)} \tag{2-61}$$

此时 φ_2 为 R_2 处的参考电位。

④ 将 $r = R_1$ 代入式(2-61)，得内球壳的电位

$$\varphi_1 = \frac{q_1}{4\pi\varepsilon_0}\left(\frac{1}{R_1} - \frac{1}{R_2} + \frac{1}{R_2 + \Delta R_2}\right) + \frac{q_2}{4\pi\varepsilon_0 (R_2 + \Delta R_2)} \tag{2-62}$$

在内球壳以内，导体各处的电位都为 φ_1。

例 2-6　已知真空中有电荷以体密度 ρ 均匀分布在一个半径为 R 的球中，如图 2-9 所示。求球内、球外的场强及电位。

解　(1) 求场强。作与带电球同心的半径为 r 的球面为高斯闭合面，根据高斯通量定律的特殊形式，可得

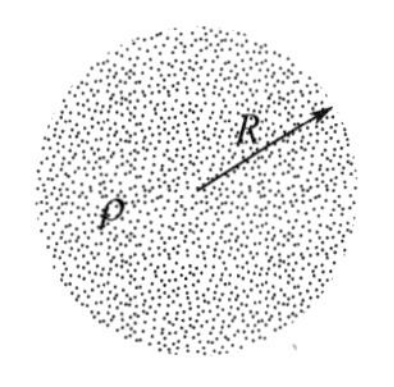

图 2-9　均匀体电荷分布的带电球

$r \leqslant R$ 处，
$$\boldsymbol{E} = \frac{\rho r}{3\varepsilon_0} \boldsymbol{e}_r \tag{2-63}$$

$r > R$ 处，
$$\boldsymbol{E} = \frac{\rho R^3}{3\varepsilon_0 r^2} \boldsymbol{e}_r \tag{2-64}$$

如用球内全部电荷 q_t 表示，由于 $\rho = q_t \Big/ \left(\frac{4}{3}\pi R^3\right)$，因此式(2-63)和式(2-64)可分别写成

$r \leqslant R$ 处，
$$\boldsymbol{E} = \frac{q_t r}{4\pi\varepsilon_0 R^3} \boldsymbol{e}_r \tag{2-65}$$

$r > R$ 处，
$$\boldsymbol{E} = \frac{q_t}{4\pi\varepsilon_0 r^2} \boldsymbol{e}_r \tag{2-66}$$

(2) 求电位。先求球外任意点 $r \geqslant R$ 的电位，以无穷远处为参考点

$$\varphi_r = \int_r^{\infty} \frac{q_t}{4\pi\varepsilon_0 r^2} \mathrm{d}r = \frac{q_t}{4\pi\varepsilon_0 r} \tag{2-67}$$

将 $r = R$ 代入式(2-67)，得球面的电位 $\varphi_R = \dfrac{q_t}{4\pi\varepsilon_0 R}$。

以球面的电位为参考电位，球内任意点的电位为

$$\varphi_r = \int_r^{R} \frac{q_t r}{4\pi\varepsilon_0 R^3} \mathrm{d}r + \varphi_R = \frac{q_t}{4\pi\varepsilon_0 R}\left(1.5 - \frac{r^2}{2R^2}\right) \tag{2-68}$$

2.3 静电场的基本方程和边界条件

通过研究静电场基本场量的通量和环量，得到静电场的积分形式的基本方程。根据散度定理和旋度定理，推导得到微分形式的基本方程，由基本方程得到静电场的基本性质。

2.3.1 积分形式的基本方程

静电场中，电场强度的环路线积分恒等于零，表征了静电场的一个基本性质——静电场是守恒场。虽然这个结论是由真空中的电场分析得出的，但是无论场中介质如何分布，只要是静电场就存在这个关系。因为场中存在介质时，可以用极化电荷考虑其附加作用。极化电荷与自由电荷相同，都能产生场强。高斯通量定律表达的关系（电位移矢量的闭合面积分等于面内所包围的自由电荷）对所有静电场都是成立的，它表征静电场的另一个基本性质。我们把这两个关系式称为积分形式的静电场基本方程，总结如下：

$$\oint_l \boldsymbol{E} \cdot \mathrm{d}\boldsymbol{l}=0 \tag{2-69}$$

$$\oint_S \boldsymbol{D} \cdot \mathrm{d}\boldsymbol{S}= q = \int_V \rho \mathrm{d}V \tag{2-70}$$

在各向同性线性介质中，介质特性方程

$$\boldsymbol{D}=\varepsilon \boldsymbol{E} \tag{2-71}$$

2.3.2 微分形式的基本方程

研究场的问题，需要探讨场中各点场量的情况，而积分形式的基本方程研究的是场中某区域的情况，有必要导出微分形式的基本方程。

将旋度定理应用于式(2-69)，得

$$\oint_l \boldsymbol{E} \cdot \mathrm{d}\boldsymbol{l}= \int_S \nabla\times\boldsymbol{E} \cdot \mathrm{d}\boldsymbol{S}=0 \tag{2-72}$$

由于等号右边的面积分在任何情况下都为零，因此被积函数必须为零，即$\nabla\times\boldsymbol{E}=0$，表明静电场中，电场强度矢量$\boldsymbol{E}$的旋度处处为零，通常说静电场是一个无旋场。检验给定场是否为静电场的简单方法是考察它的旋度，如在整个场域内，给定场量的旋度恒等于零，则它可能是静电场。

将散度定理应用于式(2-70)，可以写成

$$\oint_S \boldsymbol{D} \cdot \mathrm{d}\boldsymbol{S}= \int_V \nabla\cdot\boldsymbol{D}\mathrm{d}V = \int_V \rho \mathrm{d}V \tag{2-73}$$

式中，两个体积分是对同一体积进行的，而且对任意体积都成立，被积函数应该相等，即$\nabla\cdot\boldsymbol{D}=\rho$，这就是高斯通量定律的微分形式，表明静电场是一个有散场。这与我们前面提到过的$\boldsymbol{D}$线始于正的自由电荷，终于负的自由电荷的说法完全相符。

微分形式的基本方程如下：

$$\nabla\times\boldsymbol{E}=0 \tag{2-74}$$

$$\nabla\cdot\boldsymbol{D}=\rho \tag{2-75}$$

根据矢量场论，要确定一个矢量场，需同时给定它的散度和旋度。因此静电场基本

方程中包含一个散度方程和一个旋度方程。后面讨论的各类场都将同时给出场的散度和旋度。场量的散度与标量源密度有关，旋度与矢量源密度有关。

2.3.3　边界条件

在不同电介质的分界面上存在极化面电荷，也可能存在自由面电荷，使得电场矢量在分界面上不连续。这种矢量的不连续不会影响积分形式基本方程的应用，但会使微分形式的基本方程在不同电介质分界面上的分析遇到困难。下面根据积分形式的基本方程，推导不同电介质分界面上场强和电位移应满足的边界条件。

前面讨论的静电场均位于无限大均匀的介质中，而实际上可能存在多种电介质。由于电介质的特性不同，因此场量在两种电介质的分界面上发生突变，这种变化规律称为静电场的边界条件。当静电场中存在两种或两种以上电介质时，微分形式的基本方程必须分别对每种电介质所在区域求解，最终的解答与不同电介质分界面上的边界条件有关。所谓分界面上的边界条件，是指两种介质的分界面两边，每种场量必须满足的关系。

1. 场强 $\boldsymbol{E}$ 在两种电介质分界面上必须满足的边界条件

在图 2-10 中，我们取分界面上的 P 点进行研究。设在两种电介质中紧靠 P 点的场强分别是 $\boldsymbol{E}_1$ 和 $\boldsymbol{E}_2$。把场强分解成两个分量，与分界面平行的称为切向分量（E_{1t}和 E_{2t}），与分界面垂直的称为法向分量（E_{1n}和 E_{2n}）。作一个包围 P 点的小矩形积分回路，矩形的短边 $\Delta h \to 0$，则沿此两边的积分为零；长边 Δl 很短，认为场强在 Δl 上的各点都相等。根据静电场的守恒特性，场强 $\boldsymbol{E}$ 的环路线积分为零，E_{1t}与积分路径方向相同，E_{2t}与积分路径方向相反，可得

$$E_{1t}\Delta l - E_{2t}\Delta l = 0 \tag{2-76}$$

从而有

$$E_{1t} = E_{2t} \tag{2-77}$$

式(2-77) 表明，在两种电介质的分界面两侧，场强 $\boldsymbol{E}$ 的切向分量相等，或者说，场强 $\boldsymbol{E}$ 的切向分量是连续的。

2. 电位移 $\boldsymbol{D}$ 在两种电介质分界面上必须满足的边界条件

仍取分界面上的 P 点为研究对象，作一个包围 P 点的圆柱体，厚度 $\Delta h \to 0$，上、下两个端面的面积均为 ΔS，如图 2-11 所示。设在两种介质中，紧挨 P 点的电位移分别是 $\boldsymbol{D}_1$ 和$\boldsymbol{D}_2$，将它们分解成平行于分界面的切向分量和垂直于分界面的法向分量，分别为 D_{1t}、D_{1n}和 D_{2t}、D_{2n}。

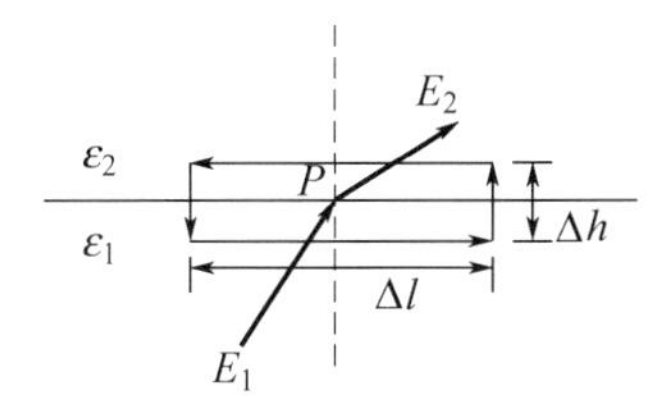

图 2-10　场强 $\boldsymbol{E}$ 的边界条件

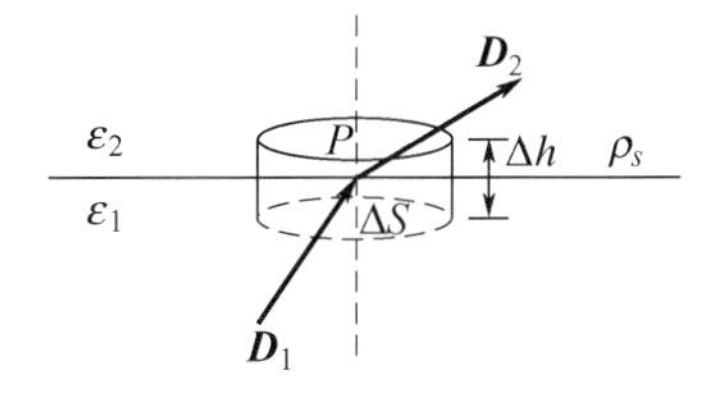

图 2-11　电位移 $\boldsymbol{D}$ 的边界条件

圆柱闭合面包围的电荷包括两部分，一是被圆柱体所截的面积为 ΔS 的分界面上的面

电荷，二是被圆柱体包围的两部分介质中的体电荷，面电荷和体电荷之和为

$$q=\rho_s\Delta S+\rho_1\frac{V}{2}+\rho_2\frac{V}{2} \tag{2-78}$$

式中，V 为圆柱体的体积；ρ_s 为分界面上的自由面电荷密度；ρ_1 和 ρ_2 分别为两种电介质内的电荷体密度。由于圆柱体的体积很小，包含体电荷很少，因此后面一项体电荷可以忽略不计。将高斯通量定律应用于圆柱表面，可得

$$-D_{1n}\Delta S+D_{2n}\Delta S=\rho_s\Delta S \tag{2-79}$$

或

$$D_{2n}-D_{1n}=\rho_s \tag{2-80}$$

若分界面上不存在面分布的自由电荷，即 $\rho_s=0$，则式(2-80) 可以写成

$$D_{1n}=D_{2n} \tag{2-81}$$

式(2-81) 表明，在两种电介质的分界面上，电位移 $\boldsymbol{D}$ 的法向分量相等，或者说，电位移 $\boldsymbol{D}$ 的法向分量连续。

如果两种电介质均为线性各向同性，则分界面上无自由面电荷分布。若$\boldsymbol{E}_1$ 和$\boldsymbol{D}_1$ 与分界面法线的夹角为 α_1，$\boldsymbol{E}_2$ 和$\boldsymbol{D}_2$ 与分界面法线的夹角为 α_2，根据式(2-77) 和式(2-81)，并考虑到 $\boldsymbol{D}=\varepsilon\boldsymbol{E}$，则在它们的分界面上 $\boldsymbol{E}$ 线和 $\boldsymbol{D}$ 线的折射规律为

$$\tan\alpha_1/\tan\alpha_2=\varepsilon_1/\varepsilon_2 \tag{2-82}$$

例 2-7 设 $y=0$ 平面是两种电介质分界面，在 $y>0$ 的区域内为自由空间，电介质 $\varepsilon_1=\varepsilon_0$；在 $y<0$ 的区域内，电介质 $\varepsilon_2=10\varepsilon_0$，如图 2-12 所示。已知自由空间一侧的场强 $\boldsymbol{E}_1=10\boldsymbol{e}_x+20\boldsymbol{e}_y+15\boldsymbol{e}_z$ (V/m)，求另一侧的场强 $\boldsymbol{E}_2$。

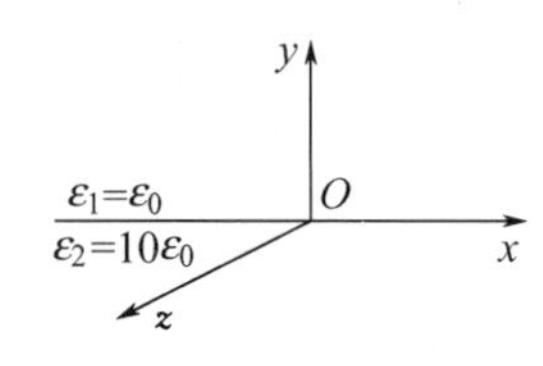

图 2-12 两种介质交界时的电场分布

解 根据边界条件，场强 $\boldsymbol{E}$ 的切向分量是连续的。而对于 $y=0$分界面，垂直于分界面的法向分量为 E_y，切分量为 E_x 和 E_z，可得

$$E_{2x}=E_{1x}=10,\ E_{2z}=E_{1z}=15 \tag{2-83}$$

又由于电位移 $\boldsymbol{D}$ 的法向分量是连续的，即 $\varepsilon_1E_{1y}=\varepsilon_2E_{2y}$，因此

$$E_{2y}=\varepsilon_1E_{1y}/\varepsilon_2=\varepsilon_0\cdot 20/(10\varepsilon_0)=2 \tag{2-84}$$

另一侧的场强

$$\boldsymbol{E}_2=10\boldsymbol{e}_x+2\boldsymbol{e}_y+15\boldsymbol{e}_z \tag{2-85}$$

2.3.4 导体与介质分界面上的边界条件

设第一种介质为导体，第二种介质为自由空间，考虑到导体内部场强和电位移都必须为零（第一种介质侧 $\boldsymbol{E}_1=0$，$\boldsymbol{D}_1=0$)，以及导体带电时电荷只能分布在导体表面（两种介质的分界面）等情况，可得

$$E_{1t}=E_{2t}=0,\ D_{2t}=0 \tag{2-86}$$

$$E_{2n}=\rho_s/\varepsilon,\ D_{2n}=\rho_s \tag{2-87}$$

式中，ρ_s 是导体表面的电荷面密度。由式(2-86) 和式(2-87) 得出，$\boldsymbol{E}_2$ 和 $\boldsymbol{D}_2$ 只有法向分量，切向分量为零。说明在电介质中，与导体表面相邻处的场强和电位移都垂直于导体表面，且电位移的量值等于该点的电荷面密度。

2.4 泊松方程、拉普拉斯方程及唯一性定理

通过前面的学习，在已知电荷及其分布的情况下，有如下3种求解静电场基本场量的方法。

(1) 通过场强 $\boldsymbol{E}$ 的定义式求解，需要做矢量积分或者矢量叠加。

(2) 先求出标量电位 φ，再由电位求负梯度得到场强 $\boldsymbol{E}$，此方法只做标量叠加或标量积分，且求负梯度即求微分，比积分计算简便。

(3) 通过高斯通量定律求解，此方法更简便，但要求电荷或场的分布具有一定的对称性。

以上3种方法都解决了“场源”问题，即已知电荷及其分布，求静电场的场量。而所有电场问题都可以归结为求解电位 φ 的二阶偏微分方程，边界条件为微分方程的初始条件。下面给出边界问题的求解，即求解强度 $\boldsymbol{E}$ 的另一种方法。

2.4.1 泊松方程和拉普拉斯方程

由微分形式的静电场基本方程，推导出关于电位 φ 的二阶偏微分方程，即泊松方程和拉普拉斯方程。

已知 $\nabla\cdot\boldsymbol{D}=\rho$，代入 $\boldsymbol{D}=\varepsilon\boldsymbol{E}$ 和 $\boldsymbol{E}=-\nabla\varphi$，可得

$$\nabla\cdot\boldsymbol{D}=\nabla\cdot\varepsilon\boldsymbol{E}=\varepsilon\nabla\cdot\boldsymbol{E}+\boldsymbol{E}\cdot\nabla\varepsilon=\rho \tag{2-88}$$

对于均匀介质 $\nabla\varepsilon=0$，则

$$\varepsilon\nabla\cdot\boldsymbol{E}=-\varepsilon\nabla\cdot\nabla\varphi=\rho \tag{2-89}$$

$$\nabla^2\varphi=-\rho/\varepsilon \tag{2-90}$$

式(2-90)为静电场的泊松方程，既是电位函数描述的二阶偏微分方程，又是静电场的基本方程，在静电场中任意点处处成立。因此，所有静电场问题都可以归结为求给定边值的泊松方程的解。

第1章已介绍 ∇^2 为拉普拉斯算子，在直角坐标系中，$\nabla^2\varphi$ 的展开式为

$$\nabla^2\varphi=\frac{\partial^2\varphi}{\partial x^2}+\frac{\partial^2\varphi}{\partial y^2}+\frac{\partial^2\varphi}{\partial z^2} \tag{2-91}$$

对于场中无电荷分布的区域（$\rho=0$），式(2-90)可写成

$$\nabla^2\varphi=0 \tag{2-92}$$

式(2-92)为静电场的拉普拉斯方程。

例2-8 图2-13所示的平行板空气电容器中，两板间电压为 U_0，两板间均匀分布着体密度为 ρ 的电荷，忽略边缘效应，求电场的分布。

解 建立坐标系，令 yOz 平面与电容器的左边极板重合，且假定为无限大平板，则电位 φ 仅为 x 坐标的函数，泊松方程由二阶偏微分方程简化成如下全微分方程：

$$\nabla^2\varphi=\frac{\mathrm{d}^2\varphi}{\mathrm{d}x^2}=-\frac{\rho}{\varepsilon_0} \tag{2-93}$$

对以上全微分方程积分，得方程的通解

$$\varphi=-\frac{\rho}{2\varepsilon_0}x^2+Ax+B \tag{2-94}$$

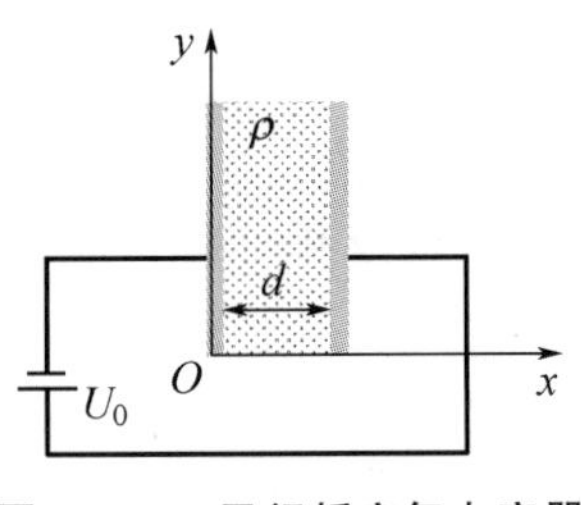

图 2－13　平行板空气电容器

应用给定的边值

$$x=0,\varphi=0;\ x=d,\varphi=U_0 \tag{2-95}$$

可以求得积分常数

$$B=0 \text{ 和 } A=\frac{U_0}{d}+\frac{\rho}{2\varepsilon_0}d \tag{2-96}$$

得到电位 φ 的分布函数

$$\varphi(x)=-\frac{\rho}{2\varepsilon_0}x^2+\left(\frac{U_0}{d}+\frac{\rho}{2\varepsilon_0}d\right)x \tag{2-97}$$

对电位 φ 求负梯度，得到场强

$$\boldsymbol{E}=-\nabla\varphi=-\frac{\mathrm{d}\varphi}{\mathrm{d}x}\boldsymbol{e}_x=\left(\frac{\rho}{\varepsilon_0}x-\frac{U_0}{d}-\frac{\rho d}{2\varepsilon_0}\right)\boldsymbol{e}_x \tag{2-98}$$

从计算结果看出，该平行板电容器两极板间的电位和场强的分布函数均仅为 x 的函数，与 y 和 z 无关；且场强沿 x 轴方向，即垂直于平行板电容器极板。

2.4.2　唯一性定理

一般来说，直接求解泊松方程和拉普拉斯方程比较困难，人们试图寻求某种间接求解方法。为了确保间接求解方法得到的解答是唯一且正确的，需要应用唯一性定理。

对于泊松方程和拉普拉斯方程，无论如何求解，只要满足给定的边值，方程的解就是独一无二的。由泊松方程总结出唯一性定理满足的三不变条件如下。

（1）求解域中的电荷及其分布不变。

（2）求解域中的介质不变。

（3）分界面上的边界条件不变。

若泊松方程是确定的，则只要满足此三不变条件，无论用何种方法求解，方程的解都是唯一的，且得到的解在场中处处成立。

唯一性定理对求解电磁场问题有十分重要的意义。根据唯一性定理，可以采用任一种更便捷的方法求解某个问题，只要求解时满足给定的条件，这个解就是正确的。

2.5　镜　像　法

基于唯一性定理，人们得到了各类边值问题的理论计算方法，主要有直接求解法、间接求解法和数值计算方法。直接求解法包括直接积分法和分离变量法等；间接求解法包括电轴法、镜像法和保角变换法等；数值计算方法包括有限差分法和有限元法等。本节主要介绍镜像法，它巧妙地应用唯一性定理，把实际上分区均匀的介质看成无限大均匀的，对于研究的场域，用闭合边界外虚设的较简单的电荷分布，代替实际边界上复杂的分布电荷来进行计算。

根据唯一性定理，只要虚设的电荷与边界内的实际电荷共同产生的电场满足给定的边界条件，求解结果就是唯一且正确的。由于虚设电荷称为镜像电荷，因此该方法称为镜像法。

镜像法不仅可以应用于计算场强和电位，而且可以计算静电力以及确定感应电荷分布等。

2.5.1 点电荷对接地无限大导体平面的镜像

点电荷$+q$与无限大平面导体上方的距离为d，周围介质的介电常数为ε，如图2-14（a）所示，求解空间中的电场分布。

电介质中的场，除点电荷所在处，其他处$\nabla^2\varphi=0$；以无限远处为参考点，导电平板（介质与导体的交界面）的电位为零。根据镜像法，把无限大导电平板换成介电常数为ε的均匀介质，则整个空间变为无限大均匀的介质，且在与$+q$成镜像位置处放置点电荷$-q$，$-q$就是镜像电荷，代替了分布在导电平板上的负值感应电荷的作用。$+q$和镜像电荷$-q$共同作用在原来的分界面上，保持原来的边界条件不变（分界面上的电位为零），且求解域以内的电荷及其分布都不变，满足唯一性定理。根据唯一性定理，可以用图2-14（b）所示的电荷分布来计算实际电介质（上半空间）中的电场，即由$+q$和$-q$两个点电荷叠加产生。

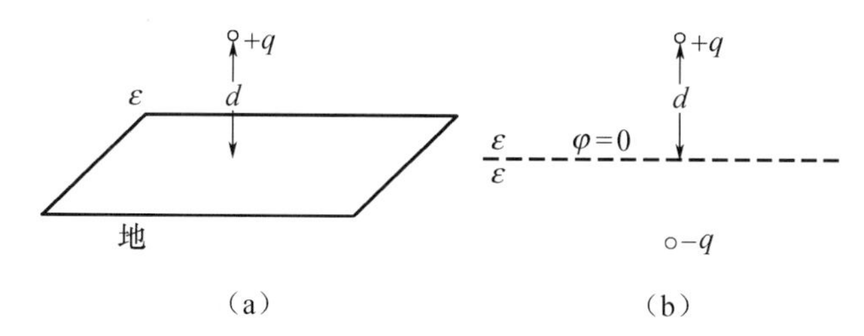

图2-14　点电荷对接地无限大导体表面的镜像

图2-15所示为实际电场中的$\boldsymbol{E}$线及等位线分布。由于下半空间内不存在电场，因此用虚线表示。此场图分布与电偶极子的场图分布相同，只是下半空间的场不存在而用虚线代替。用镜像法求解时，一定要注意适用区域。

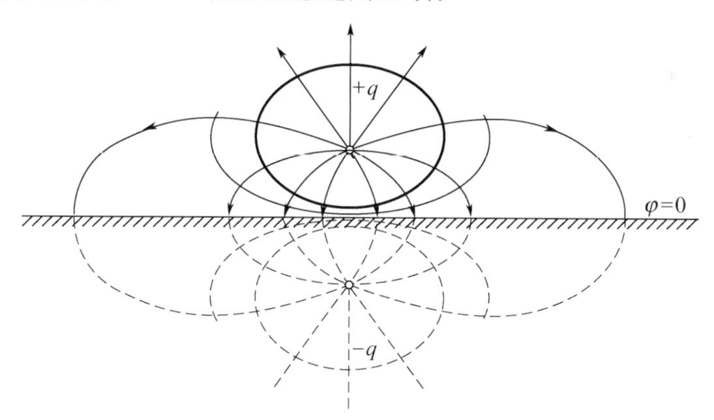

图2-15　实际电场中的$\boldsymbol{E}$线及等位线分布

例2-9　求空气中与地面距离为d的点电荷q在地面引起的感应电荷分布。

解　如图2-16所示，可应用镜像法求得与点电荷距离为r，分界面上M点的场强$\boldsymbol{E}=\boldsymbol{E}_{+}+\boldsymbol{E}_{-}$。场强$\boldsymbol{E}$的方向指向地面，其量值

$$E=2\frac{q}{4\pi\varepsilon_0 r^2}\cos\theta=\frac{qd}{2\pi\varepsilon_0(d^2+x^2)^{3/2}} \tag{2-99}$$

由 $D_{2n}-D_{1n}=\rho_s$ 和 $D_{2n}=0$，得该点的感应电荷面密度

$$\rho_s=-D=-\varepsilon_0 E=\frac{-qd}{2\pi\left(d^2+x^2\right)^{3/2}} \tag{2-100}$$

对面密度作面积积分，可以求得整个地面上感应电荷的总量

$$\begin{aligned}\int_s \rho_s \mathrm{d}S &= \int_0^{\infty} \frac{-qd}{2\pi\left(d^2+x^2\right)^{3/2}}\cdot 2\pi x \mathrm{d}x \\ &= qd\left[\frac{1}{\left(d^2+x^2\right)^{1/2}}\right]_0^{\infty}=-q\end{aligned} \tag{2-101}$$

由以上结果可知，整个地面上感应电荷的总量为镜像电荷值。

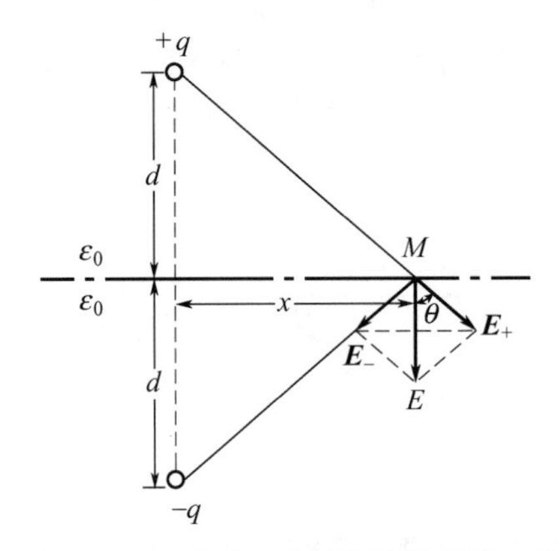

图 2-16　点电荷 q 在地面上引起的镜像

2.5.2　两种介质交界的点电荷的镜像

两种分区域均匀的介质交界，其中一种介质中有一个点电荷，如何求空间中的电场分布呢？

设介电常数分别为 ε_1 和 ε_2 的两种介质的分界面是一个无限大平面，在介电常数为 ε_1 的介质中距分界面 d 处，有一个点电荷 q，如图 2-17（a）所示，要求计算空间中电场的分布。因为不是在无限大均匀介质中，所以不能用无限大均匀介质中点电荷电场的方法求解。而且与前面讨论的无限大导体上半空间点电荷产生的电场不同，现在两种介质中都存在电场，需要分别计算。

可以用直接方法通过拉普拉斯方程和边界条件求解。设在介质 ε_1 和介质 ε_2 内的电位函数分别为 φ_1 和 φ_2，对两个区域分别列拉普拉斯方程：在介质 ε_1 区域内，都有 $\nabla^2\varphi_1=0$；在介质 ε_2 区域内，都有 $\nabla^2\varphi_2=0$。在两种介质分界面上，应满足边界条件 $E_{1t}=E_{2t}$ 和 $D_{1n}=D_{2n}$。

应用镜像法时，根据图 2-17（a）分别画出上半空间（介质为 ε_1）的求解域模型和下半空间（介质为 ε_2）的求解域模型。求上半空间中的场时，可由无限大均匀介质 ε_1 中两个点电荷 q 和 q' 产生的场量叠加来计算，如图 2-17（b）所示；求下半空间中的场时，可由无限大均匀介质 ε_2 中的一个点电荷 q'' 来计算，如图 2-17（c）所示。但需要由边界条件确定 q' 和 q'' 的值，即此时镜像电荷 q' 和 q'' 的位置已经确定，但电荷量值需要通过边界条件计算。

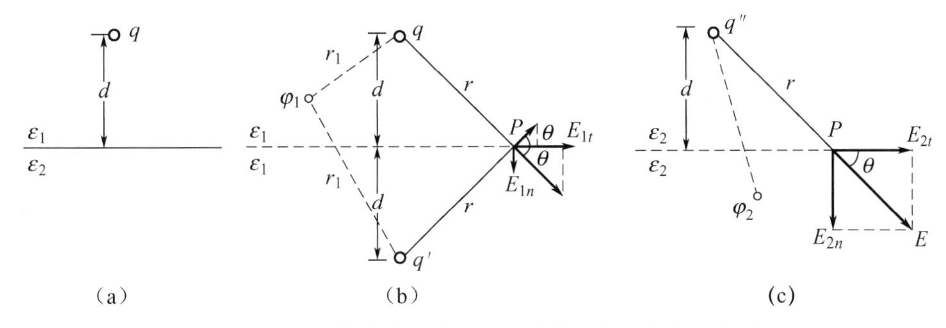

图 2-17 两种介质交界时点电荷的镜像法求解域模型

任取分界面上 P 点，根据边界条件 $E_{1t}=E_{2t}$ 和 $D_{1n}=D_{2n}$ 分别列出方程

$$\frac{q}{4\pi\varepsilon_1 r^2}\cos\theta+\frac{q'}{4\pi\varepsilon_1 r^2}\cos\theta=\frac{q''}{4\pi\varepsilon_2 r^2}\cos\theta \tag{2-102}$$

$$\frac{q}{4\pi r^2}\sin\theta-\frac{q'}{4\pi r^2}\sin\theta=\frac{q''}{4\pi r^2}\sin\theta \tag{2-103}$$

整理得

$$\left.\begin{aligned}\frac{q+q'}{\varepsilon_1}&=\frac{q''}{\varepsilon_2}\\ q-q'&=q''\end{aligned}\right\} \tag{2-104}$$

解方程，得

$$\left.\begin{aligned}q'&=\frac{\varepsilon_1-\varepsilon_2}{\varepsilon_1+\varepsilon_2}q\\ q''&=\frac{2\varepsilon_2}{\varepsilon_1+\varepsilon_2}q\end{aligned}\right\} \tag{2-105}$$

密度为 ρ_l 的无限长线电荷平行于两种介质的分界面放置，求两种介质中的电场，可参照点电荷在两种介质中的镜像方法求解。镜像线电荷密度

$$\left.\begin{aligned}\rho_l'&=\frac{\varepsilon_1-\varepsilon_2}{\varepsilon_1+\varepsilon_2}\rho_l\\ \rho_l''&=\frac{2\varepsilon_2}{\varepsilon_1+\varepsilon_2}\rho_l\end{aligned}\right\} \tag{2-106}$$

2.6 电容与部分电容

2.6.1 电容

电容器在调谐、旁路、耦合、滤波等电路中有重要作用，可用于晶体管收音机的调谐电路、彩色电视机的耦合电路和旁路电路等。

相互接近且绝缘的两块任意形状的导体构成一个电容器。当电容器的两个极板间加电压时，为电容器充电，电容器储存电荷。电容器的电容在数值上等于一个导体极板的电荷与两极板间的电压之比。电容的单位是法拉（F）。

$$C=\frac{Q}{U} \tag{2-107}$$

式中，C 为电容；Q 为导体极板的电荷；U 为两极板间的电压。

电容器的电容与导体的形状、尺寸、相互位置及导体间的介质有关，与导体的带电情况无关。孤立导体的电容是指导体与无限远处另一个导体间的电容。

电容的计算思路如下：设导体上的电荷为 Q，由电荷 Q 求出场强 $\boldsymbol{E}$，由场强 $\boldsymbol{E}$ 的线积分求出两极板间的电压，从而得到电荷与两极板电压的关系，即电容。

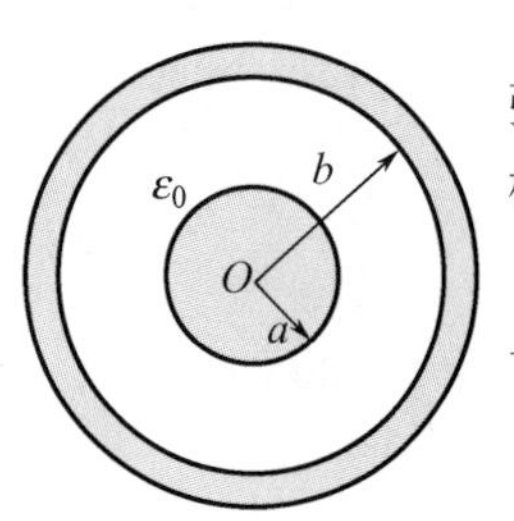

图 2－18　球形电容器

例 2－10　图 2－18 所示为球形电容器，内导体球半径为 a，外导体球壳内径为 b，求球形电容器的电容。

解　设内导体电荷为 q，且均匀分布于导体球表面，由 $\oint_S \boldsymbol{D}\cdot d\boldsymbol{S}=q$ 求得内、外导体间半径为 r 处的电位移和场强

$$\boldsymbol{D}=\frac{q}{4\pi r^2}\boldsymbol{e}_r \tag{2-108}$$

$$\boldsymbol{E}=\frac{q}{4\pi\varepsilon_0 r^2}\boldsymbol{e}_r \tag{2-109}$$

两同心导体球之间的电压

$$U=\int_a^b \boldsymbol{E}\cdot d\boldsymbol{r}=\frac{q}{4\pi\varepsilon_0}\left(\frac{1}{a}-\frac{1}{b}\right)=\frac{q}{4\pi\varepsilon_0}\cdot\frac{b-a}{ab} \tag{2-110}$$

球形电容器的电容

$$C=\frac{q}{U}=\frac{4\pi\varepsilon_0 ab}{b-a} \tag{2-111}$$

当 $b\to\infty$ 时，$C=4\pi\varepsilon_0 a$（半径为 a 的孤立导体球的电容）。

2.6.2　部分电容

工程上，许多电气设备具有由两个以上导体组成的带电系统，例如三相传输线、多极电子管等，任意两个导体之间的电压不仅受自身电荷的影响，而且受其他导体上电荷的影响。此时，导体间的电压与导体电荷之间的关系不能仅用一个电容表示，需要将电容的概念扩展，由此引入部分电容的概念。部分电容不再是一个数值，而是一个矩阵，给出的仍然是系统中导体的电荷和两两导体间电压的关系。

对于由（$n+1$）个导体构成的静电独立系统，所有电位移 $\boldsymbol{D}$ 线从系统内的带电体出发，终止于系统内的带电体。各带电体的电量分别为 q_0，q_1，…，q_k，…，q_n，则有如下电荷关系：

$$q_0+q_1+\cdots+q_k+\cdots+q_n=0$$

其中，q_0 为参考导体，电位为零。

1. α 方程组

对于线性系统，已知电荷求电位，可应用叠加原理，得各带电体和 0 号导体间的电压（电位）与各导体电荷之间的关系，写成矩阵的形式 $\boldsymbol{U}=\boldsymbol{A}\cdot\boldsymbol{Q}$，即 α 方程组。

$$\left.\begin{aligned}U_{10}&=\alpha_{11}q_1+\alpha_{12}q_2+\cdots+\alpha_{1k}q_k+\cdots+\alpha_{1n}q_n\\&\vdots\\U_{k0}&=\alpha_{k1}q_1+\alpha_{k2}q_2+\cdots+\alpha_{kk}q_k+\cdots+\alpha_{kn}q_n\\&\vdots\\U_{n0}&=\alpha_{n1}q_1+\alpha_{n2}q_2+\cdots+\alpha_{nk}q_k+\cdots+\alpha_{nn}q_n\end{aligned}\right\}\tag{2-112}$$

式中，系数矩阵 **A** 中的元素为电位系数，$\alpha_{i,i}$ 为自有电位系数，表明导体自身电荷对自身电位的贡献；$\alpha_{i,j}$（$i\neq j$）为互有电位系数，表明导体 j 上的电荷对导体 i 上的电位的贡献。

2. β 方程组

对矩阵 **A** 求逆，得到 $\boldsymbol{Q}=\boldsymbol{B}\cdot\boldsymbol{U}$（或 $\boldsymbol{B}=\boldsymbol{A}^{-1}$）

$$\left.\begin{aligned}q_1&=\beta_{11}U_{10}+\beta_{12}U_{20}+\cdots+\beta_{1k}U_{k0}+\cdots+\beta_{1n}U_{n0}\\&\vdots\\q_k&=\beta_{k1}U_{10}+\beta_{k2}U_{20}+\cdots+\beta_{kk}U_{k0}+\cdots+\beta_{kn}U_{n0}\\&\vdots\\q_n&=\beta_{n1}U_{10}+\beta_{n2}U_{20}+\cdots+\beta_{nk}U_{k0}+\cdots+\beta_{nn}U_{n0}\end{aligned}\right\}\tag{2-113}$$

式中，系数矩阵 **B** 中的元素为静电感应系数，$\beta_{i,i}$ 为自有感应系数，表明导体自身电位对自身电荷的贡献；$\beta_{i,j}$（$i\neq j$）为互有感应系数，表明导体 j 上的电位对导体 i 上的电荷的贡献。

3. C 方程组

将 β 方程组中的电位转换为电压，即对矩阵 **B** 作系数变换，以其中第 k 式为例：

$$\begin{aligned}q_k&=\beta_{k1}U_{10}+\beta_{k2}U_{20}+\cdots+\beta_{kk}U_{k0}+\cdots+\beta_{kn}U_{n0}\\&=-\beta_{k1}(U_{k0}-U_{10})-\beta_{k2}(U_{k0}-U_{20})-\cdots-\beta_{kk}(U_{k0}-U_{k0})-\cdots-\beta_{kn}(U_{k0}-U_{n0})\\&\quad+(\beta_{k1}+\beta_{k2}+\cdots+\beta_{kk}+\cdots+\beta_{kn})U_{k0}\\&=-\beta_{k1}U_{k1}-\beta_{k2}U_{k2}-\cdots+(\beta_{k1}+\beta_{k2}+\cdots+\beta_{kk}+\cdots+\beta_{kn})U_{k0}-\cdots-\beta_{kn}U_{kn}\\&=C_{k1}U_{k1}+C_{k2}U_{k2}+\cdots+C_{k0}U_{k0}+\cdots+C_{kn}U_{kn}\end{aligned}\tag{2-114}$$

式中，$C_{k1}=-\beta_{k1}$，$C_{k2}=-\beta_{k2}$，…，$C_{kn}=-\beta_{kn}$ 为互有部分电容，即系统中两两导体间的电容；$C_{k0}=$（$\beta_{k1}+\beta_{k2}+\cdots+\beta_{kk}+\cdots+\beta_{kn}$）为自有部分电容，即 k 号导体与 0 号导体间的电容。

写成矩阵的形式 $\boldsymbol{Q}=\boldsymbol{C}\cdot\boldsymbol{U}$，即 C 方程组，其中系数矩阵 **C** 为部分电容阵。

由（$n+1$）个导体组成的静电独立系统应有 n（$n+1$）/2 个部分电容，且部分电容阵为对称阵。例如由 4 个导体构成的静电独立系统（其中一个导体为大地参考导体），应有 6 个部分电容构成对应的电容网络。

小知识：静电屏蔽

处于静电平衡状态的导体，内部场强处处为零。由此可知，处于静电平衡状态的导体，电荷只分布在导体的外表面。如果该导体是中空的，则当它达到静电平衡时，内部没有电场，导体的外壳会对它的内部起“保护”作用，使其不受外部电场的影响，这种现象称为静电屏蔽。

为了避免外界电场对仪器设备产生影响，或者为了避免电气设备的电场对外界产生影响，用一个空腔导体遮住外电场，使其内部不受影响，也不使电气设备对外界产生影响，这就是静电屏蔽的应用。

法拉第曾经冒着被电击的危险，进行了一个闻名于世的实验——法拉第笼实验。法拉第把自己关在金属笼内，当笼外发生强大的静电放电时，什么事都没有发生，这也是静电屏蔽的原理。

由于部分电容表示导体之间通过电场所体现的电耦合特性，因此可以运用这个概念简明、有效地阐明静电屏蔽问题。工程上也有很多静电屏蔽的应用实例，如高压工作室内的接地金属网。整流电源中的变压器，在其初级绕组与次级绕组之间包上金属薄片或绕一层漆包线并接地，以起到屏蔽的作用。在高压带电作业中，工人穿上用金属丝或导电纤维织成的均压服，可以对人体起保护作用。

2.7 静电场能量与静电力

对引入场的电荷有作用力是电场的基本特征。因此，在电场中移动电荷时，电场力做功，电场中储存的能量发生变化。若电场力做功的数值为正，则消耗电场能量，电场能量减小；若电场力做功的数值为负，则增大电场能量。电场能量等于电场建立过程中电场力做功的负值，也就是克服电场力的外力做功的值。因此电场能量为电场建立过程中外力提供的能量。

本节我们讨论静电场的储能，并通过能量分析静电力。在力学系统中，可以从能量或功的角度分析受力；在静电系统中，同样可以分析系统储存的能量，从而得到静电力。在静电系统中，因为电荷都是静止的，所以能量完全以位能形式存在。所谓静电能量，是指由电荷的相互作用引起的位能。下面讨论静电场能量的计算，主要有两种方法，一种用电位表示，另一种用基本场量表示。

2.7.1 静电能量与电位的关系

设静电场中分布电荷的体密度为 ρ，面密度为 ρ_s，在某个场点产生的电位为 φ。在线性介质中，静电能量的数值只取决于电场的最后状态，与电场的建立过程无关。为便于计算，选择一种相对简单的电场建立方式，称该过程为充电过程。某时刻，如果带电体充电到某种程度，则场中某特定点上的电位是 $\varphi'(x, y, z)$。移动电荷增量 $\mathrm{d}q$ 置于该点，克服外力需要做的功为

$$\mathrm{d}A=\varphi'(x,y,z)\mathrm{d}q \tag{2-115}$$

充电完成后，系统的全部静电能量可通过式(2-115)得到。

在充电过程中，任意时刻，所有带电体的电荷密度都按同一比率增长。令此比率为 α，且 $0\leqslant\alpha\leqslant1$，即初始时，各处电荷密度都为零（相当于 $\alpha=0$），最终时刻，各处电荷密度都等于最终值（相当于 $\alpha=1$）。在任意中间时刻，电荷密度的增量

$$d\rho = d[\alpha\rho(x,y,z)] = \rho(x,y,z)d\alpha \tag{2-116}$$

$$d\rho_s = d[\alpha\rho_s(x,y,z)] = \rho_s(x,y,z)d\alpha \tag{2-117}$$

在整个过程中，克服电场力的外力所做的功全部转换为静电场能量。对式(2-115)进行积分，得到总静电能量

$$\begin{aligned} W_e = &\int_0^1 d\alpha \int_V \rho(x,y,z)\varphi'(\alpha;x,y,z)dV + \\ &\int_0^1 d\alpha \int_S \rho_s(x,y,z)\varphi'(\alpha;x,y,z)dS \end{aligned} \tag{2-118}$$

由于所有电荷按同一比率 α 增长，因此电位 $\varphi'(\alpha;\ x,\ y,\ z) = \alpha\varphi(x,\ y,\ z)$，其中 φ 是 $(x,\ y,\ z)$ 点处的最终电位值。将此关系代入式(2-118)，得到连续分布电荷系统静电能量的表达式

$$W_e = \frac{1}{2}\int_V \rho\varphi dV + \frac{1}{2}\int_S \rho_s\varphi dS \tag{2-119}$$

式(2-119)的积分区域为场源电荷所在的体积 V 和面积 S 内，说明可以用电荷密度和电位计算静电场能量，但不表明静电能量只存在于电荷的源区。在无源区域，只要有电场，就存在对电荷的作用力，说明凡是有电场的区域都存在静电能量。

若系统中只有带电导体，即只有面电荷 ρ_s 分布，体电荷密度 $\rho=0$，则静电能量可表示成

$$W_e = \frac{1}{2}\int_S \rho_s\varphi dS \tag{2-120}$$

式(2-120)中的积分面积 S 应为所有导体的表面积。由于每个导体表面都是等位面，电位 φ_k 都为常量，因此对于第 k 号导体，有

$$\frac{1}{2}\int_{S_k} \rho_s\varphi_k dS = \frac{1}{2}\varphi_k\int_{S_k} \rho_s dS = \frac{1}{2}\varphi_k q_k \tag{2-121}$$

从而式(2-120)可写成

$$W_e = \frac{1}{2}\sum_{k=1}^{n} \varphi_k q_k \tag{2-122}$$

2.7.2　静电能量与基本场量的关系

电场能量分布在电场中，与基本场量场强有直接关系。下面从多导体带电系统的电场能量出发，推导电场能量与场量 $\boldsymbol{E}$ 之间的关系。将 $\nabla\cdot\boldsymbol{D}=\rho$ 和 $\rho_s=\boldsymbol{D}\cdot\boldsymbol{e}_n$ 代入式(2-119)，得

$$W_e = \frac{1}{2}\int_V \varphi\nabla\cdot\boldsymbol{D}dV + \frac{1}{2}\int_{S_1} \varphi\boldsymbol{D}\cdot\boldsymbol{e}_n dS \tag{2-123}$$

式(2-123)中的体积分是对导体以外整个静电场场域进行的，面积分是对所有导体表面 S_1 进行的；$\boldsymbol{e}_n$ 是导体表面外法线方向的单位矢量。

根据矢量分析中的恒等式$\nabla\cdot(\varphi\boldsymbol{F})=(\nabla\varphi)\cdot\boldsymbol{F}+\varphi\nabla\cdot\boldsymbol{F}$，令 $\boldsymbol{F}=\boldsymbol{D}$，得

$$\varphi\nabla\cdot\boldsymbol{D} = \nabla\cdot(\varphi\boldsymbol{D}) - \boldsymbol{D}\cdot\nabla\varphi \tag{2-124}$$

又考虑到 $\boldsymbol{E}=-\nabla\varphi$，则式(2-123)可写成

$$W_e = \frac{1}{2}\int_V \nabla\cdot(\varphi\boldsymbol{D})dV + \frac{1}{2}\int_V \boldsymbol{D}\cdot\boldsymbol{E}dV + \frac{1}{2}\int_{S_1} \varphi\boldsymbol{D}\cdot\boldsymbol{e}_n dS \tag{2-125}$$

把式(2-125)中右边第一项由散度定理转换成闭合面积分，则

$$W_e = \frac{1}{2}\int_{S+S_1} \varphi \boldsymbol{D} \cdot \boldsymbol{e}_{n1} \mathrm{d}S + \frac{1}{2}\int_V \boldsymbol{D} \cdot \boldsymbol{E} \mathrm{d}V + \frac{1}{2}\int_{S_1} \varphi \boldsymbol{D} \cdot \boldsymbol{e}_n \mathrm{d}S \tag{2-126}$$

式中，$S+S_1$ 是包围整个体积 V 的表面，其中 S_1 是系统中所有导体的表面，S 是从外面包围整个系统的面，可以选择位于无限远处。等号右边第一个面积分式中，对于积分面积 S_1 来说，$\boldsymbol{e}_{n1}$ 的方向是从体积 V 向外的方向，即指向导体内的方向；第三个面积分式中，e_n 的方向是由导体表面向外的，也就是指向体积 V 的方向，因此这两项对 S_1 的两个面积分相互抵消，从而式(2-126)可以写成

$$\begin{aligned} W_e &= \frac{1}{2}\int_S \varphi \boldsymbol{D} \cdot \boldsymbol{e}_{n1} \mathrm{d}S + \frac{1}{2}\int_{S_1} \varphi \boldsymbol{D} \cdot (\boldsymbol{e}_{n1} + \boldsymbol{e}_n) \mathrm{d}S + \frac{1}{2}\int_V \boldsymbol{D} \cdot \boldsymbol{E} \mathrm{d}V \\ &= \frac{1}{2}\int_S \varphi \boldsymbol{D} \cdot \boldsymbol{e}_{n1} \mathrm{d}S + \frac{1}{2}\int_V \boldsymbol{D} \cdot \boldsymbol{E} \mathrm{d}V \end{aligned} \tag{2-127}$$

如果电荷分布是任意且有界的，则在离系统很远处，φ 随 $1/r$ 而变，$\boldsymbol{D}$ 随 $1/r^2$ 而变，经过 r 处的闭合面的面积随 r^2 而变，故在 S 面上整个积分随 $1/r$ 而变。当所取闭合面 S 趋向无限远时，式(2-127)等号右边第一项的积分为零，只剩下第二项，即

$$W_e = \frac{1}{2}\int_V \boldsymbol{D} \cdot \boldsymbol{E} \mathrm{d}V \tag{2-128}$$

式(2-128)是由基本场量 $\boldsymbol{E}$ 和 $\boldsymbol{D}$ 计算静电能量的公式。不难看出，静电能量以体密度分布于整个电场中，积分式中的被积函数为静电能量密度，用 w_e 表示。

$$w_e = \frac{1}{2}\boldsymbol{D} \cdot \boldsymbol{E} \tag{2-129}$$

对于各向同性线性介质，由于 $\boldsymbol{D}=\varepsilon\boldsymbol{E}$，因此能量密度还可以写成

$$w_e = \frac{1}{2}\varepsilon \boldsymbol{E}^2 = \frac{\boldsymbol{D}^2}{2\varepsilon} \tag{2-130}$$

从而式(2-128)可表示为

$$W_e = \int_V \frac{1}{2}\varepsilon \boldsymbol{E}^2 \mathrm{d}V = \int_V \frac{\boldsymbol{D}^2}{2\varepsilon} \mathrm{d}V \tag{2-131}$$

例 2-11 计算真空中半径为 a、分布有体密度为 ρ 的均匀带电圆球的静电能量。

解 方法 1，应用高斯通量定律，求得场强

$$\boldsymbol{E} = \begin{cases} \dfrac{\rho r}{3\varepsilon_0}\boldsymbol{e}_r, & r<a \\ \dfrac{\rho a^3}{3\varepsilon_0 r^2}\boldsymbol{e}_r, & r\geqslant a \end{cases} \tag{2-132}$$

应用式(2-131)，求得静电能量

$$\begin{aligned} W_e &= \frac{1}{2}\varepsilon_0 \left[\int_0^a \frac{\rho^2 r^2}{9\varepsilon_0{}^2} \cdot 4\pi r^2 \mathrm{d}r + \int_a^\infty \frac{\rho^2 a^6}{9\varepsilon_0^2 r^4} \cdot 4\pi r^2 \mathrm{d}r\right] \\ &= \frac{2\pi}{9}\frac{\rho^2 a^5}{\varepsilon_0}\left(\frac{1}{5}+1\right) = \frac{4\pi}{15\varepsilon_0}\rho^2 a^5 \end{aligned} \tag{2-133}$$

方法 2，先求电位 $\left(\varphi = \int_r^\infty \boldsymbol{E}_r \mathrm{d}r\right)$

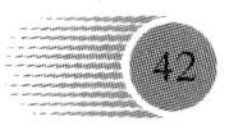

$$\varphi=\begin{cases}\dfrac{\rho}{2\varepsilon_0}\left(a^2-\dfrac{r^2}{3}\right), & r<a\\ \dfrac{\rho a^3}{3\varepsilon_0 r}, & r\geqslant a\end{cases} \tag{2-134}$$

再应用式(2－117) 求静电能量

$$\begin{aligned}W_e&=\frac{1}{2}\cdot\frac{\rho^2}{2\varepsilon_0}\int_0^a\left(a^2-\frac{r^2}{3}\right)\cdot 4\pi r^2\mathrm{d}r\\&=\frac{4\pi}{15\varepsilon_0}\rho^2a^5\end{aligned} \tag{2-135}$$

2.7.3　电场力

点电荷 q 置于电场中，会受到电场力的作用。$\boldsymbol{E}$ 是除受力电荷 q 以外，其余电荷在该点产生的场强，则点电荷 q 受到的电场力

$$\boldsymbol{F}=q\boldsymbol{E} \tag{2-136}$$

对于求连续分布电荷所受的电场力，可以用公式 $\boldsymbol{F}=\int\boldsymbol{E}\mathrm{d}q$ 求解。这里积分中的场强 $\boldsymbol{E}$ 可理解为除受力电荷以外，其余电荷在该点产生的。通过积分的方式求解电场力更加复杂。

由于能量与力之间有密切联系，因此根据静电能量求电场力更方便。下面介绍用虚位移法计算电场力。虚位移法不仅可以计算一般的机械力，而且可以计算广义力。广义力总是企图改变对应的广义坐标。

广义坐标是确定系统中各导体形状、尺寸与位置的独立几何量，如距离、面积、体积、角度等。企图改变某个广义坐标的力，称为对应于该广义坐标的广义力。广义力与广义坐标之间的关系（广义力乘以由其引起的广义坐标的改变）应等于功。若广义坐标是距离（长度），则对应的广义力是一般的机械力；若广义坐标是角度，则对应的广义力是转矩；若广义坐标是体积，则对应的广义力是压强；若广义坐标是面积，则对应的广义力是表面张力；等等。广义力与广义坐标的对应关系见表 2－3。

表 2－3　广义力与广义坐标的对应关系

广义坐标	距离	面积	体积	角度
广义力	机械力/N	表面张力/(N/m)	压强/(N/m^2)	转矩/(N·m)

研究由（$n+1$）个导体组成的系统，对导体依次按顺序编号，并以 0 号为参考导体。假设除了 k 号导体外，其余导体都不动，且 k 号导体有且只有一个坐标 g 发生变化，则根据能量守恒得

$$\mathrm{d}W=\mathrm{d}_gW_e+f\mathrm{d}g \tag{2-137}$$

式中，$\mathrm{d}W$ （$=\sum\varphi_k\mathrm{d}q_k$）为与各带电体连接的电源提供的能量；$\mathrm{d}_gW_e$ 为由广义坐标 g 的改变导致的静电能量的增量；$f\mathrm{d}g$ 为电场力做的功。分以下两种情况进行讨论。

1. 常电荷系统

假设当 k 号导体发生位移时，各带电体的电荷不变，即所有带电体均不与外源相连，

可得 $\mathrm{d}q_k=0$，即 $\mathrm{d}W=0$。因此式(2-137) 可以写成

$$0=\mathrm{d}_g W_e+f\mathrm{d}g \tag{2-138}$$

或

$$f\mathrm{d}g=-\mathrm{d}_g W_e\big|_{q_k=\text{常量}} \tag{2-139}$$

从而得

$$f=-\frac{\partial W_e}{\partial g}\bigg|_{q_k=\text{常量}} \tag{2-140}$$

此时外源不与导体相连，电场力做功消耗电场能量，电场能量减小。换言之，电场力做功所需的能量是靠电场能量的减小提供的。

2. 常电位系统

假设当 k 号导体发生位移时，各带电体的电位不变，即所有带电体均与外源相连，则根据式(2-122)，得

$$\mathrm{d}_g W_e\big|_{\varphi_k=\text{常量}}=\mathrm{d}\left(\frac{1}{2}\sum\varphi_k q_k\right)=\frac{1}{2}\sum\varphi_k\mathrm{d}q_k=\frac{1}{2}\mathrm{d}W \tag{2-141}$$

此时电源提供的能量的一半用于电场力做功，另一半储存在电场中，电场能量增大，即电场力做功等于电场能量的增量，因此

$$f\mathrm{d}g=\mathrm{d}_g W_e\big|_{\varphi_k=\text{常量}} \tag{2-142}$$

从而得

$$f=+\frac{\partial W_e}{\partial g}\bigg|_{\varphi_k=\text{常量}} \tag{2-143}$$

用虚位移法计算的电场力实际上是平衡状态下的电场力。位移只是一种假设，用来探索能量的变化趋势，实际上并未发生位移，所以称为虚位移法。以上两种假设下得到的结果应该是相等的。实际上，带电体并没有移动，电场力的分布也不变，因此有

$$f=-\frac{\partial W_e}{\partial g}\bigg|_{q_k=\text{常量}}=+\frac{\partial W_e}{\partial g}\bigg|_{\varphi_k=\text{常量}} \tag{2-144}$$

例 2-12 平行板电容器的极板间距离为 d，极板面积为 S，极板间的介质为空气，如图 2-19 所示。两极板分别带有 $+q$ 和 $-q$ 的电荷，忽略边缘效应，用虚位移法求极板间的作用力。

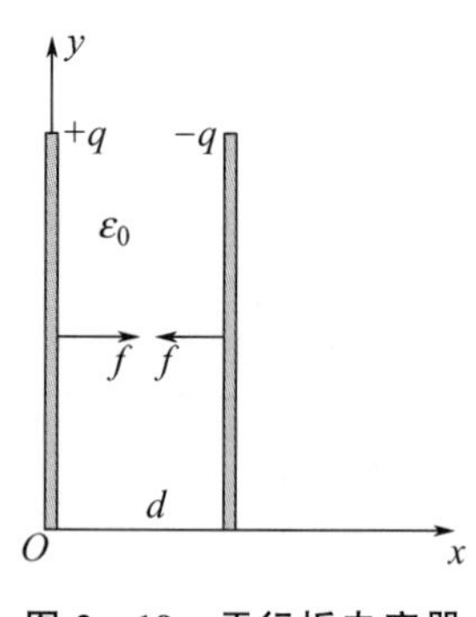

图 2-19 平行板电容器

解 设极板表面电荷面密度为 ρ_s，利用边界条件 $D=\rho_s$，得平行板电容器极板间的场强

$$E=\frac{D}{\varepsilon_0}=\frac{\rho_s}{\varepsilon_0}=\frac{q}{S\varepsilon_0} \tag{2-145}$$

由式(2-131) 得极板间储存的静电能量

$$W_e=\frac{1}{2}\varepsilon_0 E^2 Sd=\frac{q^2 d}{2\varepsilon_0 S} \tag{2-146}$$

因为平行板电容器的电容 $C=\frac{\varepsilon_0 S}{d}=\frac{q}{u}$，所以极板间储存的静电能量可以表示为

$$W_e=\frac{\varepsilon_0 Su^2}{2d} \tag{2-147}$$

采用虚位移法，以板间距离为广义坐标，通过两种假设分别得极板间的作用力

$$f=-\frac{\partial W_e}{\partial d}\bigg|_{q_k=\text{常量}}=-\frac{q^2}{2\varepsilon_0 S} \tag{2-148}$$

$$f=+\frac{\partial W_e}{\partial d}\bigg|_{\varphi_k=\text{常量}}=-\frac{\varepsilon_0 S u^2}{2d^2} \tag{2-149}$$

式(2-148)和式(2-149)中的负号表示作用力有使广义坐标 d 减小的趋势，即两极板间的作用力为吸引力。

极板间的电压 u 与极板上的电量 q 之间的关系为 $u=Ed=\frac{qd}{\varepsilon_0 S}$，代入式(2-149)，得式(2-148)与式(2-149)相等。可见用虚位移法通过两种假设得到的电场力相等。验证了式(2-144)的正确性。

本章小结

本章讨论了真空中和介质中的静电场特性，推导出场强和电位的求解方法。根据安培环路定律和高斯通量定律，由电场的通量和环量给出了真空中和介质中的静电场基本方程，得到静电场是无旋有散场；讨论了介质在静电场的作用下发生的极化现象，以及静电场的边界条件；介绍了电位满足的泊松方程和拉普拉斯方程及其求解方法，以及静电场的间接求解方法——镜像法；讨论了电容及静电场能量的计算，并介绍了由静电场能量求电场力的虚位移法。

本章重点是静电场基本方程及其边界条件，掌握根据电荷及其分布计算场强，以及计算静电场能量和静电力的方法。

习　题　2

一、选择题

2-1　静电场是（　　）的场。

A. 有源、有旋　　B. 有源、无旋　　C. 无源、有旋　　D. 无源、无旋

2-2　在静电场中，试验电荷受到的作用力与试验电荷电量成（　　）关系。

A. 正比　　B. 反比　　C. 平方　　D. 平方根

2-3　在静电场中的静电平衡状态下，导体的内部场强（　　）。

A. 为常数　　B. 为零　　C. 不为零　　D. 不确定

2-4　电容器的电容与（　　）无关。

A. 导体形状　　B. 相互位置　　C. 带电情况　　D. 导体间的介质

2-5　已知空间场强 $\boldsymbol{E}=5\boldsymbol{e}_x+8\boldsymbol{e}_y-10\boldsymbol{e}_z$，则点 $P_1(1,1,1)$ 与点 $P_2(3,4,5)$ 间的电位差为（　　）。

A. 3V　　B. −3V　　C. 6V　　D. −6V

二、填空题

2-6　真空的介电常数 ε_0 为________法拉/米（F/m）。

2-7　真空中半径为 a 的孤立导体球的电容为________。

2-8　由 $n+1$ 个导体组成的静电独立系统中，有________个部分电容。

2-9　系统静电能量为 W_e，用虚位移法求广义坐标 g 对应的电场力，对于常电荷系统电场力为________；对于常电位系统，电场力为________。

三、简答与计算题

2-10　满足静电场问题解的唯一性定理的三不变条件是什么？

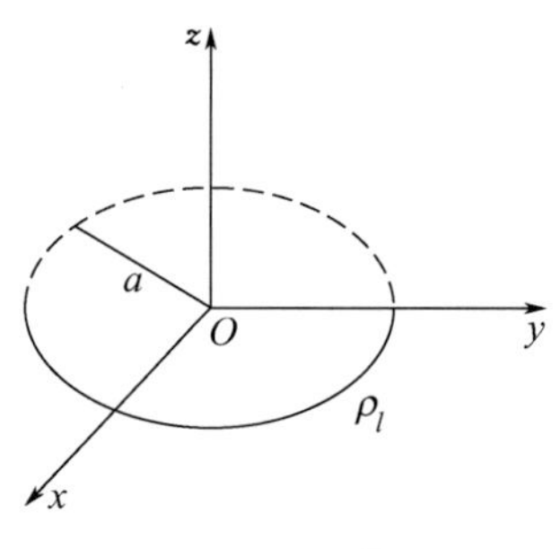

题 2-11 图

2-11　半径为 a 的一个半圆环上均匀分布着线电荷 ρ_l，如题 2-11 图所示。试求垂直于半圆环所在平面的轴线上 $z=a$ 处的场强 $\boldsymbol{E}(0,0,a)$。

2-12　点电荷 $q_1=q$ 位于点 $P_1(-a,0,0)$ 处，另一个点电荷 $q_2=-q$ 位于 $P_2(a,0,0)$ 处。试问：空间是否存在 $\boldsymbol{E}=0$ 的点？

2-13　无限长线电荷通过点 (10,15,0) 且平行于 z 轴，线电荷密度为 ρ_l。试求点 $P(x,y,0)$ 处的场强 $\boldsymbol{E}$。

2-14　已知带电球的内、外区域中的场强如下，试求球内、外各点的电位。

$$\boldsymbol{E}=\begin{cases}\dfrac{q}{r^2}\boldsymbol{e}_r, & r>a\\[2ex] \dfrac{qr}{a}\boldsymbol{e}_r, & r\leqslant a\end{cases}$$

2-15　在球坐标系中，已知空间电场分布函数如下，试求空间的电荷密度。

$$\boldsymbol{E}=\begin{cases}r^3\boldsymbol{e}_r, & r\leqslant a\\[1ex] \dfrac{a^5}{r^2}\boldsymbol{e}_r, & r>a\end{cases}$$

2-16　已知真空中的电荷分布函数为

$$\rho(r)=\begin{cases}r^2, & 0\leqslant r\leqslant a\\ 0, & r>a\end{cases}$$

式中，r 为球坐标系中的半径。试求空间各点的场强。

2-17　若在球坐标系中，电荷分布函数为

$$\rho=\begin{cases}0, & 0<r<a\\ 10^{-6}, & a\leqslant r\leqslant b,\\ 0, & r>b\end{cases}$$

试求 $0<r<a$，$a\leqslant r\leqslant b$ 及 $r>b$ 区域的电位移 $\boldsymbol{D}$。

2-18　已知内半径为 a、外半径为 b 的均匀介质球壳的介电常数为 ε，若在球心放置一个电荷量为 q 的点电荷，试求各区域的场强。

2-19　已知无限大平板电容器中的电荷密度 $\rho=kx^2$，k 为常数，填充介质的介电常数为 ε，上板电压为 U，下板接地，板间距离为 d，如题 2-19 图所示。试求电位分布函数。

2-20　两块无限大导体平板分别置于 $x=0$ 和 $x=d$ 处，板间充满电荷，体电荷密度为 $\rho=\dfrac{\rho_0 x}{d}$，极板的电位分别设为 0 和 U_0，如题 2-20 图所示。求两导体平板之间的电位和场强。

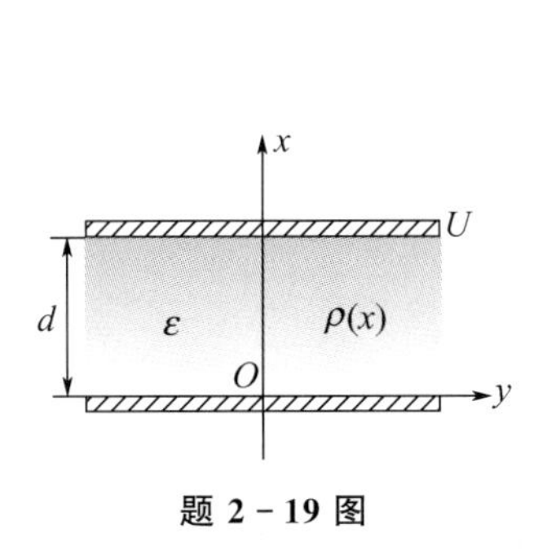

题 2-19 图

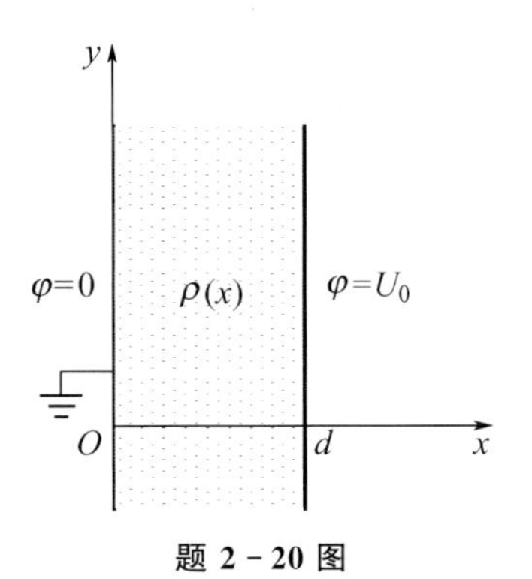

题 2-20 图

2-21 对两个电容均为 C 的真空电容器充以电压 U 后，断开电源，并将两个电容并联，将其中一个电容器填满介电常数为 ε_r 的理想介质。试求：(1) 两个电容器的最终电位；(2) 转移的电荷量。

2-22 若平板电容器中介电常数为

$$\varepsilon(x)=\frac{\varepsilon_2-\varepsilon_1}{d}x+\varepsilon_1$$

平板面积为 S，间距为 d，如题 2-22 图所示。试求平板电容器的电容。

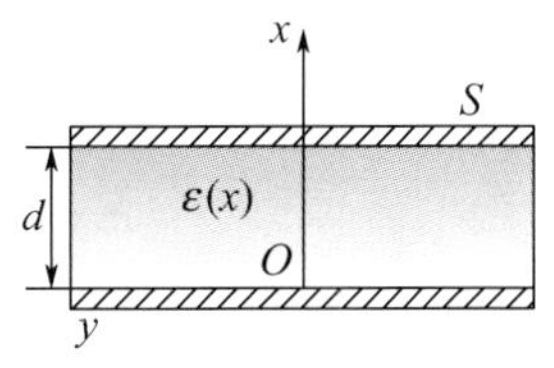

题 2-22 图

2-23 已知线密度为 $\rho_l=10^{-6}\,\text{C/m}$ 的无限长线电荷位于 $(1,0,z)$ 处，一个面密度为 $\rho_S=10^{-6}\,\text{C/m}^2$ 的无限大面电荷分布在 $x=0$ 平面。试求 $(0.5,0,0)$ 处电荷量 $q=10^{-9}\,\text{C}$ 的点电荷受到的电场力。

2-24 已知平板电容器的极板尺寸为 $a\times b$，间距为 d，两极板间插入介质块的介电常数为 ε，如题 2-24 图所示。试求：(1) 当接上电压 U 时，插入介质块所受的电场力；(2) 电源断开后，插入介质块时，介质块所受的电场力。

2-25 设同轴圆柱电容器的内导体半径为 a，外导体半径为 b，其中一半填充介电常数为 ε_1 的介质，另一半填充介电常数为 ε_2 的介质，如题 2-25 图所示。当外加电压为 U 时，试求：(1) 电容器中的场强；(2) 各边界上的电荷密度；(3) 单位长度电容及静电能量。

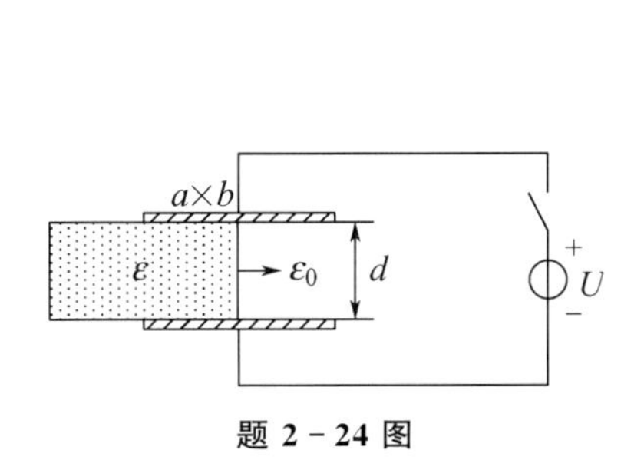

题 2-24 图

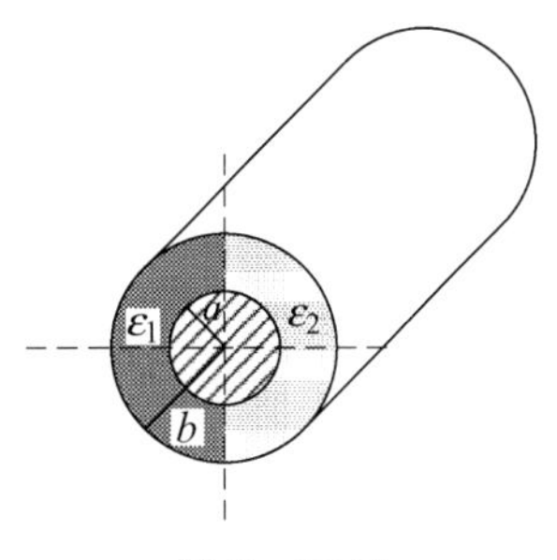

题 2-25 图

2-26　同轴线内、外导体半径分别为 a 和 b。试证明：同轴线单位长度的静电能量 $W_e=\frac{q_l^2}{2C}$，式中，q_l 为单位长度电荷量；C 为单位长度电容。

2-27　某半径为 a、电荷量为 q 的导体球，其球心位于介电常数分别为 ε_1 和 ε_2 的两种介质分界面上，设该分界面为无限大平面。试求：(1) 导体球的电容；(2) 总的静电能量。

第3章 恒定电场

电荷在电场作用下定向运动形成电流，匀速运动的电荷称为恒定电流，维持恒定电流分布的电场称为恒定电场。本章将讨论恒定电场，介绍电流、电流密度和元电流段的概念，并讨论导电介质中恒定电场的基本方程及其边界条件；介绍静电比拟法，由于均匀导电介质中的恒定电场是无旋场，与静电场类似，因此可以采用静电比拟，直接利用静电场的结果求解均匀导电介质中的恒定电场。

教学目标

恒定电场

1. 了解电流密度与元电流段的概念。
2. 掌握恒定电场的基本方程及基本性质。
3. 掌握两种导电介质分界面的边界条件。
4. 理解静电比拟。
5. 掌握电导与电阻的计算方法。

教学要求

知识要点	能力要求	相关知识
电流与电流密度	(1) 掌握电流密度的定义及电流的关系； (2) 了解元电流段的定义； (3) 掌握电流密度与电场强度的关系	欧姆定律的微分形式
恒定电场的基本方程和边界条件	(1) 掌握积分形式的基本方程； (2) 掌握微分形式的基本方程； (3) 理解恒定电场的基本性质； (4) 掌握电场强度满足的边界条件； (5) 掌握电流密度满足的边界条件	电流连续性原理 安培环路定律 泊松方程

续表

知识要点	能力要求	相关知识
能量损耗与电动势	(1) 理解焦耳定律; (2) 掌握损耗功率的计算方法	焦耳定律微分形式
静电比拟	(1) 了解静电比拟的概念; (2) 掌握静电比拟的应用	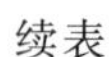
电导与电阻	掌握电导与电阻的计算方法	接地电阻和跨步电压

基本概念

电流密度：单位时间内垂直穿过单位面积的电荷，方向为正电荷的运动方向。

元电流段：元电荷以一定速度运动时，其与速度的乘积称为元电流段。不同分布的元电荷运动后形成的元电流段有不同的形式。

功率损耗密度：单位体积内损耗的功率，为电场强度矢量与电流密度矢量的标积，即焦耳定律的微分形式。

电导与电阻：电导为电流与电压的比值，电阻为电导的倒数。

引例：焦耳

焦耳是英国物理学家、英国皇家学会会员，由于在热学、热力学和电方面有突出贡献，因此英国皇家学会授予他最高荣誉的科普利奖章。能量或功的单位被命名为“焦耳”(Joule)，简称“焦”，并用第一个字母“J”标记“热量”和“功”。

焦耳在研究热的本质时，发现了热与功之间的转换关系，由此得到了能量守恒定律，总结出热力学第一定律。他观测过磁致伸缩效应，发现了导体电阻、通过导体的电流及其产生的热能之间的关系，即焦耳定律。

焦耳的主要贡献是研究出热与机械功之间的当量关系。焦耳想将父亲酿酒厂中的蒸汽机替换成电磁机以提高工作效率，于是开始研究电磁机。他在1837年制成了用锌电池驱动的电磁机，但由于锌电池价格高，因此电磁机反而比蒸汽机成本高。虽然焦耳没有达到最初的目的，但从实验中发现了电流可以做功的现象。

为进一步探索电流热效应的规律，焦耳把环形线圈放入装水的试管内，测量不同电流强度和电阻时的水温。他发现导体在一定时间内放出的热量与导体的电阻及电流强度的平方之积成正比。不久后，俄国物理学家楞次公布了大量实验结果，进一步验证了焦耳关于电流热效应结论的正确性。因此，该定律称为焦耳-楞次定律。

完成电流热效应的研究后，焦耳进行了功与热量的转换实验。焦耳认为，自然界的能量是不能消灭的，消耗了机械能，总能得到相应的热能。因此，做功与热量传递之间一定存在确定的数量关系，即热功当量。

焦耳通过各种方法进行多次实验，准确测定了热功当量，得到的热功当量值为1卡＝4.15焦耳，非常接近目前采用的1卡＝4.186焦耳，在当时的条件下，能做出这样

精确的实验是非常不容易的。他进一步证明了能量的转换和守恒定律是客观真理，宣告制造“永动机”的幻想彻底破灭。

3.1 电流与电流密度

不随时间变化的电流是恒定电流，维持恒定电流的电场是恒定电场。恒定电场虽与静电场相同，但与时间无关，它是由外加电压引起的，且可在导体中存在；静电场是由静止电荷产生的，不可能存在于导体中。电流密度是恒定电场的基本场量，描述恒定电场中各点的电流分布情况。下面介绍电流与电流密度。

3.1.1 电流与电流密度的定义

电荷的定向运动形成电流。电流分为传导电流和运流电流。导电媒质中的电流（如导体中的电流）称为传导电流，空间电荷运动形成的电流［如阴极射线管（Crystal Ray Tube，CRT）及粒子加速器中的电流］称为运流电流。单位时间内穿过某截面的电荷量定义为穿过该面积的电流，用 I 表示。电流的单位为安培（A）。

$$I=\frac{\mathrm{d}q}{\mathrm{d}t} \tag{3-1}$$

在导电介质中，穿过同一个截面的电流可能在各点处不同。为了描述场中各点电流的分布情况，引入电流密度。在场论中，通常感兴趣的是场量的微分形式，即场中每个点的情况，因此电流密度的概念应用更广泛。电流密度是恒定电场的基本场量，用矢量 $\boldsymbol{J}$ 表示。电流密度为单位时间内垂直穿过单位面积的电荷，方向为正电荷的运动方向，单位是 $\mathrm{A/m^2}$。穿过任一有向面元 $\mathrm{d}\boldsymbol{S}$ 的电流 $\mathrm{d}I$ 与电流密度 $\boldsymbol{J}$ 的关系为

$$\mathrm{d}I=\boldsymbol{J}\cdot\mathrm{d}\boldsymbol{S} \tag{3-2}$$

则穿过截面 S 的电流

$$I=\int_S\boldsymbol{J}\cdot\mathrm{d}\boldsymbol{S} \tag{3-3}$$

若体电荷密度为 ρ 的电荷，其运动速度为 v，则在 $\mathrm{d}t$ 时间内，电荷的位移为 $v\mathrm{d}t$。如果沿着电荷的运动方向取一个圆柱体，其端面面积为 S，长度为 $v\mathrm{d}t$，如图 3-1 所示，那么在 $\mathrm{d}t$ 时间内，穿过端面 S 的电荷量 $\mathrm{d}q=\rho Sv\mathrm{d}t$，因此电流 $I=\rho Sv$。体电流的电流密度 $\boldsymbol{J}$ 与电荷密度 ρ 和运动速度 v 的关系为

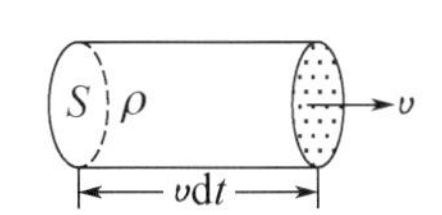

图 3-1 体电流

$$\boldsymbol{J}=\rho v \tag{3-4}$$

可推知，若面电荷 ρ_S 以速度 v 运动形成面电流，则面电流密度可定义为 $\boldsymbol{J}_S=\rho_S v$；若线电荷 ρ_l 以速度 v 运动形成线电流，则线电流密度可定义为 $I=\rho_l v$。

若有元电荷 $\mathrm{d}q$ 以速度 v 运动，则称 $\mathrm{d}qv$ 为元电流段，单位为库仑·米/秒（安培·米），可以得到不同分布的元电荷运动后形成的元电流段。与作体分布的元电荷 $\rho\mathrm{d}V$ 相应的元电流段为 $\boldsymbol{J}\mathrm{d}V$，与作面分布的元电荷 $\rho_S\mathrm{d}S$ 相应的元电流段为 $\boldsymbol{J}_S\mathrm{d}S$，与作线分布的元电荷 $\rho_l\mathrm{d}l$ 相应的元电流段为 $I\mathrm{d}\boldsymbol{l}$。综上所述，元电流段有 $\mathrm{d}qv$、$\boldsymbol{J}\mathrm{d}V$、$\boldsymbol{J}_S\mathrm{d}S$、$I\mathrm{d}\boldsymbol{l}$ 四种形式。第 4 章将用到元电流段的概念。

3.1.2 电流密度与电场强度的关系

在普通导电媒质中，只有存在电场力的作用，电荷才能做有规则的运动。因此，要维持自由电子的规则运动形成传导电流，必须有电场力作用于自由电子上，以克服其在运动中受到的阻力。也就是说，要维持恒定电流，导电媒质中必须有电场。因此，电场强度也是恒定电场的基本场量。

在外源的作用下，大多数导电介质中某点的传导电流密度 $\boldsymbol{J}$ 与该点的电场强度 $\boldsymbol{E}$ 成正比，即

$$\boldsymbol{J}=\sigma\boldsymbol{E} \tag{3-5}$$

式中，σ 为电导率，单位为西门子/米(S/m)，σ 值越大，导电能力越强，在微弱的电场作用下可形成很强的电流。

$U=IR$ 是人们熟知的欧姆定律，描述了某区域中电压与电流的关系，也称欧姆定律的积分形式。式(3-5) 描述的是某点的电流密度与电场强度之间的关系。电流密度与电流对应，电场强度与电压对应，电导率与电导对应。因此，式(3-5) 称为欧姆定律的微分形式。

式(3-5) 给出了恒定电场两个基本场量之间的关系。与介质的极化特性相同，介质的导电性能也表现出均匀与非均匀、线性与非线性、各向同性与各向异性等特点。式(3-5) 仅适用于各向同性的线性介质。

电导率为无限大的导体称为理想导电体。电导率为零的介质不具有导电能力，这种介质称为理想介质。实际上，不存在理想导电体和理想介质。但是，金属的电导率很高，可以近似看作理想导电体；电导率极低的绝缘体可以视为理想介质。表 3-1 所示为常用介质常温下的电导率。

表 3-1 常用介质常温下的电导率

介　　质	电导率 σ/(S/m)	介　　质	电导率 σ/(S/m)
银	6.17×10^{7}	海水	4
紫铜	5.80×10^{7}	淡水	10^{-3}
金	4.10×10^{7}	干土	10^{-5}
铝	3.54×10^{7}	变压器油	10^{-11}
黄铜	1.57×10^{7}	玻璃	10^{-12}
铁	10^{7}	橡胶	10^{-15}

由表 3-1 可见，银的电导率最高，但是银是一种活泼金属，容易氧化，导致电导率下降。金的电导率比银略低，但性能非常稳定。为了获得长期稳定的导电特性，应使用金。

3.2 恒定电场的基本方程和边界条件

恒定电场的两个基本场量是电流密度 $\boldsymbol{J}$ 与电场强度 $\boldsymbol{E}$，描述恒定电场的基本方程包括电流连续性方程和场强环路定律。

3.2.1 电流连续性方程和场强环路定律

根据电荷守恒定律，由任一闭合面流出的传导电流（导体中的电流）应等于该面内自由电荷的减少率，数学表达式如下：

$$\oint_S \boldsymbol{J} \cdot \mathrm{d}\boldsymbol{S} = -\frac{\partial q}{\partial t} \tag{3-6}$$

这就是电流连续性方程（积分形式）的一般形式。

要确保导电介质中的电场恒定，电荷应处于动态平衡状态，即任一闭合面内的电荷保持不变，所以 $\partial q/\partial t=0$。也就是说，要在导电介质中维持恒定电场，由任一闭合面（净）流出的传导电流应为零，则式(3－6）变成

$$\oint_S \boldsymbol{J} \cdot \mathrm{d}\boldsymbol{S} = 0 \tag{3-7}$$

这就是恒定电场中的电流连续性方程。

下面讨论导电介质内的恒定电场（电源外）中，电场强度矢量的环路线积分。

所取闭合路线不经过电源，整个积分路线只存在库仑场强，因此有

$$\oint_l \boldsymbol{E} \cdot \mathrm{d}\boldsymbol{l} = 0 \tag{3-8}$$

3.2.2 恒定电场的基本方程

式(3－7）和式(3－8）是表征导电介质中恒定电场基本性质的方程，加上电流密度与电场强度的关系式，即介质特性方程

$$\boldsymbol{J} = \sigma \boldsymbol{E} \tag{3-9}$$

构成导电介质中的恒定电场的积分形式的基本方程。

分别对式(3－7）和式(3－8）应用散度定理及旋度定理，得到微分形式的基本方程。

$$\nabla \times \boldsymbol{E} = 0 \tag{3-10}$$

$$\nabla \cdot \boldsymbol{J} = 0 \tag{3-11}$$

式(3－10）表明在电源以外导电介质中的恒定电场是无旋场。式(3－11）表明恒定电场是无散场或无源场，电流线是连续的，既无始端又无终端。

3.2.3 恒定电场的拉普拉斯方程

对于无旋场，可以用一个标量电位函数表征它的特性。在恒定电场中，电场强度矢量与标量电位 φ 的关系仍然是

$$\boldsymbol{E} = -\nabla \varphi \tag{3-12}$$

下面我们推导恒定电场中的拉普拉斯方程。

将 $\boldsymbol{J}=\sigma\boldsymbol{E}$ 代入 $\nabla \cdot \boldsymbol{J}=0$ 中，得

$$\nabla \cdot \boldsymbol{J}=\nabla \cdot (\sigma \boldsymbol{E})=\sigma \nabla \cdot \boldsymbol{E}+\boldsymbol{E} \cdot \nabla \sigma \tag{3-13}$$

对于各向同性线性的均匀介质，应有$\nabla\sigma=0$，代入$\boldsymbol{E}=-\nabla\varphi$，得

$$\nabla \cdot \boldsymbol{J}=0=\sigma \nabla \cdot \boldsymbol{E}=-\sigma(\nabla^2 \varphi)=0 \tag{3-14}$$

即

$$\nabla^2 \varphi=0 \tag{3-15}$$

与静电场相似，恒定电场问题均可归结为求拉普拉斯方程的解。

3.2.4 恒定电场的边界条件

在两种导电介质的分界面上，由于有积累电荷，电场发生突变，因此分界面上的电流密度也发生突变。与静电场相同，为了导出恒定电场的边界条件，必须基于导电介质中积分形式的基本方程。

推导方法同前。由式(3-8) 导出边界两侧电场强度的切向分量的关系为

$$E_{1t}=E_{2t} \tag{3-16}$$

由$\boldsymbol{J}=\sigma\boldsymbol{E}$ 得电流密度的切向分量的关系为

$$\frac{J_{1t}}{\sigma_1}=\frac{J_{2t}}{\sigma_2} \tag{3-17}$$

由式(3-7) 导出边界两侧电流密度的法向分量的关系为

$$J_{1n}=J_{2n} \tag{3-18}$$

已知理想导电体内部不可能存在电场，式(3-16) 表明，理想导电体表面不可能存在切向恒定电场，也就不可能存在切向恒定电流。因此，当电流由理想导电体流出，进入一般导电介质时，电流线总是垂直于理想导电体表面。实际上，良导体与一般导电介质形成的边界可近似为这种情况。

3.3 能量损耗与电动势

3.3.1 焦耳定律

在导电介质中，电子在外电场的作用下发生有规则的定向运动，形成传导电流。在运动过程中，电子必然要与原子晶格发生碰撞而消耗能量。这种能量损耗将由外源不断提供，以维持恒定的电流。

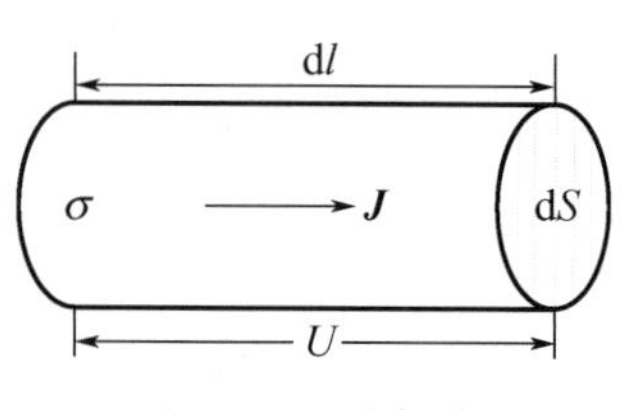

图 3-2 圆柱体

设在恒定电场中，沿电流方向取一个长度为 dl、端面面积为 dS 的圆柱体，如图 3-2 所示，其两个端面分别为两个等位面。若在电场力的作用下，dt 时间内有 dq 电荷自圆柱体的左端移至右端，那么电场力做的功

$$\mathrm{d}W=\mathrm{d}q\boldsymbol{E} \cdot \mathrm{d}\boldsymbol{l}=E\mathrm{d}q\mathrm{d}l \tag{3-19}$$

电场损失的功率

$$P=\frac{\mathrm{d}W}{\mathrm{d}t}=E\frac{\mathrm{d}q}{\mathrm{d}t}\mathrm{d}l=EI\mathrm{d}l=EJ\mathrm{d}S\mathrm{d}l \tag{3-20}$$

式中，dSdl（$=\mathrm{d}V$）为圆柱体的体积。因此，单位体积的功率损耗（功率损耗密度）

$$p=EJ=\sigma E^2=\frac{J^2}{\sigma} \tag{3-21}$$

当 $\boldsymbol{J}$ 和 $\boldsymbol{E}$ 的方向不同时，式(3-21)可以表示为如下矢量形式：

$$p=\boldsymbol{E}\cdot\boldsymbol{J} \tag{3-22}$$

式(3-22)表示导电介质中某点的功率损耗密度等于该点的电场强度与电流密度的标积。

设图3-2中圆柱体两端的电位差为 U，有 $E=\frac{U}{\mathrm{d}l}$，又知 $J=\frac{I}{\mathrm{d}S}$，那么功率损耗密度可表示为

$$p=\frac{UI}{\mathrm{d}S\mathrm{d}l}=\frac{UI}{\mathrm{d}V} \tag{3-23}$$

可见，圆柱体的总功率损耗

$$P=p\mathrm{d}V=UI \tag{3-24}$$

这就是电路中的焦耳定律，式(3-22)称为焦耳定律的微分形式。

例3-1　已知平板电容器由两层非理想介质串联构成，如图3-3所示，其介电常数分别为 ε_1 和 ε_2，电导率分别为 σ_1 和 σ_2，厚度分别为 d_1 和 d_2。当外加恒定电压为 U 时，试求两层介质中的场强、电场能量密度及功率损耗密度。

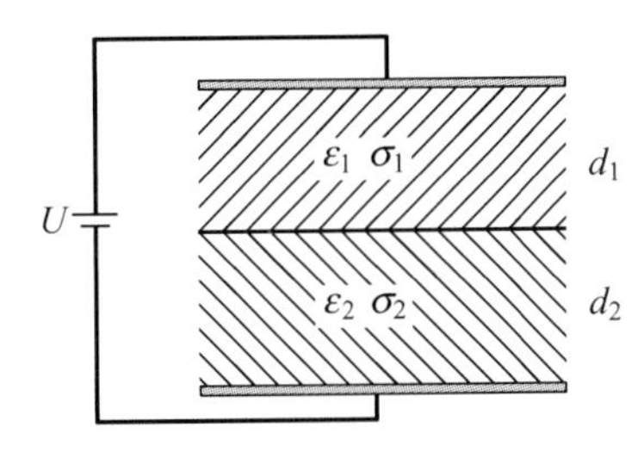

图3-3　平板电容器

解　由良导体与不良导体交界的条件可知，电容器中的电流线与电容器极板垂直，对电导率为 σ_1 和 σ_2 的两种导电介质来说，分界面上的电流密度只有法向分量且连续，由边界条件式(3-18)得

$$E_1\sigma_1=E_2\sigma_2 \tag{3-25}$$

又因

$$E_1d_1+E_2d_2=U \tag{3-26}$$

得

$$E_1=\frac{\sigma_2}{d_1\sigma_2+d_2\sigma_1}U \tag{3-27}$$

$$E_2=\frac{\sigma_1}{d_1\sigma_2+d_2\sigma_1}U \tag{3-28}$$

两种介质中的电场能量密度

$$w_{e1}=\frac{1}{2}\varepsilon_1E_1^2 \tag{3-29}$$

$$w_{e2}=\frac{1}{2}\varepsilon_2E_2^2 \tag{3-30}$$

功率损耗密度

$$p_1=\sigma_1E_1^2 \tag{3-31}$$

$$p_2=\sigma_2E_2^2 \tag{3-32}$$

3.3.2 电源电动势

在导电介质中，电流场有功率损耗，为了维持恒定电流，必须由外源不断提供能量，以补充导电介质的能量损耗，也就必须使导体与电源相连。

电源是一种能将其他形式的能量转换成电能的装置，它把电源内的导体原子或分子中的正、负电荷分开，使正、负电极之间的电压恒定，从而使与其相连的导体（电源外）之间的电压恒定。电源中能将正、负电荷分开的力 $\boldsymbol{f}_e$ 称为局外力。根据场强的定义，可以设想一个等效场强，称为局外场强，用 $\boldsymbol{E}_e$ 表示。

$$\boldsymbol{E}_e=\boldsymbol{f}_e/q \tag{3-33}$$

即单位正电荷所受的局外力被定义为局外场强，其方向由电源的负极指向正极。从场的角度考虑，我们可用局外场强求电源电动势，电源电动势 U 与局外场强 $\boldsymbol{E}_e$ 的关系为

$$U=\int_l \boldsymbol{E}_e\cdot \mathrm{d}\boldsymbol{l} \tag{3-34}$$

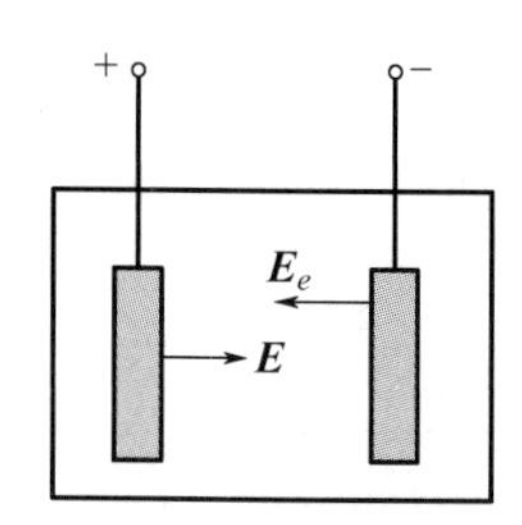

图 3-4 电源内的电场

在电源内部，除了由两极上电荷引起的库仑电场强度 $\boldsymbol{E}$ 外，还有局外场强 $\boldsymbol{E}_e$，合成场强为两者之和，即 $\boldsymbol{E}+\boldsymbol{E}_e$。$\boldsymbol{E}$ 与 $\boldsymbol{E}_e$ 方向相反，$\boldsymbol{E}$ 由正极指向负极，$\boldsymbol{E}_e$ 由负极指向正极。电源内的电场如图 3-4 所示。

电源以外的区域只存在库仑电场。电源供电时，产生库仑场强 $\boldsymbol{E}$ 的不是静止电荷，而是处于动态平衡下的恒定电荷。

综上所述，把导体与电源相连，电源中的局外场强可使电源两极上的电荷恒定，从而使导体中的电场恒定。也可以从能量角度考虑，若导体中有电流，则必然有能量损耗，因此要维持由恒定电场引起的恒定电流，必须依靠电源提供能量。

3.4 静电比拟

导电介质内的恒定电场（电源外）与无电荷分布区域内的静电场进行比较，可以发现，表征两种场性质的基本方程有相似的形式，基本场量也有一一对应关系。两种场各物理量满足的方程相同，若边界条件也相同，则通过对一个场的求解或实验研究，利用对应量的关系可得到另一个场的解，这种方法称为静电比拟。

静电场（$\rho=0$ 处）和导电介质内的恒定电场（电源外）满足的基本方程及重要公式见表 3-2。

表 3-2 两种场满足的基本方程和重要公式

静电场（$\rho=0$ 处）	导电介质内的恒定电场（电源外）
$\nabla\times\boldsymbol{E}=0$	$\nabla\times\boldsymbol{E}=0$
$\boldsymbol{E}=-\nabla\varphi$	$\boldsymbol{E}=-\nabla\varphi$
$\nabla\cdot\boldsymbol{D}=0$	$\nabla\cdot\boldsymbol{J}=0$

续表

静电场（$\rho=0$ 处）	导电介质内的恒定电场（电源外）
$\boldsymbol{D}=\varepsilon\boldsymbol{E}$	$\boldsymbol{J}=\sigma\boldsymbol{E}$
$\nabla^2\varphi=0$	$\nabla^2\varphi=0$
$q=\int_S\boldsymbol{D}\cdot\mathrm{d}\boldsymbol{S}$	$I=\int_S\boldsymbol{J}\cdot\mathrm{d}\boldsymbol{S}$

经过分析比较，可得两种场对应的基本物理量，见表 3－3。

表 3－3　两种场对应的基本物理量

静电场（$\rho=0$ 处）	$\boldsymbol{E}$	φ	$\boldsymbol{D}$	q	ε
导电介质内的恒定电场（电源外）	$\boldsymbol{E}$	φ	$\boldsymbol{J}$	I	σ

根据静电比拟原理，在一定条件下，可以把一种场的计算和实验所得的结果推广应用于另一种场。静电比拟通常有以下两种应用。

（1）由于静电场便于计算，因此可以将静电场的计算方法类比应用于恒定电场。

（2）由于恒定电场便于实验，因此某些静电场问题可用恒定电场实验进行模拟。

图 3－5（a）所示两种导电介质交界时，其中一种介质中置有电极，根据静电比拟，可用静电场中镜像法的结论计算。第一种介质（σ_1）中的电场可按图 3－5（b）计算；第二种介质（σ_2）中的电场可按图 3－5（c）计算。其中，镜像电流 I' 与 I'' 由静电比拟对应量的关系得

$$I'=\frac{\sigma_1-\sigma_2}{\sigma_1+\sigma_2}I \tag{3-35}$$

$$I''=\frac{2\sigma_2}{\sigma_1+\sigma_2}I \tag{3-36}$$

如第一种介质是土壤，第二种介质是空气，即 $\sigma_2=0$，则式(3－35）和式(3－36）得

$$I'=I,\quad I''-0 \tag{3-37}$$

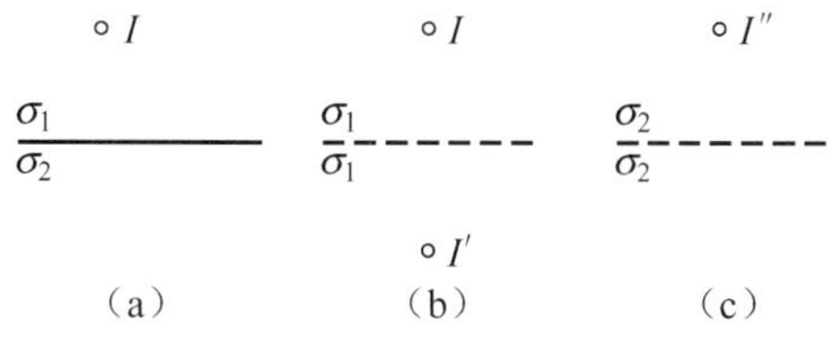

I　　I　　I''

σ_1　σ_1　σ_2

σ_2　σ_1　σ_2

I'

（a）　（b）　（c）

图 3－5　两种导电介质中置有电极时的镜像法

3.5　电导与电阻

在恒定电场中，为了计算能量损耗，需要计算两极间导电介质的电导或非理想介质的绝缘电阻。下面介绍电导的计算方法，导电介质的电导为电流与电压的比值，即

$$G=\frac{I}{U} \tag{3-38}$$

电流与电流密度以及电压与电场强度的关系如下：

$$I=\int_S \boldsymbol{J}\cdot \mathrm{d}\boldsymbol{S} \tag{3-39}$$

$$U=\int_l \boldsymbol{E}\cdot \mathrm{d}\boldsymbol{l} \tag{3-40}$$

电导的计算思路是可以设电流求电压，从而得到电导；也可以设电压求电流，从而得到电导。

（1）先假设一个电流，再按 $I\to \boldsymbol{J}\to \boldsymbol{E}\to U\to G$ 的步骤求电导。

（2）先假设一个电压，再按 $U\to \boldsymbol{E}\to \boldsymbol{J}\to I\to G$ 的步骤求电导。

（3）先解电位 φ 的拉普拉斯方程求 φ，再按 $\varphi\to \boldsymbol{E}\to \boldsymbol{J}\to I\to G$ 的步骤求电导。

另外，还可以通过静电比拟求电导。根据静电比拟原理，当恒定电场与静电场边界条件相同时，电导与电容有下列关系：

$$\frac{C}{G}=\frac{\varepsilon}{\sigma} \tag{3-41}$$

可见，如果已知电容 C，则可通过式(3-41) 求得相应的 G。

不良导电介质中的多导体系统具有部分电导，其分析过程与理想介质中多导体系统的部分电容类似，这里不再赘述。

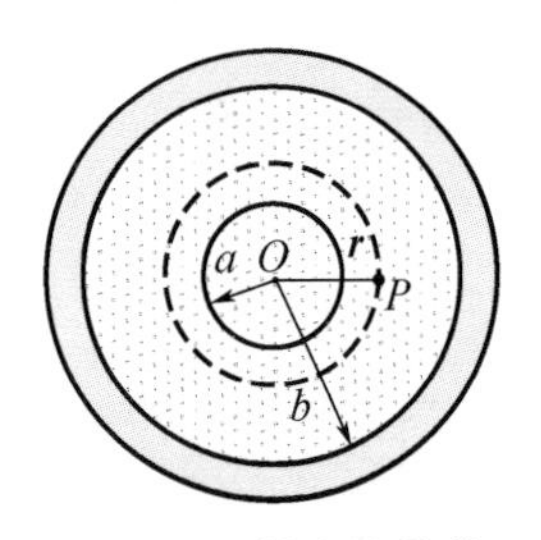

图 3-6　同轴电缆横截面

例 3-2　图 3-6 所示为同轴电缆横截面，内导体半径为 a，外导体半径为 b，电缆长度为 L，求同轴电缆的绝缘电阻。

解　由于内、外导体间的介质不是理想绝缘体，因此内、外导体间有漏电流，介质存在一定的绝缘电阻，而非理想情况下的电阻为无穷大。设漏电流为 I，方向由内导体指向外导体。电缆长度 L 远大于截面半径，内、外导体间任意点 M 的漏电流密度为 $J=\dfrac{I}{2\pi rL}$，电场强度

$$E=\frac{J}{\sigma}=\frac{I}{2\pi\sigma rL} \tag{3-42}$$

电场强度和电流密度的方向均为径向，内、外导体间的电压

$$U=\int_a^b \frac{I}{2\pi\sigma rL}\mathrm{d}r=\frac{I}{2\pi\sigma L}\ln\left(\frac{b}{a}\right) \tag{3-43}$$

绝缘电导

$$G=\frac{I}{U}=\frac{2\pi\sigma L}{\ln\left(\dfrac{b}{a}\right)} \tag{3-44}$$

相应的绝缘电阻

$$R=\frac{1}{G}=\frac{1}{2\pi\sigma L}\ln\left(\frac{b}{a}\right) \tag{3-45}$$

例 3-3 一块厚度为 h 的环形导体（图 3-7），电导率为 σ，求两个端面间的电阻。

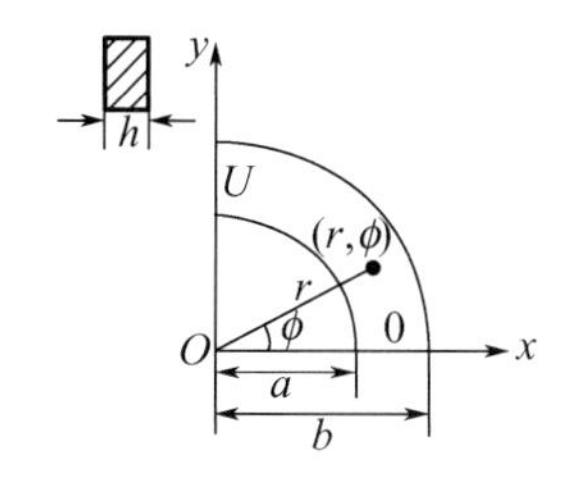

U—上端面电位；0—下端面电位

图 3-7 环形导体

解 建立圆柱坐标系。设两个端面之间的电位差为 U，$\phi=0$ 的端面电位 $\varphi_1=0$，$\phi=\dfrac{\pi}{2}$ 的端面电位 $\varphi_2=U$。由于导电介质中的电位 φ 仅与角度 ϕ 有关，因此电位 φ 满足的拉普拉斯方程可简化为

$$\frac{\mathrm{d}^2\varphi}{\mathrm{d}\phi^2}=0 \tag{3-46}$$

式(3-46) 的通解为

$$\varphi=C_1\phi+C_2 \tag{3-47}$$

利用给定的边界条件，求得式(3-47) 中的常数 $C_1=\dfrac{2U}{\pi}$，$C_2=0$，得

$$\varphi=\frac{2U}{\pi}\phi \tag{3-48}$$

导电介质中的电场强度

$$\boldsymbol{E}=-\nabla\varphi=-\boldsymbol{e}_\phi\frac{\partial\varphi}{r\partial\phi}=-\boldsymbol{e}_\phi\frac{2U}{\pi r} \tag{3-49}$$

导电介质中的电流密度

$$\boldsymbol{J}=\sigma\boldsymbol{E}=-\boldsymbol{e}_\phi\frac{2\sigma U}{\pi r} \tag{3-50}$$

由 $\phi=\dfrac{\pi}{2}$ 的端面流进导体的电流

$$\begin{aligned}I&=\int_S\boldsymbol{J}\cdot\mathrm{d}\boldsymbol{S}=\int_S\left(-\boldsymbol{e}_\phi\frac{2\sigma U}{\pi r}\right)\cdot(-\boldsymbol{e}_\phi h\,\mathrm{d}r)\\&=\frac{2\sigma Uh}{\pi}\int_a^b\frac{\mathrm{d}r}{r}=\frac{2\sigma Uh}{\pi}\ln\left(\frac{b}{a}\right)\end{aligned} \tag{3-51}$$

导体两个端面之间的电阻

$$R=\frac{U}{I}=\frac{\pi}{2\sigma h\ln\left(\dfrac{b}{a}\right)} \tag{3-52}$$

小知识：接地电阻

接地电阻是衡量接地状态的重要参数，是电流由接地装置流入大地，再经大地流向另一个接地体或向远处扩散遇到的电阻，包括接地导线和接地体本身的电阻、接地体与

大地之间的接触电阻，以及两接地体之间土壤的电阻或接地体到无限远处的土壤电阻。

接地电阻直接体现了电气装置与大地接触的良好程度，也反映了接地网的规模。接地电阻的概念只适用于小型接地网。随着接地网占地面积的增大以及土壤电阻率的降低，接地阻抗中感性分量的作用越来越大，大型接地网应采用接地阻抗设计。

引入接地技术最初是为了防止电力设备或电子设备等遭雷击而采取的保护措施，目的是把雷电产生的雷击电流通过避雷针引到大地，从而保护建筑物。接地也是保护人身安全的一种有效手段，当由某种原因（如电线绝缘不良、线路老化等）引起的相线与设备外壳碰触时，设备外壳会产生危险电压，由此生成的电流经保护地线流向大地，从而起到保护人身安全的作用。

很多家用电器（如冰箱、洗衣机、空调等）使用的电源线都是三芯的。实际上，一般市电的电器只要有零线和火线就可以正常工作了，多出来的这根线就是地线，也就是说，这些电器必须接地。

小知识： 跨步电压

跨步电压是指电气设备发生接地故障时，在接地电流入地点周围电位分布区域行走的人两脚之间的电压。

当架空线的一根带电导线断落在地上时，落地点与带电导线的电势相等，电流从导线的落地点向大地流散，地面上以导线落地点为中心，形成了一个电势分布区域，离落地点越远，电流越分散，地面电势越低，即越靠近导线落地点越危险，如果人畜站在距离电线落地点 10m 以内，就可能发生触电事故，这种触电叫作跨步电压触电。

当人受到跨步电压时，电流虽然沿着人的下半身，从一只脚经腿、胯部回到另一只脚与大地形成通路，不经过重要器官，似乎比较安全，但是实际并非如此。因为人受到较大的跨步电压作用时，双腿会抽筋倒地，不仅使身体上的电流增大，而且使电流经过人的路径改变，完全可能流经重要器官，如从头到手或脚。经验证明，人倒地后，电流在体内持续作用 2s 就会致命。

当跨步电压达到 40～50V 时有触电危险，为保护人畜，跨步电压应小于 40V。在电力系统接地体或导线落地点附近，要注意危险区，危险区半径与跨步距离的平方根成正比。一旦误入危险区，就应迈小步，双脚不要同时落地，最好单脚跳走，向接地点相反的方向走，逐步离开跨步电压区。

本章小结

本章介绍了导电介质中恒定电场的特性，给出了恒定电场满足的基本方程及其边界条件。根据电流连续性原理得出恒定电场是无散的，电流线没有起点和终点。在均匀导电介质中，恒定电场是无旋的。在两种导电介质的分界面上，电场强度矢量的切向分量连续，电流密度矢量的法向分量连续。电流线总是垂直于理想导电体的表面。此外，本章还介绍了恒定电场储能和损耗的计算方法、静电比拟及电导和电阻的计算，主要定律和原理有焦耳定律、电荷守恒定律和电流连续性原理。

习 题 3

一、选择题

3-1 恒定电场是（ ）的场。

A. 有源、有旋　　B. 有源、无旋　　C. 无源、有旋　　D. 无源、无旋

3-2 不同分布的电流有不同的元电流段形式，以下（ ）不是元电流段的形式。

A. $\boldsymbol{J}\mathrm{d}V$　　B. $\boldsymbol{J}_S\mathrm{d}S$　　C. $\rho\mathrm{d}V$　　D. $I\mathrm{d}\boldsymbol{l}$

二、计算题

3-3 已知一根长直导线的长度为2km，半径为0.5mm，当两端外加电压为5V时，线中产生的电流为0.2A。试求：(1) 导线的电导率；(2) 导线中的电场强度；(3) 导线中的损耗功率密度。

3-4 设同轴线内导体半径为a，外导体半径为b，填充介质的电导率为σ。根据恒定电场方程，计算单位长度内同轴线的漏电导。

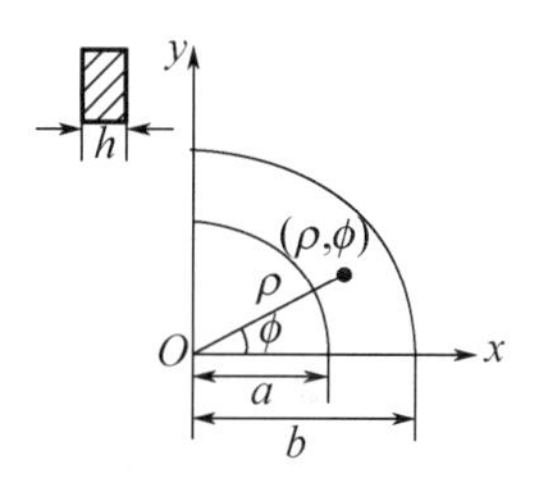

题 3-5 图

3-5 已知环形导体块尺寸如题3-5图所示。试求$\rho=a$与$\rho=b$两个弧形表面之间的电阻。

3-6 两个同心球形金属壳的半径为r_1和$r_2(r_1<r_2)$，球壳之间填充介质的电导率$\sigma=\sigma_0\left(1+\frac{k}{r}\right)$，试求两个球形金属壳之间的电阻。

3-7 若两个半径分别为a_1和a_2的理想导体球埋入无限大导电介质中，介质的电参数为ε和σ，两个球心间距为d，且$d\gg a_1$，$d\gg a_2$。试求两导体球之间的电阻。

3-8 在一块厚度为d的导体板上，由两个半径分别为r_1和r_2的圆弧及夹角为α的两半径割出一块扇形体，如题3-8图所示，设导体板的电导率为σ。试求：(1) 沿导体板厚度方向的电阻；(2) 两圆弧面间的电阻；(3) 沿α方向的两电极间的电阻。

3-9 求题3-9图所示导体的电导，当$\phi=0$时，当$\varphi=0$；当$\phi=\theta$时，$\varphi=U_0$。

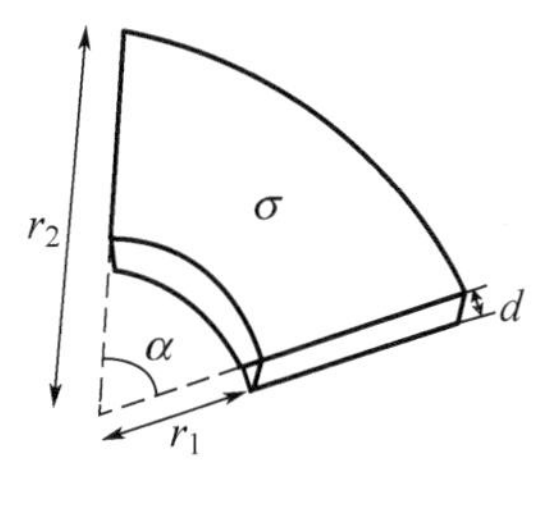

题 3-8 图

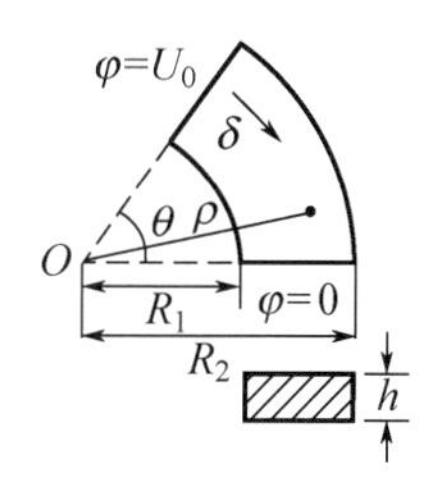

题 3-9 图

第4章

恒定磁场

本章将讨论恒定电流引起的磁场，不随时间而变的磁场为恒定磁场。首先，介绍恒定磁场中的主要基本场量——磁感应强度 $\boldsymbol{B}$。在分析真空中磁场的基础上，讨论导磁媒质在恒定磁场中的磁化现象。在研究真空及导磁媒质中磁感应强度回路线积分的基础上，引入磁场强度矢量 $\boldsymbol{H}$。由安培环路定律和磁通连续性原理，得到恒定磁场的基本方程。由积分形式的基本方程，得到不同媒质分界面上的边界条件。根据微分形式的基本方程，分别引入矢量磁位 $\mathbf{A}$ 和标量磁位 φ_m，得到泊松方程和拉普拉斯方程。

本章还将介绍磁场能量及通过磁链和磁场能量计算电感的方法，在磁场力部分重点讨论应用虚位移法求磁场力。

教学目标

1. 掌握恒定磁场的基本场量——磁感应强度和磁场强度。
2. 掌握恒定磁场的基本方程及性质。
3. 理解边界条件。
4. 掌握矢量磁位及其边值问题的求解。
5. 理解镜像法。
6. 了解标量磁位。
7. 掌握电感的计算方法。
8. 掌握磁场能量的计算方法。
9. 掌握用虚位移法求磁场力。

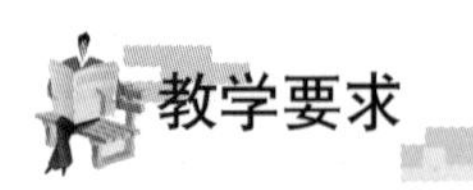

教学要求

知识要点	能力要求	相关知识
真空中的恒定磁场	(1) 掌握磁感应强度的定义及真空中的求解； (2) 理解磁场的高斯定律和安培环路定律	安培力定律 毕奥-萨伐尔定律

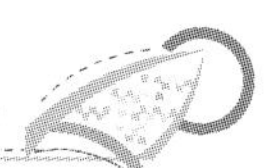

续表

知识要点	能力要求	相关知识
磁媒质中的恒定磁场	（1）了解磁媒质的磁化； （2）掌握磁媒质中恒定磁场的求解； （3）掌握磁场强度和磁感应强度的关系	安培环路定律的应用
恒定磁场的基本方程和边界条件	（1）掌握积分形式和微分形式的基本方程； （2）理解恒定磁场的基本性质； （3）掌握磁感应强度和磁场强度满足的边界条件	散度定理和旋度定理 有旋场和无散场
矢量磁位和标量磁位	（1）掌握矢量磁位的定义； （2）掌握矢量磁位的泊松方程和拉普拉斯方程； （3）了解恒定磁场的镜像法； （4）了解标量磁位	磁屏蔽面
电感	（1）掌握自感与互感的定义； （2）掌握内自感与外自感的计算	电感
磁场能量与磁场力	（1）掌握用磁链求磁场能量； （2）掌握用基本场量求磁场能量和能量密度； （3）掌握用磁场能量求磁场力	虚位移法

基本概念

磁感应强度：单位正电荷以单位速度正交于磁场方向运动时受到的力。

磁场强度：沿任一闭合路径的线积分等于穿过该回路包围面积的自由电流的代数和。

电感：与单位电流交链的磁通链，单个回路的电感仅与回路的形状及尺寸有关，与回路中的电流无关。

引例：电磁学发展史

很久以前，人类就知道磁石及其磁性的奥妙，我国是最早发现磁现象的国家。最早出现的学术性论述之一由法国学者德马立克于1269年写成。德马立克仔细标明了铁针在块型磁石附近各位置的定向，这些记号描绘出很多条磁场线。他发现这些磁场线交汇于磁石的两端位置，类似于地球的经线交汇于南极与北极，他称这两个位置为磁极。三个世纪后，吉尔伯特认为地球本身就是一个大磁石，其两个磁极分别位于地球的南极与北极。1600年吉尔伯特出版的巨著《论磁铁、磁性物体和大磁铁》（简称《论磁》）开创了磁学，并作为一门正统科学。

1824年泊松研究出一种能够描述磁场的物理模型，完全类比现代静电模型；磁荷产生磁场，如同电荷产生电场一样。泊松认为磁性是由磁荷产生的，与同类磁荷排斥，与异类磁荷吸引。该理论甚至能够正确地预测储存于磁场的能量。但泊松模型有两个严重瑕疵：①磁荷在自然界中并不存在，将一块磁铁切为两半不会形成两个分离的磁极，而是每个磁铁都有自己的南极和北极；②不能解释电场与磁场之间的奇异关系。

1820 年现代磁学理论由一系列革命性发现开启。首先，丹麦物理学家奥斯特于 7 月发现载流导线附近的磁针会因受力而偏转指向，即发现通电导体周围存在磁场，从而得到电与磁相互依存的关系。同年 9 月，安培成功地通过实验得出：若两条平行的载流导线所载电流的方向相同，则会相互吸引；否则，会相互排斥。10 月法国物理学家毕奥和萨伐尔共同发表了毕奥-萨伐尔定律，该定律能正确地计算出载流导线四周的磁场。

1825 年安培发表安培定律，该定律也能够描述载流导线产生的磁场，且成为帮助建立整个电磁理论的基础。1831 年法拉第证实，随时间变化的磁场会生成电场，从而得出电与磁之间更密切的关系。

1861—1865 年麦克斯韦整合经典电学和磁学杂乱无章的方程，发展成麦克斯韦方程组，该方程组能够解释经典电学和磁学的各种现象，并于 1861 年发表《论物理力线》。麦克斯韦推导出电磁波方程，同时计算出电磁波的传播速度，发现该数值与光速非常接近。警觉的麦克斯韦立刻断定光波就是一种电磁波。1887 年赫兹通过实验证明了这个事实。麦克斯韦统一了电学、磁学和光学理论。

4.1 真空中的恒定磁场

4.1.1 磁感应强度

通电直导体的磁场

环形电流的磁场

磁场是指传递实物间磁力作用的场。电流、运动电荷、磁体或变化电场周围空间存在的特殊形态的物质为磁场。磁场是一种看不见、摸不着的特殊物质，它不是由原子或分子组成的，但是客观存在的。磁场的对外作用表现为对其中的电流有磁场力的作用。概括地说，磁场是由运动电荷或电场的变化产生的。

本章讨论恒定电流引起的磁场。不随时间变化的磁场为恒定磁场。表征磁场特性的基本场量是磁感应强度 $\boldsymbol{B}$。如有电荷 q 在磁场中以速度 $\boldsymbol{v}$ 运动，则磁场对它的作用力

$$\boldsymbol{f}=q(\boldsymbol{v}\times\boldsymbol{B}) \tag{4-1}$$

式(4-1) 是磁感应强度的定义式，其物理意义如下：单位正电荷以单位速度正交于磁场方向运动时受到的磁场力为磁感应强度 $\boldsymbol{B}$。$\boldsymbol{B}$ 的单位是特斯拉（T），1 特斯拉等于 1 韦伯/米^2（Wb/m^2）。因为穿过曲面 S 的磁通 $\Phi=\int_S \boldsymbol{B}\cdot \mathrm{d}\boldsymbol{S}$，所以 $\boldsymbol{B}$ 也称磁通密度。

小知识

$\boldsymbol{B}$ 之所以称为磁感应强度，而不是磁场强度，是因为历史上“磁场强度”一词已用来表示另一个物理量。由于历史的原因，与电场强度 $\boldsymbol{E}$ 对应的描述磁场的基本物理量称为磁感应强度 $\boldsymbol{B}$，另一个辅助量称为磁场强度 $\boldsymbol{H}$，两者容易混淆，通常所说的磁场是指 $\boldsymbol{B}$。磁场方向即磁感应强度的方向，判定方法是检验小磁针北极所受磁场力的方向，也是小磁针稳定平衡时的方向。

运动电荷在磁场中所受的力，称为洛伦兹力。洛伦兹力总是与运动的速度垂直，它只能改变速度的方向，不能改变速度的量值。因此，与库仑力不同，洛伦兹力不能做功。

由于电荷的定向运动形成电流，因此磁场对载流导体有力的作用。通有电流 I 的导线元段 $\mathrm{d}l$，在磁场中受力

$$\mathrm{d}\boldsymbol{F}=I(\mathrm{d}\boldsymbol{l}\times\boldsymbol{B}) \tag{4-2}$$

式中，$I\mathrm{d}\boldsymbol{l}=(\mathrm{d}q/\mathrm{d}t)\mathrm{d}\boldsymbol{l}=\mathrm{d}q(\mathrm{d}\boldsymbol{l}/\mathrm{d}t)=\mathrm{d}q\boldsymbol{v}$，$\mathrm{d}q$ 为 $\mathrm{d}\boldsymbol{l}$ 段内所有运动电荷的量值，即在 $\mathrm{d}t$ 时间内穿过导线某个截面的电量。由式(4-2)得长度为 l 的一段导线通有电流 I 时受到的力

$$\boldsymbol{F}=\int\mathrm{d}\boldsymbol{F}=I\int\mathrm{d}\boldsymbol{l}\times\boldsymbol{B} \tag{4-3}$$

1. 安培力定律

恒定磁场的基本实验定律是安培力定律。安培力定律描述两条载流导线相互作用的吸引力或排斥力，又称安培力。由实验得出的磁场力定律确定由电流产生的磁感应强度表达式。

真空中两个电流回路的受力情况如图4-1所示，$\boldsymbol{l}'$为场源回路，$\boldsymbol{l}$ 为受力回路。安培力定律说明两个元电流段 $I'\mathrm{d}\boldsymbol{l}'$和 $I\mathrm{d}\boldsymbol{l}$ 之间的力正比于矢量积 $I'\mathrm{d}\boldsymbol{l}'\times I\mathrm{d}\boldsymbol{l}$，反比于它们之间的距离的平方。可测得整个电流回路 $\boldsymbol{l}$ 所受的力

$$\boldsymbol{F}=\frac{\mu_0}{4\pi}\oint_l\oint_{l'}\frac{I\mathrm{d}\boldsymbol{l}\times(I'\mathrm{d}\boldsymbol{l}'\times\boldsymbol{e}_r)}{r^2} \tag{4-4}$$

式中，μ_0 是真空磁导率，$u_0=4\pi\times10^{-7}$亨利/米（H/m）。

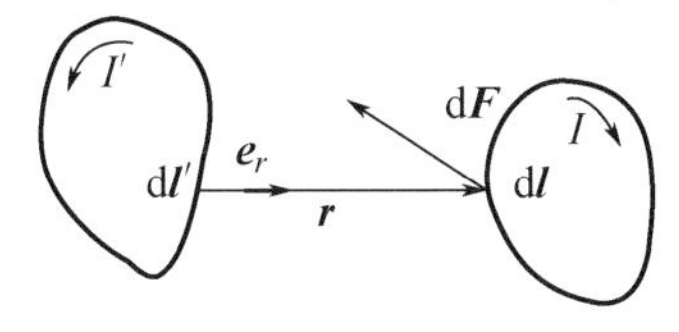

图4-1 真空中两个电流回路的受力情况

2. 毕奥-萨伐尔定律

毕奥-萨伐尔定律描述电流元在空间任意点处产生的磁场。根据式(4-4)，受力回路上的元电流段 $I\mathrm{d}\boldsymbol{l}$ 所受源回路上的元电流段 $I'\mathrm{d}\boldsymbol{l}'$的作用力

$$\mathrm{d}\boldsymbol{F}=\frac{\mu_0}{4\pi}\frac{I\mathrm{d}\boldsymbol{l}\times(I'\mathrm{d}\boldsymbol{l}'\times\boldsymbol{e}_r)}{r^2} \tag{4-5}$$

参照式(4-2)，$\mathrm{d}\boldsymbol{F}$ 可写成

$$\mathrm{d}\boldsymbol{F}=I\mathrm{d}\boldsymbol{l}\times\mathrm{d}\boldsymbol{B} \tag{4-6}$$

对照式(4－5）与式(4－6)，得到元电流段 $I'\mathrm{d}\boldsymbol{l}'$在距离 r 处产生的元磁感应强度

$$\mathrm{d}\boldsymbol{B}=\frac{\mu_0}{4\pi}\frac{I'\mathrm{d}\boldsymbol{l}'\times\boldsymbol{e}_r}{r^2} \tag{4-7}$$

考虑整个电流回路，对整个电流回路作回路线积分，得到整个源回路在 r 处产生的磁感应强度

$$\boldsymbol{B}=\int\mathrm{d}\boldsymbol{B}=\frac{\mu_0}{4\pi}\oint_{l'}\frac{I'\mathrm{d}\boldsymbol{l}'\times\boldsymbol{e}_r}{r^2} \tag{4-8}$$

式(4－7）或式(4－8）表示的关系，通常称为毕奥-萨伐尔定律。

第 3 章提到过几种元电流段，除了 $I\mathrm{d}\boldsymbol{l}$ 外，还有 $\boldsymbol{J}\mathrm{d}V$、$\boldsymbol{J}_S\mathrm{d}S$ 等。相应地，毕奥-萨伐尔定律还可以写成

$$\boldsymbol{B}(x,y,z)=\frac{\mu_0}{4\pi}\int_{V'}\frac{\boldsymbol{J}(x',y',z')\times\boldsymbol{e}_r}{r^2}\mathrm{d}V \tag{4-9}$$

$$\boldsymbol{B}(x,y,z)=\frac{\mu_0}{4\pi}\int_{S'}\frac{\boldsymbol{J}_S(x',y',z')\times\boldsymbol{e}_r}{r^2}\mathrm{d}S' \tag{4-10}$$

例 4－1　已知电流环半径为 a，电流为 I，电流环位于 $z=0$ 平面。试求 $P(0,\ 0,\ h)$ 处的磁感应强度。

解　建立坐标系，如图 4－2 所示。由毕奥-萨伐尔定律得

$$\boldsymbol{B}=\frac{\mu_0}{4\pi}\int_l\frac{I\mathrm{d}\boldsymbol{l}\times\boldsymbol{e}_\mathrm{r}}{r^2} \tag{4-11}$$

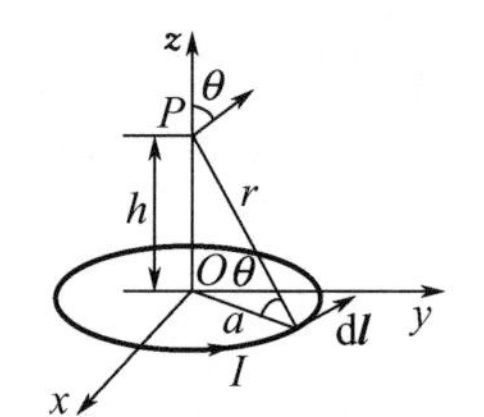

图 4－2　环形电流

因为 $\mathrm{d}\boldsymbol{l}$ 处处与 $\boldsymbol{e}_\mathrm{r}$正交，所以 $|\mathrm{d}\boldsymbol{l}\times\boldsymbol{e}_\mathrm{r}|=a\mathrm{d}\phi$，即

$$\boldsymbol{B}=\frac{\mu_0 I}{4\pi}\int_0^{2\pi}\frac{a\mathrm{d}\phi}{r^2} \tag{4-12}$$

由对称性可知，P 点的磁感应强度只有 z 分量，$B_z=B\cos\theta$，且 $\cos\theta=\dfrac{a}{r}$，则

$$B_z=\frac{\mu_0 I}{4\pi}\int_0^{2\pi}\frac{a\cos\theta\mathrm{d}\phi}{r^2}=\frac{\mu_0 I}{4\pi}\int_0^{2\pi}\frac{a^2\mathrm{d}\phi}{r^3}=\frac{\mu_0 Ia^2}{2\,(a^2+h^2)^{\frac{3}{2}}} \tag{4-13}$$

因此，$P(0,\ 0,\ h)$ 处的磁感应强度

$$\boldsymbol{B}=\boldsymbol{e}_z\frac{\mu_0 Ia^2}{2\,(a^2+h^2)^{\frac{3}{2}}} \tag{4-14}$$

4.1.2　磁场的高斯定律和安培环路定律

物理学实验表明，真空中恒定磁场的磁感应强度 $\boldsymbol{B}$ 满足下列两个方程：

$$\oint_S\boldsymbol{B}\cdot\mathrm{d}\boldsymbol{S}=0 \tag{4-15}$$

$$\oint_l\boldsymbol{B}\cdot\mathrm{d}\boldsymbol{l}=\mu_0 I \tag{4-16}$$

式(4－15）表明，真空中恒定磁场穿过任一闭合曲面的磁通为零，$\boldsymbol{B}$ 线既无始端又无终端，因此也没有供 $\boldsymbol{B}$ 线发出或终止的源。该磁场特性称为磁通连续性原理，又称磁场的高斯定律。式(4－16）表明，真空中恒定磁场的磁感应强度 $\boldsymbol{B}$ 沿任一闭合曲线的环路

线积分（环量）等于该闭合曲线包围的全部电流与真空磁导率的乘积。该式称为真空中的安培环路定律，I 为穿过该闭合回路所限定面积上的电流的代数和。电流的正负取决于电流的方向与闭合曲线的方向是否符合右手螺旋定则，若符合，则电流为正；否则，电流为负。

由真空中恒定磁场的安培环路定律，可以求得真空中恒定磁场的分布。利用安培环路定律求磁场的前提条件是磁场呈某种对称分布，例如磁感应强度 $\boldsymbol{B}$ 作柱对称或球对称分布，选取合适的积分路径，沿该路径上各点 $\boldsymbol{B}$ 的量值相等，且 $\boldsymbol{B}$ 的方向与积分路径 $\mathrm{d}\boldsymbol{l}$ 的方向之间的夹角保持不变，应用安培环路定律能较简便地求得 $\boldsymbol{B}$。

例 4-2　已知无限长同轴电缆，内导体半径为 a，外导体内半径为 b，外导体外半径为 c，求磁感应强度分布。

解　同轴电缆磁场作圆柱对称分布，可以通过安培环路定律求解磁场。以半径为 r 的圆作积分回路，在积分路径上各点 $\boldsymbol{B}$ 的方向均与积分路径方向 $\mathrm{d}\boldsymbol{l}$ 相同，即均沿着圆的切线方向，安培环路定律中矢量线积分可转换为标量线积分。

(1) 电缆芯线内的 B，即 $r<a$ 时，穿过积分回路所限定圆面积的电流为

$$I'=\frac{I}{\pi a^2}\pi r^2=\frac{Ir^2}{a^2} \tag{4-17}$$

应用式(4-16)得

$$\int_0^{2\pi} Br\mathrm{d}\phi=\mu_0\ \frac{Ir^2}{a^2} \tag{4-18}$$

$$B=\frac{\mu_0 Ir}{2\pi a^2} \tag{4-19}$$

(2) 绝缘层内的 B，即 $a\leqslant r<b$ 时，穿过积分回路所限定圆面积的电流为 I，应用式(4-16)得

$$\int_0^{2\pi} Br\mathrm{d}\phi=\mu_0 I \tag{4-20}$$

$$B=\frac{\mu_0 I}{2\pi r} \tag{4-21}$$

(3) 外导体内的 B，即 $b\leqslant r<c$ 时，穿过积分回路所限定圆面积的电流为

$$I'=I-I\ \frac{\pi r^2-\pi b^2}{\pi c^2-\pi b^2}=I\ \frac{c^2-r^2}{c^2-b^2} \tag{4-22}$$

应用式(4-16)得

$$B=\frac{\mu_0 I}{2\pi r}\ \frac{c^2-r^2}{c^2-b^2} \tag{4-23}$$

(4) 电缆外的 B，即 $r\geqslant c$ 时，穿过积分回路所限定圆面积的电流为 0，则 $B=0$。

4.2　磁媒质中的恒定磁场

4.1 节论述的磁场均为真空中的磁场，若周围有磁媒质，则磁场受磁媒质的影响而发生变化。在讨论磁媒质中的磁场之前，介绍磁媒质的磁化以及磁化后磁化电流对磁场的影响。

4.2.1　磁媒质的磁化

磁场中的物质称为磁媒质。磁媒质内部含有大量原子，原子中有自旋的原子核和运

动的电子。原子核的自旋和电子的轨道运动形成原子内的微观环形电流，这种电流限制在原子范围内，又称束缚电流。每个微观环形电流都可以看作一个磁偶极子，具有磁偶极矩。

在没有外磁场的情况下，磁媒质内部各原子的磁偶极矩的方向是随机的。从宏观上看，任一体积元内磁偶极矩的矢量和为零，对外不呈现磁性。若存在外磁场，则在外磁场的作用下，原子的磁偶极矩发生有规律的偏转或微小的位移，使得宏观上任一体积元内磁偶极矩的矢量和不再为零，对外呈现磁性。该现象称为媒质的磁化。

下面介绍磁偶极子和磁偶极矩的概念。磁偶极子是指一个很小的面积为 $\mathrm{d}\boldsymbol{S}$ 的载流回路，$\mathrm{d}\boldsymbol{S}$ 的正方向与回路电流成右手螺旋定则关系。场中任一点到回路中心的距离都比回路的线性尺寸大得多，并且在磁偶极子所在范围内，外磁场可以认为是均匀的。磁偶极子能在它的周围引起磁场，并且在外磁场中受到转矩的作用。

磁偶极子的性质常通过它的磁偶极矩（简称磁矩）表示。磁偶极矩用矢量 $\boldsymbol{m}$ 表示，定义为 $\boldsymbol{m}=I\mathrm{d}\boldsymbol{S}$，单位是安培·米^2（$\mathrm{A}\cdot\mathrm{m}^2$）。

根据媒质的不同磁化过程，媒质的磁性能可以分为以下四种类型。

（1）抗磁性。当外加磁场时，电子除了仍然自旋及做轨道运动外，电子轨道还围绕外加磁场运动，这种运动称为进动。分析表明，电子进动结果产生的附加磁矩方向总是与外加磁场的方向相反，使媒质中合成磁场减弱，这种磁性能称为抗磁性，锌、铜、铋、银、铅、汞等属抗磁性媒质。

（2）顺磁性。在外加磁场的作用下，除了引起电子进动，从而产生抗磁性以外，磁偶极子的磁矩朝着外加磁场方向转动，使合成磁场增强，这种磁性能称为顺磁性，铝、镁、锡、钨、铂、钯等属于顺磁性媒质。

（3）铁磁性。在外加磁场的作用下，铁磁性媒质会发生显著的磁化现象。这种媒质内部存在磁畴，每个磁畴中的磁矩方向相同，但是各磁畴的磁矩方向仍然杂乱无章，对外不呈现磁性。在外加磁场的作用下，大量磁畴发生转动，与外加磁场方向趋于一致，产生较强的磁性，这种磁性能称为铁磁性，钴、铁、镍等属于铁磁性媒质。这种铁磁性媒质的磁性能还具有非线性，且存在磁滞及剩磁现象。

（4）亚铁磁性。金属氧化物的磁化现象比铁磁媒质稍弱一些，但剩磁小，且导电率低，这类介质称为亚铁磁性介质，铁氧化体属于亚铁磁性媒质。由于其电导率低，高频电磁波可以进入内部，因此具有高频下涡流损耗小等特性，使得铁氧体在微波器件中得到广泛应用。

无论是哪种磁性能媒质，磁化后都在介质中产生磁矩。为了衡量磁化程度，引入磁化强度矢量 $\boldsymbol{M}$，定义为单位体积内磁矩的矢量和，即

$$\boldsymbol{M}=\lim_{\Delta V\to 0}\frac{\sum_{i=1}^{N}\boldsymbol{m}_i}{\Delta V} \tag{4-24}$$

式中，$\boldsymbol{m}_i$ 为 ΔV 中第 i 个磁偶极子具有的磁矩；ΔV 为物理无限小体积，也就是说，其尺寸远大于分子及原子的间距，且远小于媒质与场的宏观尺寸。媒质发生磁化后，出现的磁矩是由媒质中形成新的电流产生的，这种电流称为磁化电流。实际上，磁化电流是由媒质内电子的运动方向改变或者产生新的运动方式形成的。因为形成磁化电流的电子仍然被束缚在原子或分子周围，所以磁化电流又称束缚电流。

归根结底，产生磁场的源是电流。在磁媒质的等效电流模型中，磁化体电流密度以$\boldsymbol{J}'$表示，磁化面电流密度以$\boldsymbol{J}_S'$表示。仿照静电场中关于极化电荷密度和极化强度矢量之间关系的推导，可以推导出磁化后介质中的磁化体电流密度和磁化面电流密度与磁化强度的关系：

$$\boldsymbol{J}'=\nabla\times\boldsymbol{M} \tag{4-25}$$

$$\boldsymbol{J}_S'=\boldsymbol{M}\times\boldsymbol{e}_n \tag{4-26}$$

利用旋度定理，由式(4－25) 求得通过面积$\boldsymbol{S}$的磁化体电流

$$I'=\int_S \boldsymbol{J}'\cdot \mathrm{d}\boldsymbol{S}=\int_S(\nabla\times\boldsymbol{M})\cdot \mathrm{d}\boldsymbol{S}=\oint_l \boldsymbol{M}\cdot \mathrm{d}\boldsymbol{l} \tag{4-27}$$

式(4－27) 表明，在磁化介质中，磁化强度沿闭合回路的环量等于该闭合回路包围的总磁化电流。

4.2.2　磁媒质中的恒定磁场

存在磁媒质时，在外加磁场的作用下，磁媒质发生磁化后，内部产出磁化电流。磁化电流与自由电流相同，能产生磁效应。磁化后，磁媒质内部的磁场相当于传导电流I及磁化电流I'在真空中产生的合成磁场。磁化媒质中磁感应强度$\boldsymbol{B}$沿闭合曲线的环量

$$\oint_l \boldsymbol{B}\cdot \mathrm{d}\boldsymbol{l}=\mu_0(I+I') \tag{4-28}$$

式中，l为磁媒质中的任意闭合回路，因为磁化面电流只存在于磁媒质的表面，所以此处磁化电流仅考虑体电流。将式(4－27) 代入式(4－28)，得

$$\oint_l \left(\frac{\boldsymbol{B}}{\mu_0}-\boldsymbol{M}\right)\cdot \mathrm{d}\boldsymbol{l}=I \tag{4-29}$$

存在磁媒质时，在恒定磁场中引入一个新的矢量$\boldsymbol{H}$，令

$$\frac{\boldsymbol{B}}{\mu_0}-\boldsymbol{M}=\boldsymbol{H} \tag{4-30}$$

式(4－29) 又可写成

$$\oint_l \boldsymbol{H}\cdot \mathrm{d}\boldsymbol{l}=I \tag{4-31}$$

式中，$\boldsymbol{H}$为磁场强度，单位是 A/m。

式(4－31) 是一般形式的安培环路定律的表达式，表明磁场中磁场强度沿任一闭合路径的线积分等于穿过该回路包围面积的自由电流的代数和；还表明磁场强度的环路线积分只与自有电流有关，与磁化电流无关，即与磁媒质的分布无关。$\boldsymbol{H}$的环量与磁媒质无关，但并不能说$\boldsymbol{H}$的分布与磁媒质无关。磁场分布可用曲线描绘，其定义方法与电场线相同，这些曲线称为磁场线。

利用旋度定理，由式(4－31) 求得

$$\nabla\times\boldsymbol{H}=\boldsymbol{J} \tag{4-32}$$

式(4－32) 称为媒质中安培环路定律的微分形式，表明媒质中某点磁场强度的旋度等于该点的传导电流密度。由于磁场强度仅与传导电流有关，因此磁场强度的引入简化了介质中恒定磁场的计算，正如使用电通密度（电位移）可以简化介质中静电场的计算一样。

对于各向同性、线性的磁媒质，磁化强度与磁场强度成正比，即

$$\boldsymbol{M}=\chi_m\boldsymbol{H} \tag{4-33}$$

式中，χ_m 为磁化率，是一个无量纲的常数。已知电极化率为正实数，但磁化率可以是正实数或负实数。

将式(4-33)代入式(4-30)，得

$$\boldsymbol{B}=\mu_0(1+\chi_m)\boldsymbol{H} \tag{4-34}$$

令

$$\mu=\mu_0(1+\chi_m)=\mu_0\mu_r \tag{4-35}$$

则

$$\boldsymbol{B}=\mu\boldsymbol{H} \tag{4-36}$$

式中，μ 为磁导率，通常用相对值表示；μ_r 为相对磁导率，$\mu_r=1+\chi_m$。

由磁性能分析知，抗磁性介质磁化后使磁场减弱，因此 $\chi_m<0$，$\mu<\mu_0$，$\mu_r<1$；顺磁性介质磁化后使磁场增强，因此 $\chi_m>0$，$\mu>\mu_0$，$\mu_r>1$。但是，无论是抗磁性介质还是顺磁性介质，其磁化现象都很微弱，因此，这些介质的相对磁导率基本都等于 1。铁磁性介质的磁化现象非常显著，其磁导率可以很大。介质的相对磁导率见表 4-1。

表 4-1　介质的相对磁导率

介　　质	相对磁导率 μ_r	介　　质	相对磁导率 μ_r	介　　质	相对磁导率 μ_r
金	0.9996	铝	1.000021	镍	250
银	0.9998	镁	1.000012	铁	4000
铜	0.9999	钛	1.000180	碱性合金	10^5

对于无限大、均匀、线性且各向同性的介质，由于磁导率与空间坐标无关，因此得

$$\oint_l \boldsymbol{B}\cdot d\boldsymbol{l}=\mu I \tag{4-37}$$

$$\nabla\times\boldsymbol{B}=\mu\boldsymbol{J} \tag{4-38}$$

$$\oint_S \boldsymbol{H}\cdot d\boldsymbol{S}=0 \tag{4-39}$$

$$\nabla\cdot\boldsymbol{H}=0 \tag{4-40}$$

真空中的安培环路定律表示为 $\oint_l \boldsymbol{B}\cdot d\boldsymbol{l}=\mu_0 I$。比较真空中和介质中的情况，在场源分布相同的条件下，空间充满磁媒质时的磁感应强度是真空中磁感应强度的 μ_r 倍。无限大磁媒质中磁感应强度和矢量磁位的计算公式，只需将真空中相应的公式乘以系数 μ_r，或者将相应公式中的 μ_0 改为 μ_r 即可。

至此，我们讨论了介质的极化性能、导电性能及磁化性能，分别用介电常数 ε、电导率 σ 及磁导率 μ 描述。这些参数的物理意义各不相同，它们没有内在联系。对于各向同性的线性介质，已知三个参数满足的方程分别如下：

$$\boldsymbol{D}=\varepsilon\boldsymbol{E}\qquad \boldsymbol{J}=\sigma\boldsymbol{E}\qquad \boldsymbol{B}=\mu\boldsymbol{H} \tag{4-41}$$

这三个方程称为介质特性方程或本构方程，分别从介质的极化、导电及磁化三个特性描述了介质与场之间的相互作用。

4.3　恒定磁场的基本方程和边界条件

4.3.1　积分形式的基本方程

磁场的高斯定律和安培环路定律表征恒定磁场的基本性质，无论介质分布情况如何，恒定磁场都具备这两个特性。加上基本场量 $\boldsymbol{B}$ 和 $\boldsymbol{H}$ 之间的关系，构成了恒定磁场积分形式的基本方程：

$$\oint_S \boldsymbol{B} \cdot \mathrm{d}\boldsymbol{S}=0 \tag{4-42}$$

$$\oint_l \boldsymbol{H} \cdot \mathrm{d}\boldsymbol{l}=I \tag{4-43}$$

$$\boldsymbol{B}=\mu\boldsymbol{H} \tag{4-44}$$

4.3.2　微分形式的基本方程

磁场高斯定律的微分形式

下面推导恒定磁场微分形式的基本方程。对式(4-42)应用散度定理得

$$\oint_S \boldsymbol{B} \cdot \mathrm{d}\boldsymbol{S}=\int_V \nabla \cdot \boldsymbol{B}\mathrm{d}V=0 \tag{4-45}$$

从而有

$$\nabla \cdot \boldsymbol{B}=0 \tag{4-46}$$

式(4-46)为磁场高斯定律的微分形式，表明恒定磁场是一个无散场。通过考察散度来检验给定的场是否是恒定磁场。如果磁场的散度恒等于零，则它可能是恒定磁场。

对式(4-43)应用旋度定理，并用 $\boldsymbol{J}$ 的面积分表示电流，得

$$\oint_l \boldsymbol{H} \cdot \mathrm{d}\boldsymbol{l}=\int_S (\nabla\times\boldsymbol{H}) \cdot \mathrm{d}S=\int_S \boldsymbol{J} \cdot \mathrm{d}S \tag{4-47}$$

式(4-47)中的两个面积分是对同一个面积进行的，因此有

$$\nabla\times\boldsymbol{H}=\boldsymbol{J} \tag{4-48}$$

由于 $\boldsymbol{H}$ 的旋度等于该点的电流密度，因此磁场是有旋场。这就是安培环路定律的微分形式。

式(4-46)、式(4-48)和式(4-44)构成了恒定磁场微分形式的基本方程。由基本方程可知，恒定磁场为有旋无散场。

4.3.3　恒定磁场的边界条件

在两种磁媒质的分界面上存在磁化面电流，使得磁场矢量在分界面两侧不连续。这种场矢量的不连续不会影响积分形式基本方程的应用，但会使微分形式的基本方程在不同媒质分界面上的分析遇到困难。下面根据积分形式的基本方程，推导不同媒质分界面上磁感应强度和磁场强度应满足的边界条件。

下面分析磁场强度 $\boldsymbol{H}$ 在两种媒质分界面上应满足的边界条件。如图4-3所示，取分界面上的 P 点进行研究。设在两种媒质中紧靠着 P 点的磁场强度分别是 $\boldsymbol{H}_1$ 和 $\boldsymbol{H}_2$，把磁

场强度分解成两个分量，与分界面平行的称为切向分量（H_{1t}和H_{2t}），与分界面垂直的称为法向分量（H_{1n}和H_{2n}）。作一个包围 P 点的小矩形积分回路，矩形的短边 $\Delta h\to 0$，则沿此两边的积分为零；长边 Δl 也很短，认为磁场强度在 Δl 上各点都相等。根据安培环路定律 $\oint \boldsymbol{H}\cdot \mathrm{d}\boldsymbol{l}=I$，$\boldsymbol{H}$ 的环路线积分等于环路包围的自由电流（分界面上的面电流）。积分路径取顺时针方向，若面电流的方向垂直于纸面向里，积分路径方向与面电流方向满足右手螺旋定则，则面电流密度 J_S 为正。此时 H_{1t} 与积分路径方向相同，H_{2t} 与积分路径方向相反，可得

$$H_{1t}\Delta l-H_{2t}\Delta l=J_S\Delta l \tag{4-49}$$

$$H_{1t}-H_{2t}=J_S \tag{4-50}$$

如果分界面上无面电流分布，则

$$H_{1t}=H_{2t} \tag{4-51}$$

式(4-51) 表明在两种媒质的分界面两侧，磁场强度的切向分量是连续的。

下面讨论磁感应强度 $\boldsymbol{B}$ 应满足的边界条件。如图 4-4 所示，包围分界面上 P 点，作一个扁的小圆柱体，根据 $\oint_S \boldsymbol{B}\cdot \mathrm{d}\boldsymbol{S}=0$，推导过程与静电场类似，可得

$$B_{1n}=B_{2n} \tag{4-52}$$

式(4-52) 表明在两种媒质的分界面两侧，磁感应强度的法向分量是连续的。

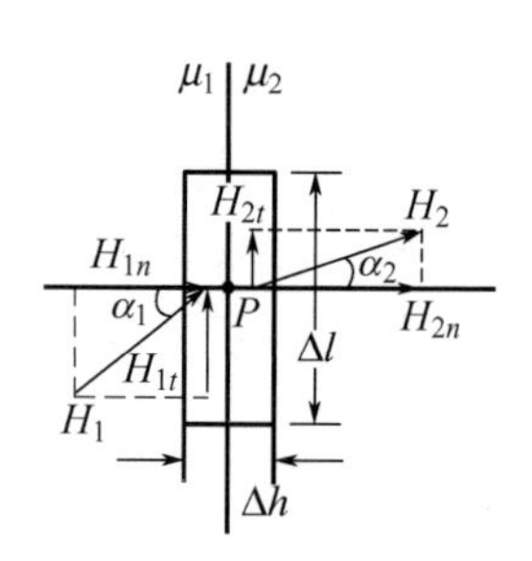

图 4-3　磁场强度 *H* 的边界条件

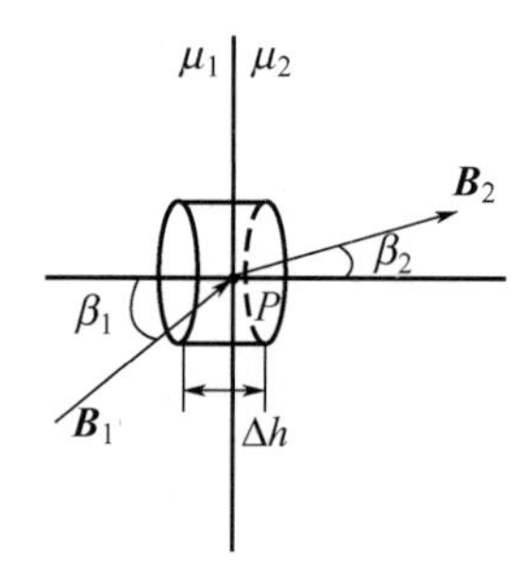

图 4-4　磁感应强度 *B* 的边界条件

如果两种媒质均为线性各向同性，且分界面上无面电流分布，则根据式(4-51) 和式(4-52)，并考虑到 $\boldsymbol{B}=\mu\boldsymbol{H}$，可知图 4-3 和图 4-4 中有 $\alpha_1=\beta_1$，$\alpha_2=\beta_2$，则在它们的分界面上 $\boldsymbol{B}$ 线和 $\boldsymbol{H}$ 线的折射规律为

$$\tan\alpha_1/\tan\alpha_2=\mu_1/\mu_2 \tag{4-53}$$

非铁磁质的磁导率一般近似等于真空的磁导率，即 $\mu_2=\mu_0$，而铁磁媒质的磁导率比 μ_0 大得多，即 $\mu_1\gg\mu_0$。设 $\mu_1=4000\mu_0$，当 $\alpha_1=89°$时，

$$\alpha_2=\arctan\left(\frac{\mu_0}{4000\mu_0}\tan 89°\right)=\arctan 0.01432\approx 49' \tag{4-54}$$

由此可知，当 $\boldsymbol{B}$ 线由铁磁质进入非铁磁质时，无论磁感应强度或磁场强度在铁磁质中与分界面法线成什么角度（除 90°），都可近似认为在分界面靠近非铁磁质侧，场量与分界面垂直。

例 4-3　已知 $y>0$ 区域为空气，即媒质 1 的磁导率 $\mu_1=\mu_0$；$y<0$ 区域为磁性介质，

即媒质 2 的磁导率 $\mu_2=4000\mu_0$，当分界面上靠近空气侧的磁感应强度 $\boldsymbol{B}_1=\boldsymbol{e}_x0.5-\boldsymbol{e}_y10+\boldsymbol{e}_z0.1$ 时，试求磁性介质中的磁感应强度 $\boldsymbol{B}_2$。

解　根据题意建立的直角坐标系如图 4－5 所示。

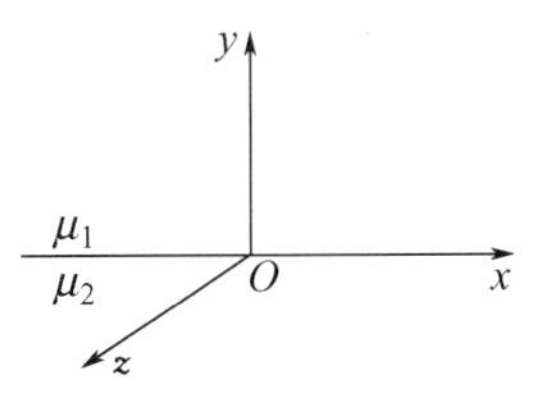

图 4－5　直角坐标系

根据题意可知，相对于 $y=0$ 的分界面，磁感应强度的 x 分量和 z 分量为切向分量，y 分量为法向分量。

由于此边界上磁感应强度的法向分量连续，因此

$$B_{2y}=B_{1y}=-10 \tag{4-55}$$

由于磁场强度的切向分量连续，因此

$$H_{2x}=H_{1x}=\frac{B_{1x}}{\mu_1}=\frac{0.5}{\mu_0},\ B_{2x}=\mu_2H_{2x}=4000\mu_0\cdot\frac{0.5}{\mu_0}=2000 \tag{4-56}$$

$$H_{2z}=H_{1z}=\frac{B_{1z}}{\mu_1}=\frac{0.1}{\mu_0},\ B_{2z}=\mu_2H_{2z}=4000\mu_0\cdot\frac{0.1}{\mu_0}=400 \tag{4-57}$$

磁性介质中的磁感应强度

$$\boldsymbol{B}_1=\boldsymbol{e}_x2000-\boldsymbol{e}_y10+\boldsymbol{e}_z400 \tag{4-58}$$

4.4　矢量磁位和标量磁位

在静电场中，因为静电场的无旋性$\nabla\times\boldsymbol{E}=0$，引入标量电位函数表征静电场，简化静电场的分析计算。仿照静电场，本节引入恒定磁场中的位函数来讨论恒定磁场的边值问题。根据恒定磁场的基本方程可知，恒定磁场为有旋无散场，可引入矢量和标量两种位函数来表征。

4.4.1　矢量磁位

根据恒定磁场微分形式的基本方程$\nabla\cdot\boldsymbol{B}=0$ 及矢量恒等式，即任意矢量的旋度的散度恒等于零，设任意矢量为 $\boldsymbol{A}$，则

$$\nabla\cdot\nabla\times\boldsymbol{A}=0 \tag{4-59}$$

可以引入一个矢量位函数 $\boldsymbol{A}$，磁感应强度 $\boldsymbol{B}$ 表示成

$$\boldsymbol{B}=\nabla\times\boldsymbol{A} \tag{4-60}$$

因为基本方程在恒定磁场中处处成立，所以得到的 $\boldsymbol{A}$ 也处处成立，$\boldsymbol{A}$ 可以表征恒定磁场的矢量位函数，简称矢量磁位，单位是韦伯/米（Wb/m）。

下面讨论根据电流的分布计算矢量磁位的方法。由安培环路定律的微分形式

$$\nabla\times\boldsymbol{H}=\boldsymbol{J} \tag{4-61}$$

在线性各向同性的均匀介质中，$\boldsymbol{H}=\boldsymbol{B}/\mu$，得

$$\nabla\times\boldsymbol{B}=\mu\boldsymbol{J} \tag{4-62}$$

将式(4－60) 代入式(4－62)，得

$$\nabla\times\nabla\times\boldsymbol{A}=\mu\boldsymbol{J} \tag{4-63}$$

应用矢量恒等式

$$\nabla\times\nabla\times\boldsymbol{A}=\nabla(\nabla\cdot\boldsymbol{A})-\nabla^2\boldsymbol{A} \tag{4-64}$$

有

$$\nabla(\nabla \cdot \boldsymbol{A}) - \nabla^2 \boldsymbol{A} = \mu \boldsymbol{J} \tag{4-65}$$

由矢量分析理论可知，要在矢量场中确定一个矢量，必须同时确定它的散度与旋度。已定义 **A** 的旋度为 **B**，必须定义 **A** 的散度。在恒定磁场中，为了方便计算，可以令

$$\nabla \cdot \boldsymbol{A} = 0 \tag{4-66}$$

将式(4-66)代入式(4-65)，得

$$\nabla^2 \boldsymbol{A} = -\mu \boldsymbol{J} \tag{4-67}$$

可见，矢量磁位满足矢量形式的泊松方程。在直角坐标系中，将式(4-67)分解成三个坐标分量的标量形式，得

$$\left.\begin{aligned} \nabla^2 A_x &= -\mu J_x \\ \nabla^2 A_y &= -\mu J_y \\ \nabla^2 A_z &= -\mu J_z \end{aligned}\right\} \tag{4-68}$$

这三个标量方程的形式与静电场中电位 φ 的泊松方程的形式完全相同。参照静电场中泊松方程的解的形式，当电流分布在有限空间，且规定无限远处为矢量磁位的参考点时，得式(4-68)中各分量泊松方程的解为

$$\left.\begin{aligned} A_x &= \frac{\mu}{4\pi}\int_{V'} \frac{J_x \mathrm{d}V'}{r} \\ A_y &= \frac{\mu}{4\pi}\int_{V'} \frac{J_y \mathrm{d}V'}{r} \\ A_z &= \frac{\mu}{4\pi}\int_{V'} \frac{J_z \mathrm{d}V'}{r} \end{aligned}\right\} \tag{4-69}$$

由式(4-69)可知，电流的方向决定了矢量磁位 **A** 的方向。合成以上三个分量，得矢量泊松方程的解

$$\boldsymbol{A} = \frac{\mu}{4\pi}\int_{V'} \frac{\boldsymbol{J}\mathrm{d}V'}{r} \tag{4-70}$$

元电流段除了体电流 $\boldsymbol{J}\mathrm{d}V$ 以外，还有线电流 $\boldsymbol{I}\mathrm{d}l$、面电流 $\boldsymbol{J}_S\mathrm{d}S$ 等形式，由线电流和面电流分布引起的矢量磁位可表示为

$$\left.\begin{aligned} \boldsymbol{A} &= \frac{\mu}{4\pi}\oint_{l'} \frac{\boldsymbol{I}\mathrm{d}l'}{r} \\ \boldsymbol{A} &= \frac{\mu}{4\pi}\oint_{S'} \frac{\boldsymbol{J}_S\mathrm{d}\boldsymbol{S}'}{r} \end{aligned}\right\} \tag{4-71}$$

矢量磁位可以用于计算磁通。把 $\boldsymbol{B} = \nabla \times \boldsymbol{A}$ 代入磁通的计算式，并应用旋度定理，得

$$\Phi = \int_S \boldsymbol{B} \cdot \mathrm{d}\boldsymbol{S} = \int_S \nabla \times \boldsymbol{A} \cdot \mathrm{d}\boldsymbol{S} = \oint_l \boldsymbol{A} \cdot \mathrm{d}\boldsymbol{l} \tag{4-72}$$

从而有

$$\Phi = \oint_l \boldsymbol{A} \cdot \mathrm{d}\boldsymbol{l} \tag{4-73}$$

这就是由矢量磁位 **A** 求磁通 Φ 的公式。

例 4-4 已知空气中有一根载有电流 I 的长直细导线，应用矢量磁位求其周围的磁场。

解　载流导线置于直角坐标系的 z 轴，导线中点位于坐标原点，如图 4－6 所示。取 xOy 平面上导线外的点 $P(x,y,0)$，由于电流只有 z 方向，因此矢量磁位 $\boldsymbol{A}$ 也只有 z 分量。该点的矢量磁位可写成

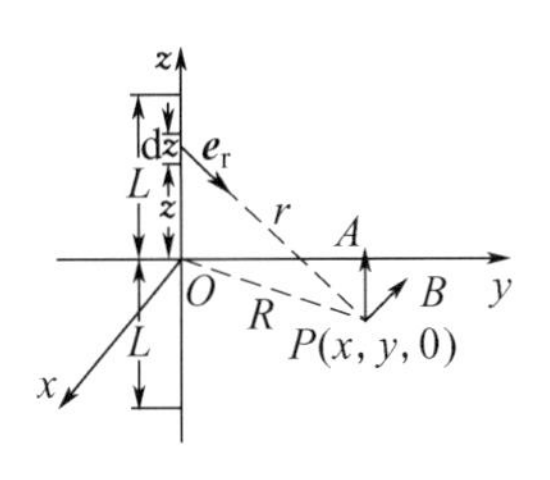

图 4－6　载流长直细导线的磁场

$$\boldsymbol{A}=A_z\boldsymbol{e}_z=\frac{\mu_0 I}{4\pi}\int_{-L}^{L}\frac{\mathrm{d}z}{r}\boldsymbol{e}_z=\frac{\mu_0 I\boldsymbol{e}_z}{4\pi}\int_{-L}^{L}\frac{\mathrm{d}z}{\sqrt{R^2+z^2}} \tag{4-74}$$

$$=\boldsymbol{e}_z\frac{\mu_0 I}{2\pi}\left[\ln(L+\sqrt{R^2+L^2})-\ln R\right]$$

当 $L\gg R$ 时，

$$\boldsymbol{A}=\frac{\mu_0 I}{2\pi}\ln\frac{2L}{R}\boldsymbol{e}_z \tag{4-75}$$

从而得

$$\boldsymbol{B}=\nabla\times\boldsymbol{A}=-\left(\frac{\partial A_z}{\partial R}\right)\boldsymbol{e}_\phi=\frac{\mu_0 I}{2\pi R}\boldsymbol{e}_\phi \tag{4-76}$$

式(4－76) 为无限长线电流距离 R 处的磁感应强度，方向为圆环的切线方向，且与电流满足右手螺旋定则。

4.4.2　矢量磁位的边值问题和镜像法

1. 矢量磁位的边值问题

矢量磁位满足泊松方程或拉普拉斯方程。与静电场相同，当已知电流分布时，磁场问题可以通过给定边值的微分方程求解。下面推导在磁媒质分界面上，矢量磁位 $\boldsymbol{A}$ 表示的边界条件。

由 $\boldsymbol{B}=\nabla\times\boldsymbol{A}$ 和 $H_{1t}-H_{2t}=J_S$ 得矢量磁位的边界条件为

$$\left.\begin{aligned}&\boldsymbol{A}_1=\boldsymbol{A}_2\\&\frac{1}{\mu_1}(\nabla\times\boldsymbol{A}_1)_t-\frac{1}{\mu_2}(\nabla\times\boldsymbol{A}_2)_t=\boldsymbol{J}_S\end{aligned}\right\} \tag{4-77}$$

对于平行平面磁场，矢量磁位 $\boldsymbol{A}$ 只有 $\boldsymbol{A}_z$ 分量，而 $\boldsymbol{A}_z=\boldsymbol{A}_z(x,y)$。旋转坐标系推导，可以得到分界面上的边界条件为

$$\left.\begin{aligned}&\boldsymbol{A}_1=\boldsymbol{A}_2\\&\frac{1}{\mu_1}\frac{\partial\boldsymbol{A}_1}{\partial n}-\frac{1}{\mu_2}\frac{\partial\boldsymbol{A}_2}{\partial n}=\boldsymbol{J}_S\end{aligned}\right\} \tag{4-78}$$

2. 恒定磁场中的镜像法

求解恒定磁场问题时，一般可以归结为求解给定边值条件的泊松方程或拉普拉斯方程的问题。根据磁场问题解的唯一性，可以应用与静电场相似的镜像法求解。

设磁场中有两种半无限大媒质（μ_1，μ_2），在磁媒质 1 内，置有电流为 I 的无限长直导线，且平行于分界面放置，如图 4－7（a）所示，求解两种媒质内的磁场。

参考静电场的镜像法，要求解磁媒质 1 中的磁场，可令整个区域充满均匀的磁媒质 1，其中的场由电流 I 和镜像电流 I' 叠加产生，如图 4－7（b）所示。

同理，对于磁媒质 2 中的磁场，可令整个区域充满均匀的磁媒质 2，其中的场由镜像

电流 I''产生，如图 4－7（c）所示。

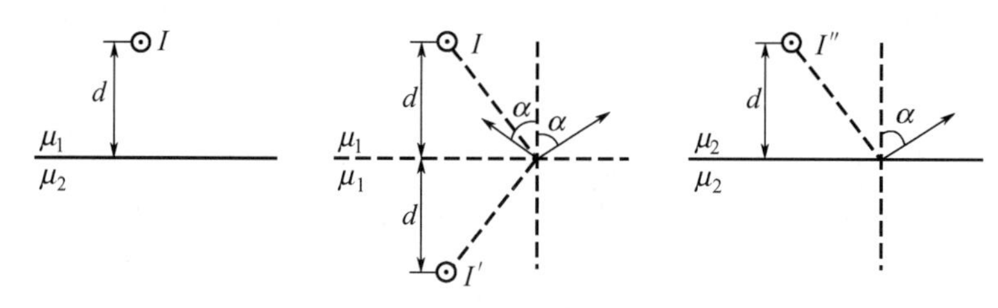

（a）两种半无限大媒质　（b）磁媒质1镜像　（c）磁媒质2镜像

图 4－7　无限长线电流的镜像

应用镜像法，对于求解区域，位函数满足的方程没有改变。根据边界条件确定镜像电流，边界条件保持不变。由唯一性定理，用镜像法求得的磁场问题的解就是原问题的解。

先根据磁场强度满足的边界条件 $H_{1t}=H_{2t}$求得

$$\frac{I}{2\pi r}\sin\alpha-\frac{I'}{2\pi r}\sin\alpha=\frac{I''}{2\pi r}\sin\alpha \tag{4-79}$$

即

$$I-I'=I'' \tag{4-80}$$

再由磁感应强度满足的边界条件 $B_{1n}=B_{2n}$求得

$$\frac{\mu_1 I}{2\pi r}\cos\alpha+\frac{\mu_1 I'}{2\pi r}\cos\alpha=\frac{\mu_2 I''}{2\pi r}\cos\alpha \tag{4-81}$$

即

$$\mu_1(I+I')=\mu_2 I'' \tag{4-82}$$

式(4－80）和式(4－82）联立求解，得

$$I'=\frac{\mu_2-\mu_1}{\mu_2+\mu_1}I \tag{4-83}$$

$$I''=\frac{2\mu_1}{\mu_2+\mu_1}I \tag{4-84}$$

式(4－83）和式(4－84）中，规定镜像电流 I'和 I''的参考方向均与电流 I 的方向一致，而实际电流方向由其正负决定，若求得的镜像电流为正，则镜像电流方向与电流 I 的方向相同；否则相反。下面讨论两种特殊情况。

（1）设磁媒质 1 为空气，即 $\mu_1=\mu_0$，磁媒质 2 为铁磁媒质，即 $\mu_2\to\infty$，载流导线置于空气中，且方向与分界面平行，则由式(4－83）和式(4－84）得

$$I'=\frac{\mu_2-\mu_1}{\mu_2+\mu_1}I\approx I \tag{4-85}$$

$$I''=\frac{2\mu_1}{\mu_2+\mu_1}I\approx 0 \tag{4-86}$$

由此可知，铁磁媒质内的磁场强度处处为零，但磁感应强度不为零。

（2）设磁媒质 1 为铁磁媒质，即 $\mu_1\to\infty$，磁媒质 2 为空气，即 $\mu_2=\mu_0$，载流导线置于铁磁媒质中，且方向与分界面平行，则由式(4－83）和式(4－84）得

$$I'=\frac{\mu_2-\mu_1}{\mu_2+\mu_1}I\approx -I \qquad (4-87)$$

$$I''=\frac{2\mu_1}{\mu_2+\mu_1}I\approx 2I \qquad (4-88)$$

由此可知，若电流分布相同，则空气中的磁感应强度与铁磁媒质不存在时（整个空间充满空气时）相比增大了一倍。

4.4.3　标量磁位

矢量磁位适用于恒定磁场中的任意区域，但是矢量计算比较复杂，为了便于计算，能否在一定条件下，在恒定磁场中引入一个类似于静电场的标量位函数呢？

在静电场中，由于$\nabla\times\boldsymbol{E}=0$，因此可引入标量电位函数$\varphi(x,y,z)$表征静电场的特性，且$\boldsymbol{E}=-\nabla\varphi$，从而得到关于$\varphi$的泊松方程和拉普拉斯方程。恒定磁场的基本方程之一是$\nabla\times\boldsymbol{H}=\boldsymbol{J}$，与静电场有本质区别，它是一个有旋场。因此，从一般意义上来说，不能通过一个标量位函数表征恒定磁场。

对于无电流（$\boldsymbol{J}=0$）区域，有$\nabla\times\boldsymbol{H}=0$，可以有条件地定义标量磁位，设

$$\boldsymbol{H}=-\nabla\varphi_m \qquad (4-89)$$

式中，φ_m为标量磁位，单位是安培（A）。

与标量电位相似，标量磁位相等的各点形成的曲面称为等磁位面，它的方程为

$$\varphi_m(x,y,z)=\text{常量} \qquad (4-90)$$

可知，等磁位面应与$\boldsymbol{H}$线处处正交。

静电场的电位的物理意义是移动单位正电荷电场力所做的功。在磁场中，标量磁位没有物理意义，与磁场力做功无关。引入标量磁位只是为了简化磁场的计算。在磁性材料与磁路问题的讨论与分析中，标量磁位得到了广泛应用。

仿照静电场，以Q点为参考点，标量磁位可通过磁场强度的线积分得到

$$\varphi_m=\int_P^Q \boldsymbol{H}\cdot \mathrm{d}\boldsymbol{l} \qquad (4-91)$$

磁场中两点间的磁压定义为

$$U_{m_{AB}}=\int_A^B \boldsymbol{H}\cdot \mathrm{d}\boldsymbol{l}=-\int_{\varphi_{m_A}}^{\varphi_{m_B}}\mathrm{d}\varphi_m=\varphi_{m_A}-\varphi_{m_B} \qquad (4-92)$$

磁压的定义与电压的定义相似，但有本质区别。在静电场中，两点间的电压只与这两点的位置有关，与积分路径无关。也就是说，一旦场中位置确定，该点的电位值就是确定的，电位值具有单一性。在磁场中，标量磁位具有多值性，两点间的磁压随积分路径而变。如图4-8所示，取一个围绕电流的闭合路径$AlBmA$来求$\boldsymbol{H}$的线积分，根据安培环路定律，有$\oint_{AlBmA}\boldsymbol{H}\cdot \mathrm{d}\boldsymbol{l}=I$，将积分路径分成两段，可以写成

$$\int_{AlB}\boldsymbol{H}\cdot \mathrm{d}\boldsymbol{l}=\int_{AmB}\boldsymbol{H}\cdot \mathrm{d}\boldsymbol{l}+I \qquad (4-93)$$

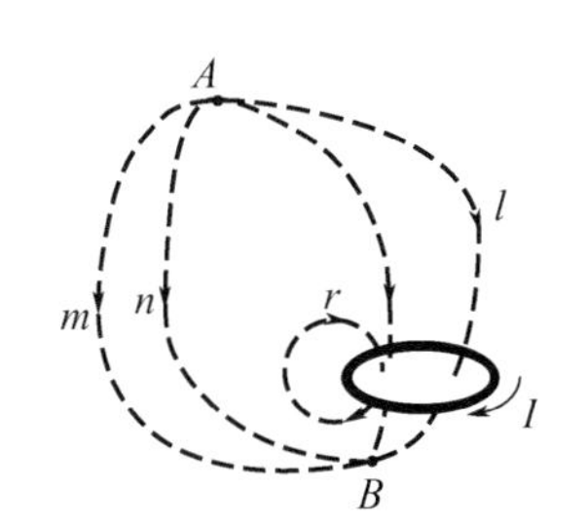

图4-8　标量磁位的线积分

若取积分回路围绕电流 k（k 是任意整数）次，则

$$\int_{AlB} \boldsymbol{H} \cdot \mathrm{d}\boldsymbol{l} = \int_{AmB} \boldsymbol{H} \cdot \mathrm{d}\boldsymbol{l} + kI \tag{4-94}$$

可见，在磁场中，标量磁位的数值随积分路径而变，相差的数值是穿过积分回路所限定面积的电流的整数倍（kI）。标量磁位的多值性对磁场计算没有影响，甚至可以作一些规定来消除标量磁位的多值性。例如，对于电流回路引起的磁场，可规定积分路径不准穿过电流回路限定的面，该面称为磁屏蔽面，磁场中各点的标量磁位就成为单值函数，磁位或磁压就与积分路径无关了。

在线性各向同性的均匀磁媒质中，标量磁位满足拉普拉斯方程。由 $\nabla \cdot \boldsymbol{B}=0$、$\boldsymbol{B}=\mu\boldsymbol{H}$ 和 $\boldsymbol{H}=-\nabla\varphi_m$ 推导得

$$\nabla^2\varphi_m = 0 \tag{4-95}$$

式(4－95）是标量磁位的拉普拉斯方程。

同理，可以得到标量磁位表示的边界条件。在两种磁媒质分界面上的无自由电流区域，可以用标量磁位表示边界条件：

$$\varphi_{m1} = \varphi_{m2} \tag{4-96}$$

$$\mu_1 \frac{\partial \varphi_{m1}}{\partial n} = \mu_2 \frac{\partial \varphi_{m2}}{\partial n} \tag{4-97}$$

标量磁位只存在于无电流区域。在有电流分布的区域，不能引用标量磁位。

4.5 电　感

小知识

最原始的电感器是法拉第于 1831 年用来发现电磁感应现象的铁芯线圈。1832 年亨利发表了关于自感应现象的论文。因此，电感的单位为亨利，简称亨。19 世纪中期，电感器在电报、电话等装置中得到实际应用。1887 年德国的赫兹、1890 年美国的特斯拉在实验中使用的电感器都是非常著名的，分别称为赫兹线圈和特斯拉线圈。

电感器一般由骨架、绕组、屏蔽罩、封装材料、磁芯或铁芯等组成，分为自感器和互感器。

(1) 自感器。由单一线圈组成的电感器称为自感器，当线圈中通过电流时，线圈的周围会产生磁场。当线圈中的电流发生变化时，其周围的磁场也发生相应的变化，变化的磁场可使线圈自身产生感应电动势，这就是自感。为增大电感值、提高品质因数、缩小体积，常加入铁磁物质制成的铁芯或磁芯。

(2) 互感器。两个电感线圈靠近时，一个电感线圈的磁场变化影响另一个电感线圈，这种影响就是互感。互感取决于电感线圈的自感与两个电感线圈耦合的程度，利用此原理制成的元件叫作互感器。

电感器在电路中主要起滤波、振荡、延迟、陷波，以及筛选信号、过滤噪声、稳定电流、抑制电磁波干扰等作用。电感在电路中的作用就是与电容组成 LC 滤波电路。电容具有“阻直流，通交流”的特性，而电感具有“通直流，阻交流”的功能。频率越大，

线圈阻抗越大。因此，电感器的主要功能是对交流信号进行隔离、滤波，或与电容器、电阻器等组成谐振电路。

电感器又称扼流器、电抗器，是能够把电能转换为磁能并储存起来的元件。电感器的结构类似于变压器，但只有一个绕组。电感器具有一定的电感，只阻碍电流的变化。在没有电流通过的状态下，当电感器电路接通时，试图阻碍电流流过；在有电流通过的状态下，当电感器电路断开时，试图维持电流不变。

当一个导体回路中的电流随时间变化时，此回路中产生感应电动势，这种现象称为自感现象。如果在空间中有多个导体回路，当其中一个回路的电流随时间变化时，则在其他回路产生感应电动势，称为互感现象。法拉第从实验中总结出电磁感应定律，而自感和互感现象都是电磁感应现象。

4.5.1 自感与互感

由毕奥-萨伐尔定律可知，线性介质中的单个电流回路产生的磁感应强度 $\boldsymbol{B}$ 与回路电流 I 成正比，而由磁通的定义式 $\Phi=\int_S \boldsymbol{B}\cdot\mathrm{d}\boldsymbol{S}$ 可知，穿过回路的磁通 Φ 与回路电流 I 成正比。与回路电流 I 交链的磁通 Φ 称为回路电流 I 的磁通链，简称磁链，用 Ψ 表示。磁链与回路电流 I 成正比，令 Ψ 与 I 的比值为 L，即

$$L=\frac{\Psi}{I} \tag{4-98}$$

式中，L 为回路的电感，单位为亨利（H）。

由该定义可知，电感可理解为与单位电流交链的磁通链。在线性介质中，单个回路的电感仅与回路的形状及尺寸有关，与回路中的电流无关。磁通链与磁通不同，磁通链是指与电流交链的磁通。

对于由 N 匝回路组成的环形线圈，由于穿过线圈的磁通 Φ 与线圈中的电流 I 交链 N 次，$\Psi=N\Phi$（N 为大于 1 的正整数），因此由 N 匝回路组成的线圈的电感

$$L=\frac{\Psi}{I}=\frac{N\Phi}{I} \tag{4-99}$$

若与部分电流交链，则磁链小于磁通，$\Psi=N\Phi$（N 为小于 1 的正数）。磁通与回路部分电流交链的情况会在后面具体讲述。

若有两个电流回路，如图 4-9 所示，与回路电流 I_1 交链的磁通链由两部分磁通形成，一是 I_1 本身产生的磁通形成的磁通链 Ψ_{11}，二是电流 I_2 在回路 l_1 中产生的磁通形成的磁通链 Ψ_{12}。

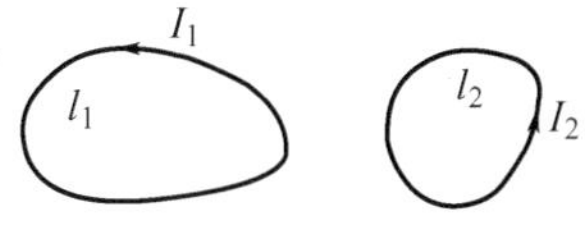

图 4-9 两个电流回路

同理，与回路电流 I_2 交链的磁通链由本身产生的磁通链 Ψ_{22} 和电流 I_1 在回路 l_2 中产生的磁通链 Ψ_{21} 共同形成。那么，穿过回路的总磁通分别为

$$\Psi_1=\Psi_{11}+\Psi_{12} \tag{4-100}$$

$$\Psi_2=\Psi_{21}+\Psi_{22} \tag{4-101}$$

若周围介质是线性的，则比值 $\frac{\Psi_{11}}{I_1}$、$\frac{\Psi_{12}}{I_2}$、$\frac{\Psi_{22}}{I_2}$、$\frac{\Psi_{21}}{I_1}$ 均为常数，令

$$L_{11}=\frac{\Psi_{11}}{I_1} \tag{4-102}$$

$$M_{12}=\frac{\Psi_{12}}{I_2} \tag{4-103}$$

式中，L_{11}为回路 l_1 的自感；M_{12}为回路 l_2 对 l_1 的互感。

同理可得

$$L_{22}=\frac{\Psi_{22}}{I_2} \tag{4-104}$$

$$M_{21}=\frac{\Psi_{21}}{I_1} \tag{4-105}$$

式中，L_{22}为回路 l_2 的自感；M_{21}为回路 l_1 对 l_2 的互感。

综上可知，自感为与单位电流交链的自感磁链数，互感为与单位电流交链的互感磁链数。

将参数 L_{11}、L_{22}、M_{12}、M_{21}代入式(4-100) 和式(4-101)，得

$$\Psi_1=L_{11}I_1+M_{12}I_2 \tag{4-106}$$

$$\Psi_2=M_{21}I_1+L_{22}I_2 \tag{4-107}$$

可以证明，在线性均匀介质中，

$$M_{12}=M_{21} \tag{4-108}$$

互感除了与回路的形状及尺寸有关外，还与回路的相互位置有关。若两个互感线圈处处垂直，则 $M_{12}=M_{21}=0$；若处处平行，则 M 达到最大值。因此在实际电子设备中，若要增强两个线圈之间的耦合，则平行放置；若要避免两个线圈相互耦合，则垂直放置。此外，互感可正可负，其正负取决于两个线圈的电流方向；但自感一定为正值。若互磁通与原磁通方向相同，则磁通链增大，互感为正值；若互磁通与原磁通方向相反，则磁通链减小，互感为负值。

4.5.2 内自感与外自感

由载流导体产生的与自身交链的磁通中，一部分与整个导体电流交链，称为外磁通 Φ_o，相应的磁链为外磁链 Ψ_o；另一部分磁通在导体内部，或者说与部分导体电流交链，称为内磁通 Φ_i，仅交链部分导体电流，相应的磁链为内磁链 Ψ_i。

导体的自感包括内自感和外自感，可表示为

$$L=\frac{\Psi}{I}=\frac{\Psi_o}{I}+\frac{\Psi_i}{I}=L_o+L_i \tag{4-109}$$

计算内自感时，可用下列公式：

$$L_i=\frac{1}{I}\int \mathrm{d}\Psi_i=\frac{1}{I}\int\left(\frac{I'}{I}\right)\mathrm{d}\Phi_i \tag{4-110}$$

式中，I 为导体中的全部电流，即一匝线圈的电流；I'为与元磁通交链的电流。

元磁链和元磁通的关系为

$$\mathrm{d}\Psi_i=n\mathrm{d}\Phi_i \tag{4-111}$$

此为磁通与回路部分电流交链的情况，其中 $n=\dfrac{I'}{I}<1$。

例 4－5　设半径为 R 的长直圆柱导体内有均匀分布的电流，截面如图 4－10 所示，试求导体的内自感。

解　导体材料一般是金属铜，磁导率近似为 μ_0。在圆柱导体内部（$r<R$ 处）有

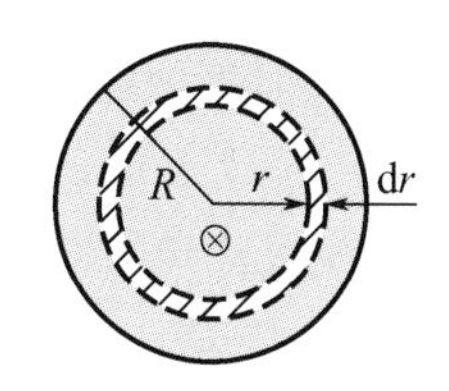

图 4－10　长直圆柱导体截面

$$\oint_l \boldsymbol{B}_i \cdot \mathrm{d}\boldsymbol{l}=\mu_0 I' \tag{4-112}$$

$$B_i \cdot 2\pi r=\mu_0 \frac{I}{\pi R^2}\pi r^2 \tag{4-113}$$

$$B_i=\frac{\mu_0 I r}{2\pi R^2} \tag{4-114}$$

则穿过轴向长度为 l、宽为 $\mathrm{d}r$ 构成的矩形元面积 $l\mathrm{d}r$ 上的元磁通

$$\mathrm{d}\Phi_i=B_i\mathrm{d}S=\frac{\mu_0 I r}{2\pi R^2}l\mathrm{d}r \tag{4-115}$$

与 $\mathrm{d}\Phi_i$ 交链的电流

$$I'=\frac{I}{\pi R^2}\pi r^2=\left(\frac{r^2}{R^2}\right)I \tag{4-116}$$

与 $\mathrm{d}\Psi_i$ 相应的元磁链

$$\mathrm{d}\Psi_i=\frac{I'}{I}\mathrm{d}\Phi_i=\frac{\mu_0 I r^3}{2\pi R^4}l\mathrm{d}r \tag{4-117}$$

导体中的自感内磁链总量

$$\Psi_i=\int \mathrm{d}\Psi_i=\int_0^R \frac{\mu_0 I r^3}{2\pi R^4}l\mathrm{d}r=\frac{\mu_0 I l}{8\pi} \tag{4-118}$$

所以导体的内自感

$$L_i=\frac{\Psi_i}{I}=\frac{\mu_0 l}{8\pi} \tag{4-119}$$

内自感仅与导体的长度有关，与半径无关。

例 4－6　计算载有直流电流的同轴线单位长度的电感。设同轴线的内导体半径为 a，外导体内半径为 b，外半径为 c，如图 4－11（a）所示。

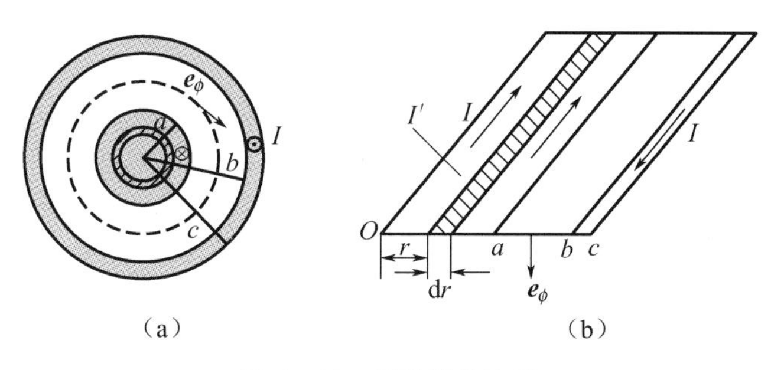

图 4－11　同轴线的电感

解　内、外导体之间是空气或者聚乙烯等，磁导率为 μ_0；内导体和外导体材料一般是金属铜，磁导率也为 μ_0。

在同轴线中取单位长度，沿长度方向形成一个矩形回路，内边宽度为 a，外边宽度为 $c-b$，如图 4－11（b）所示。内、外导体中的电流大小相等、方向相反。同轴线单位长

度的电感定义为

$$L=\frac{\Psi}{I} \tag{4-120}$$

式中，I 为同轴线中的电流；Ψ 为单位长度内与电流 I 交链的全部磁链。由图 4－11（a）可知，与电流 I 交链的磁链由三部分形成：外导体中的磁链，内、外导体之间的磁链，内导体中的磁链。由于外导体通常很薄，因此穿过其中的磁链可以忽略不计。

由例 4－5 的结论可知，圆柱内导体的内自感 $L_i=\frac{\Psi_i}{I}=\frac{\mu_0 l}{8\pi}$，则单位长度内导体中的内磁链

$$\Psi_i=\frac{\mu_0 I}{8\pi} \tag{4-121}$$

内、外导体之间的磁感应强度

$$\boldsymbol{B}_o=\frac{\mu_0 I}{2\pi r}\boldsymbol{e}_\phi \tag{4-122}$$

该磁场形成的磁通称为外磁通，用 Φ_o 表示，则单位长度内的外磁通

$$\Phi_o=\int_S \boldsymbol{B}_o\cdot \mathrm{d}\boldsymbol{S}=\int_a^b \boldsymbol{B}_o\cdot \boldsymbol{e}_\phi l\,\mathrm{d}r=\int_a^b \boldsymbol{B}_o\,\mathrm{d}r=\frac{\mu_0 I}{2\pi}\ln\left(\frac{b}{a}\right) \tag{4-123}$$

外磁通与电流 I 完全交链，外磁通与外磁链相等，可得内、外导体间的磁链

$$\Psi_o=\frac{\mu_0 I}{2\pi}\ln\left(\frac{b}{a}\right) \tag{4-124}$$

由式(4－121）和式(4－124）求得与总电流 I 交链的总磁链为 $\Psi_i+\Psi_o$。同轴线单位长度的电感

$$L=\frac{\Psi_i+\Psi_o}{I}=\frac{\mu_0}{8\pi}+\frac{\mu_0}{2\pi}\ln\left(\frac{b}{a}\right) \tag{4-125}$$

4.6　磁场能量与磁场力

4.6.1　磁场能量与磁链的关系

1. 两个电流回路的磁场能量

载流回路系统储存的能量是在电流和磁场建立过程中，由外源做功转换而来的。假设在各向同性、线性磁媒质中，电流和磁场的建立过程是缓慢进行的，没有电磁能量的辐射和其他损耗，那么外源做功全部转换成磁场能量并储存在磁场中。下面推导载流回路系统磁场能量的计算公式，先考虑两个电流回路的情况。

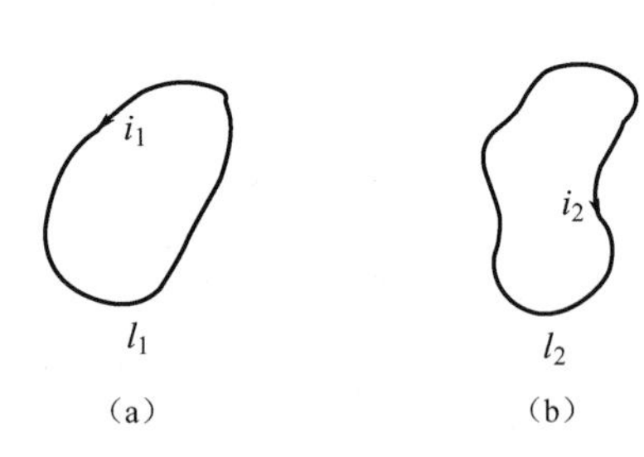

图 4－12　真空中的两个电流回路

图 4－12 所示为真空中的两个电流回路 l_1 与 l_2，它们的电流 i_1 与 i_2 将由零逐渐增大到 I_1 与 I_2。我们按以下过程建立磁场：第一步，维持 i_2 为零，使 i_1 由零增大到 I_1；第二步，维持 I_1 不变，使 i_2 由零增大到 I_2。

第一步：i_1 有增量 $\mathrm{d}i_1$ 时，周围磁场有所改变，l_1

和 l_2 两个电流回路的磁链分别有增量 $d\Psi_{11}$ 和 $d\Psi_{21}$，两个电流回路中分别有感应电动势 $e_1=-d\Psi_{11}/dt$ 和 $e_2=-d\Psi_{21}/dt$。要使 i_1 在 dt 时间内改变 di_1，必须在回路 l_1 中加电压 $-e_1$，且在回路 l_2 中加电压 $-e_2$ 以维持 i_2 为零。因此，在 dt 时间内，外源需做功

$$dW_1=-e_1 i_1 dt=i_1 d\Psi_{11}=L_1 i_1 di_1 \tag{4-126}$$

由于回路 l_2 中的电流维持为零，因此无须对回路 l_2 做功。可见，使电流 i_1 由零增大到 I_1，外源做功

$$W_1=\int dW_1=\int_0^{I_1} L_1 i_1 di_1=\frac{1}{2}L_1 I_1^2 \tag{4-127}$$

第二步：维持电流 I_1 不变，使 i_2 在 dt 时间内增大 di_2，则两个电流回路的磁链分别有增量 $d\Psi_{12}$ 和 $d\Psi_{22}$，在两个电流回路中分别有感应电动势 $e_1=-\frac{d\Psi_{12}}{dt}$ 和 $e_2=-\frac{d\Psi_{22}}{dt}$，在 dt 时间内两个电流回路需做的功分别为

$$dW_{12}=-e_1 I_1 dt=+I_1 d\Psi_{12}=+MI_1 di_2 \tag{4-128}$$

$$dW_2=-e_2 i_2 dt=+i_2 d\Psi_{22}=+L_2 i_2 di_2 \tag{4-129}$$

I_1 不变，使 i_2 由零增大到 I_2，外源需做的总功为

$$W_{12}+W_2=\int dW_{12}+\int dW_2=MI_1\int_0^{I_2} di_2+L_2\int_0^{I_2} i_2 di_2=MI_1 I_2+\frac{1}{2}L_2 I_2^2 \tag{4-130}$$

由于外源提供的能量全部转换为磁场能量，因此建立整个回路系统所需的功应为式(4－127)和式(4－130）之和，即

$$W_m=W_1+W_{12}+W_2=\frac{1}{2}L_1 I_1^2+MI_1 I_2+\frac{1}{2}L_2 I_2^2 \tag{4-131}$$

W_m 就是两个电流回路系统储存的磁场能量，其中 $\frac{1}{2}L_1 I_1^2$ 和 $\frac{1}{2}L_2 I_2^2$ 分别称为第 1 号载流回路和第 2 号载流回路的自有能，$MI_1 I_2$ 是两个回路的相互作用能。即与自感和自身电流有关的项称为自有能，与互感和两个回路电流都有关的项称为相互作用能。

式(4－131）还可改写成

$$\begin{aligned}W_m&=\frac{1}{2}(L_1 I_1+MI_2)I_1+\frac{1}{2}(MI_1+L_2 I_2)I_2\\&=\frac{1}{2}I_1\Psi_1+\frac{1}{2}I_2\Psi_2=\frac{1}{2}\sum_{k=1}^{2}I_k\Psi_k\end{aligned} \tag{4-132}$$

2. 多个电流回路的磁场能量

由两个电流回路的磁场能量推知 n 个电流回路构成的系统的磁场能量

$$W_m=\frac{1}{2}\sum_{k=1}^{n}I_k\Psi_k \tag{4-133}$$

4.6.2　磁场能量与基本场量间的关系

前面由与载流回路相关的电流和磁链给出了关于磁场能量的计算公式。由于能量是场的基本属性之一，可知磁场能量分布于整个场域空间，因此可以通过能量分布密度的体积分计算磁场能量，即寻求磁场能量与场量的关系。在 n 个电流回路（假设都是单匝

的）的磁场中，第 k 号回路的磁链可表示成

$$\Psi_k=\int_{S_k}\boldsymbol{B}\cdot \mathrm{d}\boldsymbol{S}=\oint_{l_k}\boldsymbol{A}\cdot \mathrm{d}\boldsymbol{l} \tag{4-134}$$

将式(4-134)代入式(4-133)，可得磁场能量

$$W_m=\frac{1}{2}\sum_{k=1}^{n}\oint_{l_k}I_k\boldsymbol{A}\cdot \mathrm{d}\boldsymbol{l} \tag{4-135}$$

要得到更一般的表达式，可设电流不是限制在线形导体内的，而是分布在导电介质内的，即用 $\boldsymbol{J}\mathrm{d}V$ 代替 $I\mathrm{d}l$，从而式(4-135)可写成

$$W_m=\frac{1}{2}\int_V\boldsymbol{A}\cdot\boldsymbol{J}\mathrm{d}V \tag{4-136}$$

体积分的积分区域 V 为磁场所在的全部区域。

还可以变换式(4-136)，考虑到 $\boldsymbol{J}=\nabla\times\boldsymbol{H}$，可写成

$$W_m=\frac{1}{2}\int_V\boldsymbol{A}\cdot\nabla\times\boldsymbol{H}\mathrm{d}V \tag{4-137}$$

应用矢量恒等式，式(4-137)中的被积函数可写成

$$\boldsymbol{A}\cdot\nabla\times\boldsymbol{H}=\nabla\cdot(\boldsymbol{H}\times\boldsymbol{A})+\boldsymbol{H}\cdot\nabla\times\boldsymbol{A} \tag{4-138}$$

式(4-137)成为

$$W_m=\frac{1}{2}\int_V\nabla\cdot(\boldsymbol{H}\times\boldsymbol{A})\mathrm{d}V+\frac{1}{2}\int_V\boldsymbol{H}\cdot\nabla\times\boldsymbol{A}\mathrm{d}V \tag{4-139}$$

再应用散度定理以及 $\boldsymbol{B}$ 与 $\boldsymbol{A}$ 之间的关系，得

$$W_m=\frac{1}{2}\oint_S\boldsymbol{H}\times\boldsymbol{A}\cdot\mathrm{d}S+\frac{1}{2}\int_V\boldsymbol{H}\cdot\boldsymbol{B}\mathrm{d}V \tag{4-140}$$

式中，等式右边第一项中的闭合面 S 包围整个体积 V，从而 $\boldsymbol{H}$ 随 $1/r^2$ 而变，$\boldsymbol{A}$ 随 $1/r$ 而变，面积 S 随 r^2 而变，当 $r\to\infty$ 时，第一项的闭合面积分应等于零，因而

$$W_m=\frac{1}{2}\int_V\boldsymbol{H}\cdot\boldsymbol{B}\mathrm{d}V \tag{4-141}$$

由式(4-141)得出磁场能量的体密度

$$w_m=\frac{1}{2}\boldsymbol{H}\cdot\boldsymbol{B} \tag{4-142}$$

对于各向同性的线性磁介质，式(4-142)还可写成

$$w_m=\frac{1}{2}\mu H^2=\frac{B^2}{2\mu} \tag{4-143}$$

4.6.3 磁场能量和自感的关系

在单一回路的情况下，磁场能量可表示成

$$W_m=\frac{1}{2}LI^2 \tag{4-144}$$

因此，可通过磁场能量求得自感

$$L=\frac{2W_m}{I^2} \tag{4-145}$$

例 4-7 利用磁场能量求长度为 l、截面半径为 R（$l\gg R$）的导线内自感。

解　根据前面的分析，在导线内离轴线 r 处的磁场强度 $H=\frac{I}{2\pi R^2}r$，导线内的磁场能量为

$$W_i=\frac{1}{2}\mu_0\int_V \boldsymbol{H}^2\mathrm{d}V=\frac{1}{2}\mu_0\ \frac{I^2 l}{4\pi^2 R^4}\int_0^R r^2 2\pi r\mathrm{d}r \\ =\mu_0\ \frac{I^2 l}{16\pi} \tag{4-146}$$

代入式(4-145) 得

$$L_i=\frac{2W_i}{I^2}=\frac{\mu_0 l}{8\pi} \tag{4-147}$$

由此可见，通过磁场能量求得的导体内自感与通过内自感的定义和内磁链求得的内自感，结果相同。

4.6.4　磁场力

孤立的载流回路、载流回路之间、磁铁之间、电流与磁铁之间都会出现磁场力。原则上说，磁场力都可归结为磁场作用于元电流的力。如磁场作用于元电流段 $I\mathrm{d}\boldsymbol{l}$ 的力为 $\mathrm{d}\boldsymbol{f}=I\mathrm{d}\boldsymbol{l}\times\boldsymbol{B}$，磁场作用于整个载流回路的力为 $\boldsymbol{f}=\oint_L I\mathrm{d}\boldsymbol{l}\times\boldsymbol{B}$，但需要用矢量积分式计算，通常很复杂。

如果能像静电场中讨论的那样，应用磁场能量和虚位移法求磁场力，则在求解很多问题时可以简化计算。

考虑包含 n 个载流回路的系统，设它们分别与电压为 U_1，U_2，…，U_n 的外源相连，且分别通有电流 I_1，I_2，…，I_n。假设除了第 k 号回路外，其余都固定不动，且回路 k 仅有一个广义坐标 g 发生变化，则系统中的功能平衡方程为

$$\mathrm{d}W=\mathrm{d}_g W_m+f\mathrm{d}g \tag{4-148}$$

即所有电源提供的能量等于磁场能量的增量加上磁场力所做的功。式(4-148) 中的 $\mathrm{d}W$ 可表示成

$$\mathrm{d}W=\sum_{k=1}^{n} I_k\mathrm{d}\Psi_k \tag{4-149}$$

下面分别讨论两种情况。

1. 常电流系统

假设各回路中的电流保持不变，即 $I_k=$常量，根据式(4-133) 有

$$\mathrm{d}_g W_m\big|_{I_k=\text{常量}}=\frac{1}{2}\sum_{k=1}^{n} I_k\mathrm{d}\Psi_k \tag{4-150}$$

可见 $\mathrm{d}_g W_m\big|_{I_k=\text{常量}}=\frac{1}{2}\mathrm{d}W$，外源提供的能量中，一半作为磁场能量的增量，另一半用于做机械功，即

$$f\mathrm{d}g=\mathrm{d}_g W_m\big|_{I_k=\text{常量}} \tag{4-151}$$

由此得广义力

$$f=\frac{\mathrm{d}_g W_m}{\mathrm{d}g}\bigg|_{I_k=\text{常量}}=+\frac{\partial W_m}{\partial g}\bigg|_{I_k=\text{常量}} \tag{4-152}$$

2. 常磁链系统

假设与各回路交链的磁链保持不变，即 $\Psi_k=$常量，$\mathrm{d}\Psi_k=0$，则 $\mathrm{d}W$ 也为零，即外源提供的能量为零。根据式(4-148)有

$$f\mathrm{d}g=-\mathrm{d}_g W_m\big|_{\Psi_k=\text{常量}} \tag{4-153}$$

由此得广义力

$$f=-\frac{\mathrm{d}_g W_m}{\mathrm{d}g}\bigg|_{\Psi_k=\text{常量}}=-\frac{\partial W_m}{\partial g}\bigg|_{\Psi_k=\text{常量}} \tag{4-154}$$

此时，磁场力做功所需的能量来源于系统内磁场能量的减小量。

用虚位移法求得的磁场力是假想磁场力使某个电流回路在某广义坐标方向上产生了微小位移 $\mathrm{d}g$，由虚拟做功来求解磁场力。但实际上，电流回路静止不动，磁场力并没有做功，或者说做功是虚假的。这种求解静止状态下磁场力的方法称为虚功原理。虽然式(4-152)和式(4-154)的前提条件不同，但计算结果相同，即

$$f=-\frac{\partial W_m}{\partial g}\bigg|_{\Psi_k=\text{常量}}=+\frac{\partial W_m}{\partial g}\bigg|_{I_k=\text{常量}} \tag{4-155}$$

在实际问题中，有时要求计算某个系统中的相互作用力，只要写出它们相互作用能的表达式，再求偏导数即可。

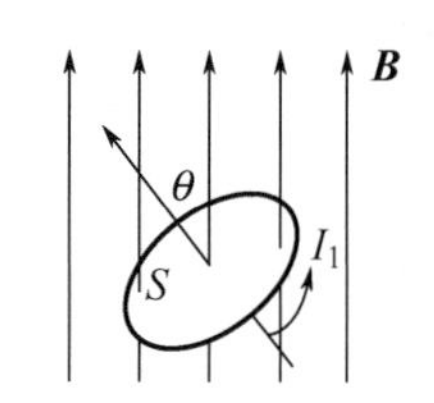

图 4-13 均匀外磁场中的载流线圈

例 4-8 如图 4-13 所示，均匀外磁场 $\boldsymbol{B}$ 中有一个载流线圈，设线圈中的电流为 I_1，线圈的面积为 S，其法线方向与外磁场 $\boldsymbol{B}$ 的夹角为 θ。求载流线圈在均匀外磁场中受到的力矩。

解 假设外磁场 $\boldsymbol{B}$ 由电流 I_2 产生，则电流 I_1 和 I_2 组成系统的相互作用能为

$$W_{m_m}=MI_1I_2=I_1\Psi_{12}=I_1BS\cos\theta \tag{4-156}$$

所求力矩为

$$T=\frac{\partial W_{m_m}}{\partial\theta}\bigg|_{I_1=\text{常量}}=-BSI_1\sin\theta=-Bm\sin\theta \tag{4-157}$$

式中，$\boldsymbol{m}$ 为载流回路的磁矩，$\boldsymbol{m}=I_1\boldsymbol{S}$；负号表示此力矩企图使夹角 θ 减小。如用矢量表示，应为

$$\boldsymbol{T}=\boldsymbol{m}\times\boldsymbol{B} \tag{4-158}$$

可见，载流回路所受力矩的作用趋势是使该回路包围尽可能多的磁通。本例的结果完全适用于磁偶极子。

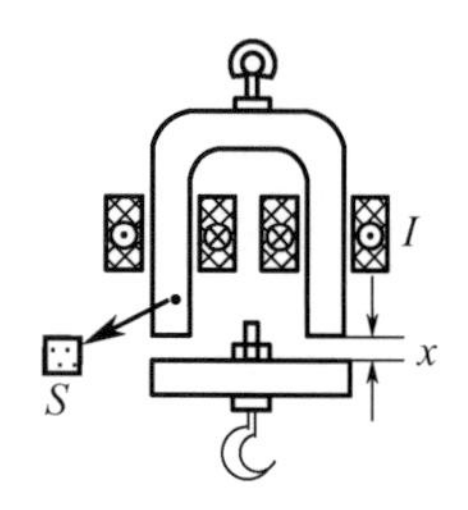

图 4-14 电磁铁

例 4-9 如图 4-14 所示的电磁铁，设衔铁与磁极之间有长度为 x 的小气隙，且气隙中的磁场均匀分布。求电磁铁吸引衔铁的起重力。

解 由于电磁铁的铁芯内部磁场强度很小，铁芯中的磁场能量远小于空气隙中的部分，因此铁芯中的磁场能量可以忽略不计。因为气隙中的磁场均匀分布，所以每个气隙中的磁场能量

$$W_m=\frac{B^2}{2\mu_0}Sx=\frac{\Phi^2}{2\mu_0 S}x \tag{4-159}$$

由虚位移法求得每个磁极上的力

$$f=-\frac{\partial W_m}{\partial x}\bigg|_{\Phi=\text{常量}}=-\frac{\Phi^2}{2\mu_0 S} \tag{4-160}$$

式中，负号表示该力有使气隙减小的趋势，所以起重力的方向向上。因为U形磁铁有两个气隙，所以电磁铁的起重力

$$F=2f=\frac{\Phi^2}{\mu_0 S}=\frac{B^2 S}{\mu_0} \tag{4-161}$$

每单位面积的力

$$f'=\frac{f}{S}=\frac{1}{2}\frac{B^2}{\mu_0}=\frac{1}{2}\mu_0 H^2 \tag{4-162}$$

小知识

电磁铁是可以通电流产生电磁力的器件，属于非永久磁铁，可以很容易地通过控制电流启动或消除磁性。如大型起重机利用电磁铁抬起废弃车辆，其原理是在通电螺线管内部插入铁芯，铁芯被通电螺线管的磁场磁化。磁化后的铁芯变成了一个磁体，由于两个磁场叠加，因此螺线管的磁性大大增强。

为了使电磁铁的磁性更强，通常将铁芯制成蹄形。但要注意蹄形铁芯上线圈的绕向相反，一边绕向为顺时针，另一边绕向为逆时针。如果线圈绕向相同，则两线圈对铁芯的磁化作用相互抵消，铁芯不显磁性。电磁铁的铁芯用软铁制作，不能用钢制作。因为钢一旦被磁化，就会长期保持磁性，不能退磁，其磁性强度不能用电流控制，从而失去电磁铁应有的优点。

本章小结

本章讨论了真空中和介质中的恒定磁场，推导出磁感应强度和磁场强度的求解方法，根据磁通连续性原理和安培环路定律，由磁场的通量和环量给出真空中和介质中的恒定磁场满足的基本方程，得出恒定磁场是无源有旋场；讨论了介质在恒定磁场的作用下发生的磁化现象，以及恒定磁场的边界条件；介绍了矢量磁位和标量磁位的定义及满足的方程；讨论了电感及磁场能量的计算方法；介绍了由磁场能量求磁场力的虚位移法。

本章重点是根据电流分布求解磁场的分布、恒定磁场的基本方程及其边界条件、磁场能量和电感的计算。

习　题　4

一、选择题

4-1　恒定磁场是（　　）的场。

A. 有源、有旋　　B. 有源、无旋　　C. 无源、有旋　　D. 无源、无旋

4-2　磁偶极矩为 $\boldsymbol{m}$ 的磁针置于磁场 $\boldsymbol{B}$ 中，所受到的转矩 $\boldsymbol{T}=$（　　）。

A. $\boldsymbol{m}\cdot\boldsymbol{B}$　　B. $\boldsymbol{B}\cdot\boldsymbol{m}$　　C. $\boldsymbol{m}\times\boldsymbol{B}$　　D. $\boldsymbol{B}\times\boldsymbol{m}$

4-3 磁导率为μ、长度为L、半径为R的长直圆导线的内自感为（　　）。

A. $\mu R/8\pi$　　B. $\mu L/8\pi$　　C. $\mu R/4\pi$　　D. $\mu L/4\pi$

4-4 磁矩为15A·m^{2}的磁针位于磁感应强度B=10T的均匀磁场中，磁针承受的最大转矩为（　　）。

A. 100N·m　　B. 150N·m　　C. 75N·m　　D. 300N·m

二、填空题

4-5 真空的磁导率μ_0=________亨利/米（H/m）。

4-6 已知体积为1m^{3}的均匀磁化棒的磁矩为100A·m^2，若棒内磁感应强度$\boldsymbol{B}=\boldsymbol{e}_z 0.002$T，$\boldsymbol{e}_z$为轴线方向，则棒内磁场强度=________A/m。

4-7 系统磁场能量为W_m，用虚位移法求广义坐标g对应的磁场力，常磁链系统的磁场力为________，常电流系统的磁场力为________。

三、简答与计算题

4-8 满足恒定磁场问题解的唯一性定理的三不变条件是什么？

4-9 已知边长为a的等边三角形的回路电流I，周围介质为真空，如题4-9图所示。试求回路中心点的磁感应强度。

4-10 两条半无限长直导线与一个半圆环导线形成电流回路，如题4-10图所示。设圆环半径r=10cm，电流I=5A，求半圆环圆心处的磁感应强度。

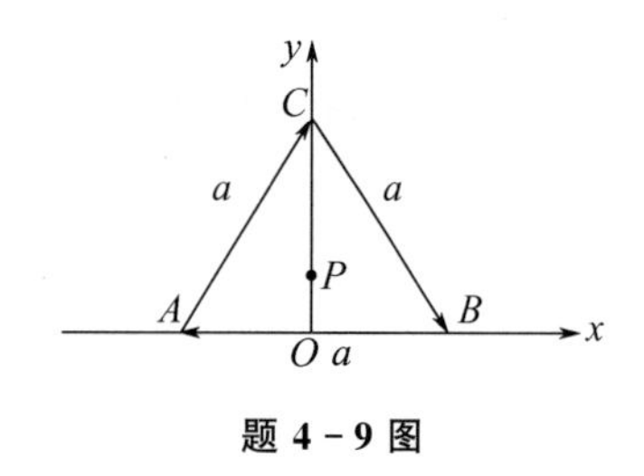

题4-9图

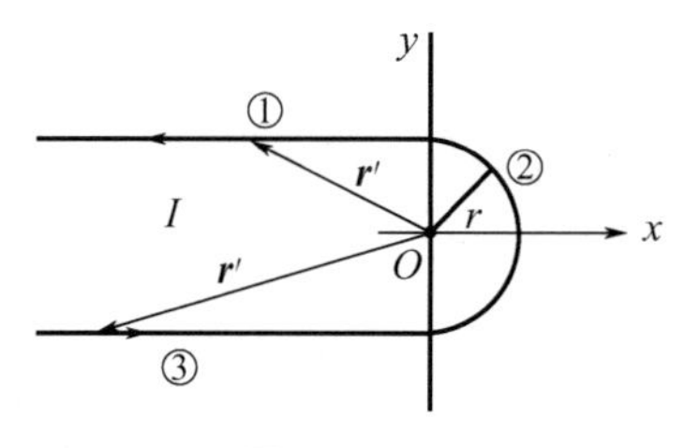

题4-10图

4-11 若在$y=-a$处放置无限长线电流I，流动方向为z轴正方向；在$y=a$处放置无限长线电流$2I$，流动方向为x轴负方向，如题4-11图所示。试求坐标原点处的磁感应强度。

4-12 真空中的电流环如题4-12图所示，半径为a，电流为I。求其轴线上P点的磁感应强度及电流环中心点O处的磁感应强度。

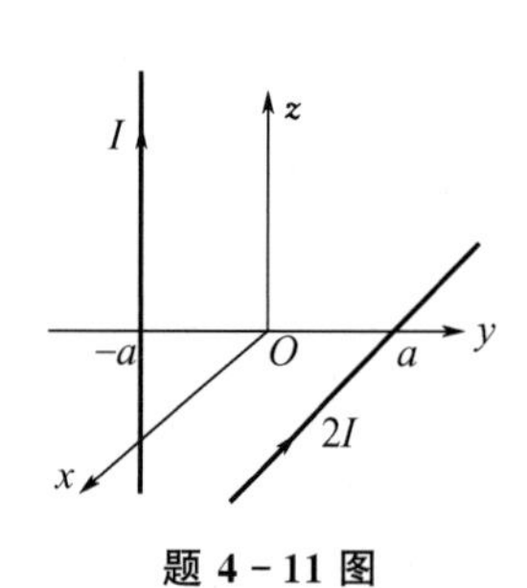

题4-11图

题4-12图

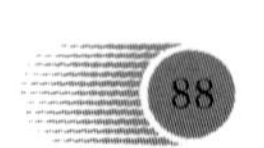

4-13　已知无限长圆柱导体半径为 a，通过的电流为 I 且均匀分布。试求圆柱内、外的磁感应强度。

4-14　若无限长的半径为 a 的圆柱中电流密度分布函数 $\boldsymbol{J}=\boldsymbol{e}_z(2r^2+3r)$，$r\leqslant a$。试求圆柱内、外的磁感应强度。

4-15　已知空间 $y<0$ 区域为磁性介质，其相对磁导率 $\mu_r=4000$，$y>0$ 区域为空气。试求：(1) 当空气中的磁感应强度 $\boldsymbol{B}_0=\boldsymbol{e}_x0.2-\boldsymbol{e}_y5(\text{mT})$ 时，磁性介质中的磁感应强度 $\boldsymbol{B}$；(2) 当磁性介质中的磁感应强度 $\boldsymbol{B}=\boldsymbol{e}_x20+\boldsymbol{e}_y5(\text{mT})$ 时，空气中的磁感应强度 $\boldsymbol{B}_0$。

4-16　一个面积为 $a\times b$ 的矩形线圈位于双导线之间，如题 4-16 图所示，两导线中的电流方向始终相反，其变化规律为 $I_1=I_2=10\cos(2\pi\times10^6t)(\text{A})$。试求线圈中的感应电动势。

4-17　设带有滑条 AB 的两根平行导线的终端并联电阻 $R=0.3\Omega$，导线间距为 0.1m，如题 4-17 图所示。若正弦场 $\boldsymbol{B}=\boldsymbol{e}_z10\sin\omega t$ 垂直穿过该回路，则当滑条 AB 的位置以 $x=0.3(1-\cos\omega t)$ m 规律变化时，试求回路中的感应电流。

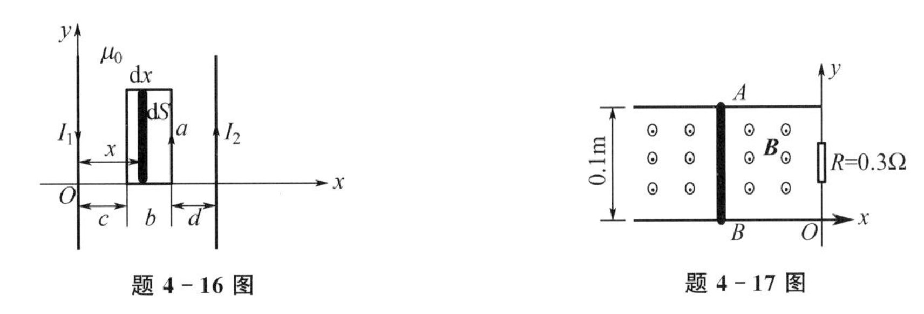

题 4-16 图　　　　题 4-17 图

4-18　已知双导线中的电流 $I_1=-I_2$，导线为非铁磁质，导线半径 a 远小于间距 d，计算双导线的单位长度的内电感与外电感。

4-19　若无限长直导线与半径为 a 的圆环导线平行放置，电流的流动方向如题 4-19 图所示，计算圆环与直导线之间的互感。

4-20　计算无限长直导线与矩形线圈之间的互感。设线圈与导线平行，周围介质为真空，如题 4-20 图所示。

题 4-19 图　　　　题 4-20 图

4-21　已知同轴线的内导体半径为 a，外导体的内、外半径分别为 b、c，内、外导体之间为空气，当通过恒定电流 I 时，计算单位长度内同轴线中的磁场能量及电感。

4-22　已知两根平行导线中的电流分别为 $I_1=20\text{A}$，$I_2=15\text{A}$，线间距 $d=15\text{cm}$，如题 4-22图所示。试求当电流 I_1 与 I_2 同向及反向时，单位长度导线之间的作用力。

4-23　同轴线的内导体是半径为 a 的圆柱，外导体是半径为 b 的薄圆柱面，其厚度可忽略不计。内、外导体间填充有磁导率分别为 μ_1 和 μ_2 的两种介质，如题 4-23 图所示。设同轴线中通过的电流为 I，试求：(1) 同轴线中单位长度储存的磁场能量；(2) 同轴线单位长度的自感。

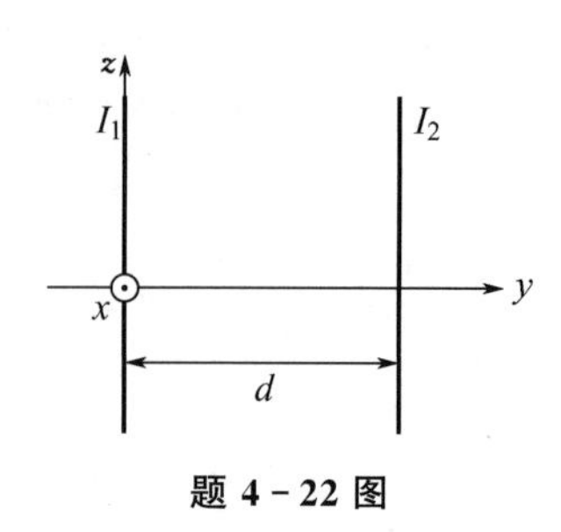

题 4-22 图

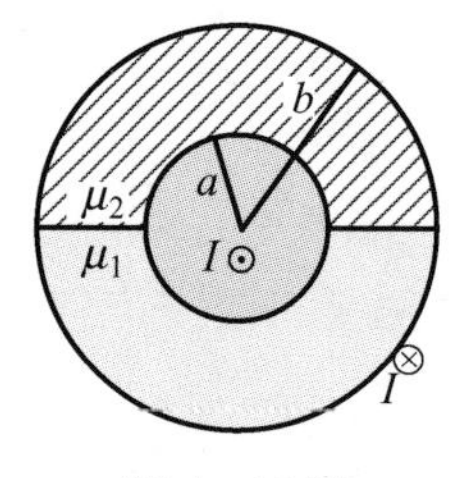

题 4-23 图

第5章 时变电磁场

在前面章节，我们了解到静止的电荷是产生静态电场的源，恒定的电流是产生静态磁场的源，并且分别建立了“场”和“源”的基本方程，它们都是空间坐标的函数，与时间没有关系。从本章开始学习时变电磁场，在时变电磁场中，电场和磁场的场量是空间和时间的函数，用电磁场的基本方程组表征电磁场的基本特性。

在时变电磁场麦克斯韦方程组的基础上，讨论空间线性、各向同性、不随时间变化的静止介质中的时变电磁场的边界条件、能量关系、能流及坡印廷定理。

本章还将讨论工程上应用较多的随时间按照正弦函数变化的时谐电磁场的相关表达式、方程及函数等。

教学目标

1. 了解电磁感应定律与全电流定律。
2. 掌握麦克斯韦方程。
3. 掌握时变电磁场的求解方法、能量关系及唯一性定理。
4. 掌握时谐电磁场的复数表示、麦克斯韦方程及坡印廷矢量的复数表示。

教学要求

知识要点	能力要求	相关知识
电磁感应定律与全电流定律	(1) 掌握法拉第电磁感应定律； (2) 掌握全电流定律	散度，旋度定理
麦克斯韦方程	掌握静态电磁场和时变电磁场的麦克斯韦方程	散度，旋度
动态矢量位和标量位	(1) 掌握动态矢量位和标量位的定义； (2) 了解达朗贝尔方程	亥姆霍兹定理

续表

知识要点	能力要求	相关知识
坡印廷定理和坡印廷矢量	(1) 掌握坡印廷定理； (2) 掌握坡印廷矢量	电磁能量守恒
时变电磁场的唯一性定理	掌握麦克斯韦方程获得唯一解必须满足的条件	麦克斯韦方程
时谐电磁场	(1) 了解时谐电磁场的复数表示； (2) 掌握时谐电磁场中麦克斯韦方程组及坡印廷矢量的复数表示； (3) 了解复电容率及复磁导率	电磁场的复数表示和瞬时表达式的转换

基本概念

法拉第电磁感应定律：当穿过导电回路所限定的面积中的磁通发生变化时，该导电回路中产生感应电动势及感应电流。

时谐电磁场：时变电磁场的场强是时间和空间的函数，如果场强的方向与时间无关，则其值以一定的角频率随时间做正弦或余弦变化。这种以一定角频率做时谐变化的电磁场称为时谐电磁场或正弦电磁场。

引例：电磁感应定律与位移电流

法拉第提出的电磁感应定律表明，磁场变化会产生电场。该电场与来源于库仑定律的电场不同，它可以推动电流在闭合导体回路中流动，即其环路积分可以不为零，成为感应电动势。现代电力设备和发电机、变压器等与电磁感应作用有紧密联系，时变电磁场中的大块导体内将产生涡流及趋肤效应。

法拉第电磁感应定律后，麦克斯韦提出了位移电流的概念，认为电位移随时间变化也会产生磁场，因此称某面积上的电通量随时间的变化率为位移电流，定义电位移矢量随时间的变化率为位移电流密度；并对安培环路定理进行了补充，除传导电流外，还补充了位移电流的作用，总结出全电流定律及著名的麦克斯韦方程，揭示了电磁场的变化规律。

5.1 电磁感应定律与全电流定律

5.1.1 法拉第电磁感应定律

电磁感应现象是由法拉第发现的，电磁感应定律表明：当穿过导电回路所限定的面积中的磁通发生变化时，该导电回路中产生感应电动势及感应电流。法拉第经过大量实验发现，感应电动势的大小和方向与磁通量随时间的变化有密切关系：感应电动势正比于磁通量对时间的变化率，其方向可由楞次定律判断。楞次定律指出：感应电动势及其

产生的电流总是试图阻止与回路交链的磁通变化。

发现故事

法拉第出生在英国萨里郡的一个贫苦家庭，家里仅能维持温饱，无法供他上学，因此法拉第读过两年小学后就被迫成为报童，随后又在订书匠的家里当学徒。其间法拉第打开了知识的“大门”，他如饥似渴地阅读各类书籍，汲取了许多自然科学方面的知识，尤其是《大英百科全书》中关于电学的文章强烈地吸引着他。他利用废旧物品进行了简单的物理实验，并在书店老顾主的帮助下，聆听了著名化学家汉弗莱·戴维的演讲。听后他深受感触，并将自己整理好的演讲记录送给汉弗莱·戴维，表明自己愿意献身科学事业。他 20 岁时，有幸成为汉弗莱·戴维的实验助手，从此开始了科学生涯。1815 年 5 月，法拉第回到伦敦皇家研究所，并且在汉弗莱·戴维的指导下取得了几项化学研究成果。1816 年，法拉第发表了第一篇科学论文。由于法拉第具有科学贡献，因此 1824 年 1 月当选伦敦皇家学会会员。1825 年 2 月，法拉第接替汉弗莱·戴维任伦敦皇家研究所实验室主任，并于同年发现苯。1821 年，法拉第从奥斯特实验中受到启发，认为假如磁铁固定，线圈就可能会运动。根据这种设想，他成功地发明了一台使用电流可以让物体运动的装置，也就是现在发电机的雏形。

人们知道静止的磁铁不会使附近的线路内产生电流。1831 年，法拉第发现，当一块磁铁穿过一个闭合线路时，线路内会产生电流，这个效应称为电磁感应，产生的电流称为感应电流。这就是著名的法拉第电磁感应定律。

如图 5－1 所示，设任意导体回路围成的曲面为 $\boldsymbol{S}$，其单位法向矢量为 $\boldsymbol{e}_n$，假设感应电动势的参考方向与该回路交链的磁通量 Φ 的参考方向遵循右手螺旋定则，则电磁感应定律可用下式完整表达：

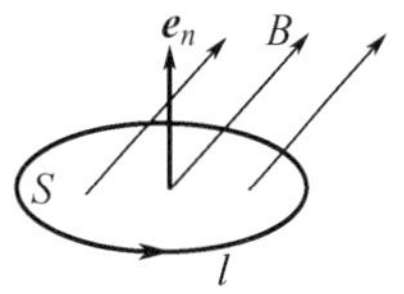

$$e_{in}=-\frac{\mathrm{d}\Phi}{\mathrm{d}t}=-\frac{\mathrm{d}}{\mathrm{d}t}\int_S \boldsymbol{B}\cdot\mathrm{d}\boldsymbol{S} \tag{5-1}$$

图 5－1　感应电动势与磁通的方向

式中，e_{in} 为回路中的感应电动势；$\boldsymbol{S}$ 为由导电回路的周界 $\boldsymbol{l}$ 限定的面积，面积的正法线方向与 $\boldsymbol{l}$ 的绕向遵循右手螺旋定则。

当磁通量发生变化时，环路中产生电流，意味着环路中存在电场，该电场不同于静电场（由电荷产生），是由回路中磁通量的变化产生的，表示为 $\boldsymbol{E}_{in}$。因此，回路中的电动势可以由沿闭合回路对电场强度的线积分获得，等效于电源对电荷所做的功（电源电动势）。因此，感应电动势

$$e_{in}=\int_C \boldsymbol{E}_{in}\cdot\mathrm{d}\boldsymbol{l}=-\frac{\mathrm{d}}{\mathrm{d}t}\int_S \boldsymbol{B}\cdot\mathrm{d}\boldsymbol{S} \tag{5-2}$$

实际上，回路中磁通量的变化可以分为如下三种情况：其一，导电回路或部分导电回路与恒定磁场有相对运动（可用构成回路的导线切割 $\boldsymbol{B}$ 线形象说明）。这种由相对运动引起的感应电势在工程上称为发电机电动势，该原理也是发电机的基本原理。其二，导电回路不运动，但与该回路交链的磁通量随时间改变，由此引起的电动势在工程上称为变压器电势。其三是上述两种情况的叠加，回路中的感应电动势应表示成两部分之和。

虽然电磁感应现象是在导电回路的情况下发现的，但感应电势与构成导电回路的材

料的电导率无关。麦克斯韦将电磁感应定律的适用范围推广到非导电回路甚至任何假想回路。回路可在介质中，也可在真空中，只要穿过由它限定面积中的磁通量发生变化，沿着该回路就产生感应电动势。换句话说，即使没有感应电流，感应电场也存在。

当回路静止时，感应电场的表达式可写为

$$\int_l \boldsymbol{E}_{in} \cdot \mathrm{d}\boldsymbol{l} = -\frac{\mathrm{d}}{\mathrm{d}t}\int_S \boldsymbol{B} \cdot \mathrm{d}\boldsymbol{S} \tag{5-3}$$

式(5-3)为法拉第电磁感应定律的积分形式。

利用旋度定理，式(5-3)可转换为

$$\nabla \times \boldsymbol{E}_{in} = -\frac{\partial \boldsymbol{B}}{\partial t} \tag{5-4}$$

式(5-4)为法拉第电磁感应定律的微分形式。由此可见，感应电场是有旋场，其漩涡源为$-\frac{\partial \boldsymbol{B}}{\partial t}$，即随时间变化的磁场使得电场的旋度不等于零，由此激发的电场为漩涡电场。

5.1.2 全电流定律

对于恒定电流产生的恒定磁场，磁场强度 $\boldsymbol{H}$ 与恒定电流 $\boldsymbol{I}$ 之间的关系可以由安培环路定律表征，它的积分形式为$\oint_l \boldsymbol{H} \cdot \mathrm{d}\boldsymbol{l} = I$，相应的微分形式为$\nabla \times \boldsymbol{H} = \boldsymbol{J}$。

下面分析安培环路定律能否推广应用于时变电磁场中。对微分形式$\nabla \times \boldsymbol{H} = \boldsymbol{J}$ 进行散度运算，可得

$$\nabla \cdot \nabla \times \boldsymbol{H} = \nabla \cdot \boldsymbol{J} \tag{5-5}$$

根据矢量分析，任意矢量的旋度进行散度运算后恒等于零。显然式(5-5)左边为零，从而右边也应为零，即

$$\nabla \cdot \boldsymbol{J} = 0 \tag{5-6}$$

式(5-6)为恒定情况下传导电流连续性方程的微分形式，表明安培环路定律成立的前提是传导电流连续。

由于传导电流与自由电荷之间的关系受电荷守恒定律制约，因此，在一般情况下，与式(5-6)对应的连续性方程的微分形式为

$$\nabla \cdot \boldsymbol{J} = -\frac{\partial \rho}{\partial t} \tag{5-7}$$

对于时变电磁场，有$\frac{\partial \rho}{\partial t} \neq 0$，与式(5-6)矛盾，即安培环路定律只有加以修正才能应用于时变电磁场中。

麦克斯韦方程组中，静电场的基本方程之一为$\nabla \cdot \boldsymbol{D} = \rho$，将其推广应用于时变电磁场，代入式(5-7)得

$$\nabla \cdot \boldsymbol{J} = -\frac{\partial}{\partial t}(\nabla \cdot \boldsymbol{D}) = -\nabla \cdot \frac{\partial \boldsymbol{D}}{\partial t} \tag{5-8}$$

或写成

$$\nabla \cdot \left(\boldsymbol{J} + \frac{\partial \boldsymbol{D}}{\partial t}\right) = 0 \tag{5-9}$$

将式(5－9) 与式(5－6) 进行对照，可见，当电流密度是 $\boldsymbol{J}$ 与 $\boldsymbol{J}_d(=\partial\boldsymbol{D}/\partial t)$之和时，与之相应的电流是连续的。电流密度包括两个部分，其中 $\boldsymbol{J}$ 为传导电流密度；$\boldsymbol{J}_d$ 为电位移矢量随时间的变化率，定义为位移电流密度。

因此，时变电磁场中的安培环路定律的积分形式可写为

$$\oint_l \boldsymbol{H}\cdot \mathrm{d}\boldsymbol{l}=\oint_S\left(\boldsymbol{J}+\frac{\partial \boldsymbol{D}}{\partial t}\right)\cdot \mathrm{d}\boldsymbol{S} \tag{5-10}$$

微分形式可写为

$$\nabla\times\boldsymbol{H}=\boldsymbol{J}+\frac{\partial \boldsymbol{D}}{\partial t} \tag{5-11}$$

位移电流密度是一个矢量，它的量值与电位移的变化率成正比，方向与电位移的增量 $\Delta\boldsymbol{D}$ 方向一致，通常通过平板电容器的充放电过程说明。图 5－2（a）所示为平板电容器的充电电路，在充电过程中，正极板上的正电荷不断增加，它是通过导线上的传导电流累积起来的。按电流连续性原理，流入正极板的传导电流与流出正极板的位移电流相等，表明在充电过程中，位移电流的方向由正极板指向负极板，其量值与 i_C 相等。同理，参阅图 5－2（b）所示的放电电路，可知在放电过程中，位移电流的量值和传导电流的量值也应相等，但其方向由负极板指向正极板。在图 5－2（a）中，电容器极板上的电荷增加，即电位移增量 $\Delta\boldsymbol{D}$ 的方向由左向右；在图 5－2（b）中，电容器极板上的电荷减少，即电位移增量 $\Delta\boldsymbol{D}$ 的方向由右向左。

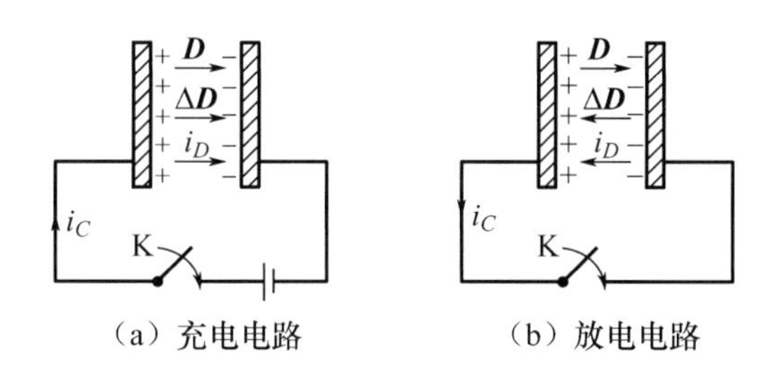

（a）充电电路　　（b）放电电路

图 5－2　平板电容器的充电过程和放电过程

例 5－1　已知海水的电导率为 4S/m，相对介电常数为 81，海水中的电场是频率为 1MHz 的时变电磁场，有 $\boldsymbol{E}=\boldsymbol{e}_x E_m\cos\omega t$。求位移电流与传导电流的比值。

解　电位移密度

$$\boldsymbol{J}_d=\frac{\partial \boldsymbol{D}}{\partial t}=-\boldsymbol{e}_x\omega\varepsilon_0\varepsilon_r E_m\sin\omega t$$

其幅值

$$J_{dm}=\omega\varepsilon_0\varepsilon_r E_m=4.5\times10^{-3}E_m$$

传导电流的幅值

$$J_{cm}=\sigma E_m=4E_m$$

因此，有

$$\frac{J_{dm}}{J_{cm}}=1.125\times10^{-3}$$

5.2 麦克斯韦方程

麦克斯韦将时变电磁场下的电磁感应定律和全电流定律，与静态场中的高斯定律和磁通连续性原理结合，归纳出麦克斯韦方程组，用以描述电磁场。麦克斯韦方程组除了对科学技术的发展有重大意义外，对人类历史的进程也起到重要作用，得到了美国著名物理学家费曼及相对论奠基者爱因斯坦等的高度评价。根据麦克斯韦理论，1888 年赫兹通过实验成功地观测到电磁波，麦克斯韦理论也因此获得实验验证。

1. 静态电场和磁场的基本方程

积分形式	微分形式
$\oint_l \boldsymbol{H} \cdot \mathrm{d}\boldsymbol{l} = \oint_S \boldsymbol{J} \cdot \mathrm{d}\boldsymbol{S} = I$	$\nabla \times \boldsymbol{H} = \boldsymbol{J}$
$\oint_l \boldsymbol{E} \cdot \mathrm{d}\boldsymbol{l} = 0$	$\nabla \times \boldsymbol{E} = 0$
$\oint_S \boldsymbol{B} \cdot \mathrm{d}\boldsymbol{S} = 0$	$\nabla \cdot \boldsymbol{B} = 0$
$\oint_S \boldsymbol{D} \cdot \mathrm{d}\boldsymbol{S} = q$	$\nabla \cdot \boldsymbol{D} = \rho$

2. 时变电场和磁场的基本方程

静态场中的高斯定理和磁通连续性原理对时变电磁场仍然成立。对于时变电磁场，麦克斯韦归纳为四个方程，构成麦克斯韦方程组，其积分形式和微分形式分别如下。

积分形式

$$\oint_l \boldsymbol{H} \cdot \mathrm{d}\boldsymbol{l} = \oint_S \left(\boldsymbol{J} + \frac{\partial \boldsymbol{D}}{\partial t}\right) \cdot \mathrm{d}\boldsymbol{S}\text{（全电流定律）} \tag{5-12}$$

$$\oint_l \boldsymbol{E} \cdot \mathrm{d}\boldsymbol{l} = -\oint_S \frac{\partial \boldsymbol{B}}{\partial t} \cdot \mathrm{d}\boldsymbol{S}\text{（电磁感应定律）} \tag{5-13}$$

$$\oint_S \boldsymbol{B} \cdot \mathrm{d}\boldsymbol{S} = 0\text{（磁通连续性原理）} \tag{5-14}$$

$$\oint_S \boldsymbol{D} \cdot \mathrm{d}\boldsymbol{S} = q\text{（高斯定理）} \tag{5-15}$$

微分形式

$$\nabla \times \boldsymbol{H} = \boldsymbol{J} + \frac{\partial \boldsymbol{D}}{\partial t} \tag{5-16}$$

$$\nabla \times \boldsymbol{E} = -\frac{\partial \boldsymbol{B}}{\partial t} \tag{5-17}$$

$$\nabla \cdot \boldsymbol{B} = 0 \tag{5-18}$$

$$\nabla \cdot \boldsymbol{D} = \rho \tag{5-19}$$

由微分形式的麦克斯韦方程可知，时变电场是有旋有散场，时变磁场是有旋无散场。时变电场与时变磁场不可分割，电场线与磁场线交链，自行闭合，从而在空间形成电磁波，并且时变电场的方向与时变磁场的方向处处垂直。

3. 电磁场的本构关系

当有介质存在时，为了完整描述时变电磁场的特性，麦克斯韦方程还应该包括电荷及电流关系的电荷守恒方程，以及说明场量与介质特性关系的方程。对于线性、各向同性的介质，有如下方程：

$$\boldsymbol{J}=\sigma\boldsymbol{E} \tag{5-20}$$

$$\boldsymbol{D}=\varepsilon\boldsymbol{E} \tag{5-21}$$

$$\boldsymbol{B}=\mu\boldsymbol{H} \tag{5-22}$$

将式(5-20)至式(5-22)代入式(5-16)至式(5-19)，得到的方程组称为限定形式的麦克斯韦方程组，适用于线性、各向同性的均匀媒质。

4. 时变电磁场的边界条件

时变电磁场的边界条件可以由静态场直接推广使用，只要电场和磁场随时间变化率都是有限的，就满足如下条件：第一，在任何边界上，电场强度的切向分量连续；第二，在任何边界上，磁感强度的法向分量连续；第三，电位移的法向分量边界条件与介质有关；第四，磁场强度的切向分量边界条件与介质有关。

例 5-2　正弦交流电压源 $u=U_m\sin\omega t$ 连接到平行板电容器的两个极板上，如图 5-3 所示。(1) 证明平行板电容器两极板间的位移电流与连接导线中的传导电流相等。(2) 求导线附件距离导线 r 处的磁场强度。

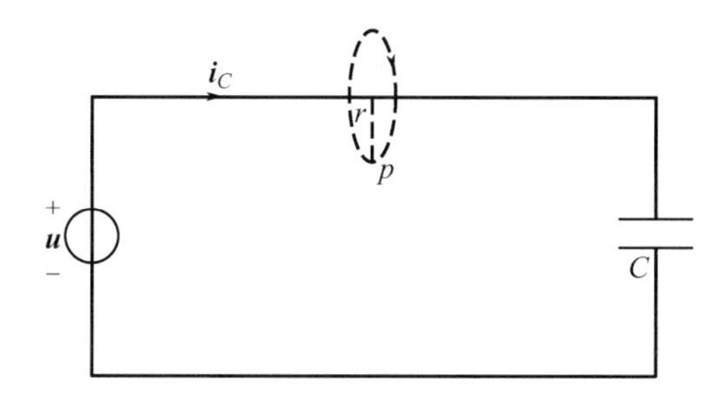

图 5-3　平行板电容器与交流电压源相连

解　(1) 导线中的传导电流

$$\begin{aligned}i_C&=C\frac{\mathrm{d}u}{\mathrm{d}t}\\&=C\frac{\mathrm{d}}{\mathrm{d}t}(U_m\sin\omega t)\\&=C\omega U_m\cos\omega t\end{aligned}$$

忽略边缘效应时，间距为 d 的两极板间的电场 $E=\dfrac{u}{d}$，故 $D=\varepsilon E=\varepsilon\dfrac{U_m\sin\omega t}{d}$，则极板间的位移电流

$$i=\int_S \boldsymbol{J}_d\,\mathrm{d}\boldsymbol{S}=\frac{\partial D}{\partial t}\mathrm{d}S=\frac{\varepsilon U_m\omega}{d}\cos\omega t\cdot S_0=C\omega U_m\cos\omega t=i_C$$

式中，S_0 为极板的面积；$\dfrac{\varepsilon S_0}{d}=C$ 为平行板电容器的电容。

(2) 以 r 为半径作闭合曲线 l，由于连接导体本身的轴线对称性，因此沿闭合线的磁场相等，式(5-12) 的左边可以写为

$$\oint_l \boldsymbol{H}\cdot \mathrm{d}\boldsymbol{l}=2\pi r H_\phi$$

与闭合线交链的只有导线中的传导电流 $i_C=C\omega U_m\cos\omega t$，由式 (5-12) 得

$$2\pi r H_\phi=C\omega U_m\cos\omega t$$

即

$$\boldsymbol{H}=\boldsymbol{e}_\phi H_\phi=\boldsymbol{e}_\phi\frac{C\omega U_m}{2\pi r}\cos\omega t$$

5.3 动态矢量位和标量位

5.3.1 动态矢量位和标量位

时变电磁场可以与静态场相同，用位函数描述，使问题的分析简化。由于旋度的散度等于零，因此可令

$$\boldsymbol{B}=\nabla\times\boldsymbol{A} \tag{5-23}$$

将$\nabla\times\boldsymbol{E}=-\dfrac{\partial\boldsymbol{B}}{\partial t}$代入式(5-23)，得

$$\nabla\times\boldsymbol{E}=-\frac{\partial}{\partial t}(\nabla\times\boldsymbol{A}) \tag{5-24a}$$

$$\nabla\times\left(\boldsymbol{E}+\frac{\partial\boldsymbol{A}}{\partial t}\right)=0 \tag{5-24b}$$

由此可见，矢量场 $\boldsymbol{E}+\dfrac{\partial\boldsymbol{A}}{\partial t}$为无旋场，可以用一个标量场 φ 的梯度表示，即可令

$$\boldsymbol{E}+\frac{\partial\boldsymbol{A}}{\partial t}=-\nabla\varphi \tag{5-25}$$

动态矢量 $\boldsymbol{A}$ 的定义为

$$\boldsymbol{B}=\nabla\times\boldsymbol{A} \tag{5-26}$$

标量位 φ 的定义为

$$\boldsymbol{E}+\frac{\partial\boldsymbol{A}}{\partial t}=-\nabla\varphi \tag{5-27}$$

5.3.2 达朗贝尔方程

根据亥姆霍兹定理，要确定矢量 $\boldsymbol{A}$，必须确定其旋度和散度。其中，旋度 $\boldsymbol{B}=\nabla\times\boldsymbol{A}$，散度在洛伦兹规范条件下可以写为

$$\nabla\cdot\boldsymbol{A}+\mu\varepsilon\frac{\partial\varphi}{\partial t}=0 \tag{5-28}$$

由式(5-27) 得到 $\boldsymbol{E}=-\nabla\varphi-\dfrac{\partial\boldsymbol{A}}{\partial t}$，代入式$\nabla\cdot D=\rho$ 得

$$\nabla \cdot \left(\nabla \varphi + \frac{\partial \mathbf{A}}{\partial t}\right) = -\frac{\rho}{\varepsilon} \tag{5-29a}$$

$$\nabla^2 \varphi + \frac{\partial}{\partial t}(\nabla \cdot \mathbf{A}) = -\frac{\rho}{\varepsilon} \tag{5-29b}$$

把 $\boldsymbol{B}=\nabla\times\boldsymbol{A}$ 代入式$\nabla\times\boldsymbol{H}=\boldsymbol{J}+\dfrac{\partial \boldsymbol{D}}{\partial t}$得

$$\nabla\times(\nabla\times\mathbf{A}) = \mu\boldsymbol{J} + \mu\varepsilon\frac{\partial \mathbf{E}}{\partial t} \tag{5-30a}$$

$$\nabla(\nabla\cdot\mathbf{A}) - \nabla^2\mathbf{A} = \mu\boldsymbol{J} - \mu\varepsilon\frac{\partial}{\partial t}\left(\nabla\varphi + \frac{\partial \mathbf{A}}{\partial t}\right) \tag{5-30b}$$

$$\nabla^2\mathbf{A} - \mu\varepsilon\frac{\partial^2 \mathbf{A}}{\partial t^2} = \nabla\left(\nabla\cdot\mathbf{A} + \mu\varepsilon\frac{\partial\varphi}{\partial t}\right) - \mu\boldsymbol{J} \tag{5-30c}$$

将洛伦兹规范条件代入式(5-29b) 和式(5-30c) 得

$$\nabla^2\varphi - \mu\varepsilon\frac{\partial^2\varphi}{\partial t^2} = -\frac{\rho}{\varepsilon} \tag{5-31}$$

$$\nabla^2\mathbf{A} - \mu\varepsilon\frac{\partial^2\mathbf{A}}{\partial t^2} = -\mu\boldsymbol{J} \tag{5-32}$$

式(5-31) 和式(5-32) 是在洛伦兹规范条件下，矢量位 $\mathbf{A}$ 和标量位 φ 满足的微分方程，称为达朗贝尔方程。

5.3.3　达朗贝尔方程的解

对于时谐电磁场，由于$\partial/\partial t\to \mathrm{j}\omega$，因此式(5-31) 和式(5-32) 可以写为

$$\nabla^2\mathbf{A} + k^2\mathbf{A} = -\mu\boldsymbol{J} \tag{5-33}$$

$$\nabla^2\varphi + k^2\varphi = -\frac{1}{\varepsilon}\rho \tag{5-34}$$

其中，$k^2=\omega^2\mu\varepsilon$。运用 δ 函数表示单位强度的点源，可以由以下性质定义：

$$\delta(r-r')=0,\ \text{当}\ r\neq r' \tag{5-35a}$$

$$\int_V \delta(r-r')\mathrm{d}v = 1 \tag{5-35b}$$

$$\int_V f(r)\delta(r-r')\mathrm{d}v = f(r') \tag{5-35c}$$

其中，r'为源点的位置矢量；r 为场点的位置矢量；$f(r)$ 必须在 r 处连续。由于球具有对称性，φ 只是场点与原点距离 r 的函数，因此在球坐标中，式(5-34) 可以写为

$$\frac{1}{r^2}\frac{\mathrm{d}}{\mathrm{d}r}\left(r^2\frac{\mathrm{d}}{\mathrm{d}r}\varphi\right) + k^2\varphi = -\frac{\delta(r)}{\varepsilon} \tag{5-36}$$

$r\neq 0$ 处，$\delta(r)=0$，有

$$\frac{1}{r^2}\frac{\mathrm{d}}{\mathrm{d}r}\left(r^2\frac{\mathrm{d}}{\mathrm{d}r}\varphi\right) + k^2\varphi = 0 \tag{5-37}$$

令 $\varphi=\dfrac{u}{r}$，整理可得

$$\frac{\mathrm{d}^2 u}{\mathrm{d}r^2} + k^2 u = 0 \tag{5-38}$$

求得 φ 的通解

$$\varphi=C_1\frac{\mathrm{e}^{-\mathrm{j}kr}}{r}+C_2\frac{\mathrm{e}^{\mathrm{j}kr}}{r} \tag{5-39}$$

由于无界空间中，从无限远处无内向波，因此第二项为零。比较静电场结果后，可得

$$\varphi=G(r)=\frac{\mathrm{e}^{-\mathrm{j}kr}}{4\pi\varepsilon r} \tag{5-40}$$

式(5-40)可定义为无界空间中的格林函数。确定点源的格林函数后，对于场源分布在一定区域的情况，可以利用叠加原理求得合成场。设时谐电荷以体密度 ρ 分布在体积 V 中，如图 5-4 所示，叠加后，全部电荷产生的标量电位

$$\varphi(r)=\int_V G(r-r')\rho(r')\mathrm{d}V=\frac{1}{4\pi\varepsilon}\int_V\rho(r')\frac{\mathrm{e}^{-\mathrm{j}kR}}{R}\mathrm{d}V \tag{5-41}$$

式中，$R=|r-r'|$ 为场点 r 到源点 r' 的距离。这就是标量方程在无界空间中的解（不包括源点）。

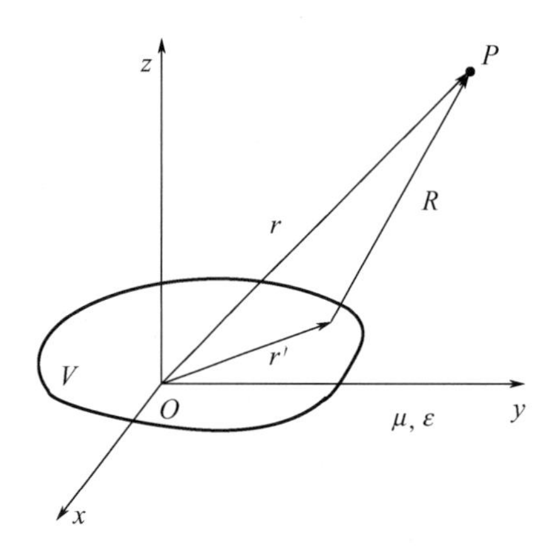

图 5-4　场源和场点的坐标关系

将（5-33）分解为 3 个标量式，并类比式（5-34)进行求解，可以得到时谐电流以体密度 J 分布在体积 V 中，则它们在场点 r 处产生的矢量位

$$\boldsymbol{A}(r)=\frac{\mu}{4\pi}\int_V\boldsymbol{J}(r')\frac{\mathrm{e}^{-\mathrm{j}kR}}{R}\mathrm{d}V \tag{5-42}$$

这就是矢量位方程在无界空间中的解（不包括源点）。

对距离源点 R 处的场点，其位函数的变化滞后于源的变化 $kR=\omega R/v=\omega t$ 相位，即滞后时间 $t=R/v$，这也是源传播到观察点所需的时间。

由以上分析可知，空间各点的标量位 φ 和矢量位 $\boldsymbol{A}$ 随时间的变化总是落后于源，因此位函数 φ 和 $\boldsymbol{A}$ 通常称为滞后位。

5.4　坡印廷定理和坡印廷矢量

电磁场是一种特殊形式的物质，而能量是物质的主要属性之一，因此，电磁场具有能量。前面章节学习过静态电场和磁场的能量密度表达式及恒定电流场的损耗功率密度公式，这些公式也可以推广到时变场，因为对于给定时刻，如果场是给定的，其能量也就可以确定。本节将讨论在各向同性、线性的介质中时变场的能量。电磁场的能量公式与电磁场基本方程组一起，成为完整的电磁场理论的基础。

5.4.1　坡印廷定理

前面章节已经讨论过电场能量和磁场能量，并且分别得到静态电场的体密度

$w_e=\frac{1}{2}\boldsymbol{E}\cdot\boldsymbol{D}$和静态磁场的体密度$w_m=\frac{1}{2}\boldsymbol{H}\cdot\boldsymbol{B}$。在电磁场中，麦克斯韦认为能量是定义于场中的，并作出电磁场能量的体密度等于电场能的体密度与磁场能量的体密度之和的基本假设，即

$$w=\frac{1}{2}\boldsymbol{E}\cdot\boldsymbol{D}+\frac{1}{2}\boldsymbol{H}\cdot\boldsymbol{B} \tag{5-43}$$

客观事实证明了该假设是正确的，它与电磁场基本方程组一起，成为完整的电磁场理论的基础。下面我们从电磁场麦克斯韦方程组出发，讨论反映电磁场中能量守恒及转换关系的坡印廷定理。

以$\boldsymbol{E}$点乘式(5-16)，以$\boldsymbol{H}$点乘式(5-17)，然后将所得两式相减，可得

$$\boldsymbol{H}\cdot(\nabla\times\boldsymbol{E})-\boldsymbol{E}\cdot(\nabla\times\boldsymbol{H})=-\left(\boldsymbol{H}\cdot\frac{\partial\boldsymbol{B}}{\partial t}+\boldsymbol{E}\cdot\boldsymbol{J}+\boldsymbol{E}\cdot\frac{\partial\boldsymbol{D}}{\partial t}\right) \tag{5-44}$$

由于有关系

$$\boldsymbol{H}\cdot\frac{\partial\boldsymbol{B}}{\partial t}=\frac{\partial}{\partial t}\left(\frac{1}{2}\boldsymbol{B}\cdot\boldsymbol{H}\right) \tag{5-45}$$

和

$$\boldsymbol{E}\cdot\frac{\partial\boldsymbol{D}}{\partial t}=\frac{\partial}{\partial t}\left(\frac{1}{2}\boldsymbol{D}\cdot\boldsymbol{E}\right) \tag{5-46}$$

结合矢量计算恒等式

$$\boldsymbol{H}\cdot(\nabla\times\boldsymbol{E})-\boldsymbol{E}\cdot(\nabla\times\boldsymbol{H})=\nabla\cdot(\boldsymbol{E}\times\boldsymbol{H})$$

式(5-44)可改写成

$$\nabla\cdot(\boldsymbol{E}\times\boldsymbol{H})=-\frac{\partial}{\partial t}\left(\frac{1}{2}\boldsymbol{B}\cdot\boldsymbol{H}+\frac{1}{2}\boldsymbol{D}\cdot\boldsymbol{E}\right)-\boldsymbol{E}\cdot\boldsymbol{J} \tag{5-47}$$

将式(5-47)两边对任意体积V积分，再应用散度定理，可得

$$\oint_S(\boldsymbol{E}\times\boldsymbol{H})\cdot\mathrm{d}\boldsymbol{S}=-\frac{\partial}{\partial t}\int_V\left(\frac{1}{2}\boldsymbol{B}\cdot\boldsymbol{H}+\frac{1}{2}\boldsymbol{D}\cdot\boldsymbol{E}\right)\mathrm{d}V-\int_V\boldsymbol{E}\cdot\boldsymbol{J}\mathrm{d}V \tag{5-48}$$

式中，S为限定体积V的闭合面。

将$\boldsymbol{J}=\boldsymbol{\sigma}(\boldsymbol{E}+\boldsymbol{E}_e)$，$\boldsymbol{E}=\frac{\boldsymbol{J}}{\sigma}-\boldsymbol{E}_e$及$W=\int_V\left(\frac{1}{2}\boldsymbol{B}\cdot\boldsymbol{H}+\frac{1}{2}\boldsymbol{D}\cdot\boldsymbol{E}\right)\mathrm{d}V$代入式(5-48)，有

$$\oint_S(\boldsymbol{E}\times\boldsymbol{H})\cdot\mathrm{d}\boldsymbol{S}=-\frac{\partial W}{\partial t}-\int_V\frac{\boldsymbol{J}^2}{\sigma}\mathrm{d}V+\int_V\boldsymbol{E}_e\cdot\boldsymbol{J}\mathrm{d}V \tag{5-49}$$

式中，$\int_V\boldsymbol{E}_e\cdot\boldsymbol{J}\mathrm{d}V$为体积$V$中由外源提供的电功率；$\frac{\partial W}{\partial t}$为体积$V$内电磁场能量的增大率；$\int_V\frac{\boldsymbol{J}^2}{\sigma}\mathrm{d}V$为体积$V$内因传导电流损耗的热功率。外源提供的功率减去后面两项后，剩下的功率通过包围体积V的闭合曲面S向外输送，这就是等号左边项的意义。式(5-49)通常称为坡印廷定理，也是电磁场中的功率平衡方程。

5.4.2　坡印廷矢量

由于$\boldsymbol{E}\times\boldsymbol{H}$的闭合面积分表示单位时间内穿出$S$面的电磁能量，因此可令

$$\boldsymbol{S}=\boldsymbol{E}\times\boldsymbol{H} \tag{5-50}$$

表示单位时间内穿出与能流方向垂直的单位面积的功率。$\boldsymbol{S}$ 为能流密度矢量，单位为瓦/米^2（$\mathrm{W/m^2}$），通常称为坡印廷矢量。

式(5-50)表明，矢量 $\boldsymbol{S}$ 与 $\boldsymbol{E}$ 和 $\boldsymbol{H}$ 垂直，又知 $\boldsymbol{E}$ 与 $\boldsymbol{H}$ 垂直，因此 $\boldsymbol{S}$、$\boldsymbol{E}$ 和 $\boldsymbol{H}$ 在空间中相互垂直，且由 $\boldsymbol{E}$ 至 $\boldsymbol{H}$ 与 $\boldsymbol{S}$ 遵循右手螺旋定则。

5.5 时变电磁场的唯一性定理

时变电磁场的唯一性定理表明：在闭合曲面 S 包围的区域 V 中，当给定 $t=0$ 时的电场强度 $\boldsymbol{E}$ 及磁场强度的 $\boldsymbol{H}$ 的初始值时，在 $t>0$ 的时间内，只要边界 S 上的电场强度切向分量 $\boldsymbol{E}_t$ 或磁场强度的切向分量 $\boldsymbol{H}_t$ 给定，在 $t>0$ 的任意时刻，体积 V 中任意点的电磁场就由麦克斯韦方程唯一确定。该定理的证明方法与静态场唯一性定理的证明方法相同，可以采用5.4节中由时变电磁场麦克斯韦方程导出的坡印廷定理式(5-49)，采用反证法进行证明，即先假设满足相同边界条件（电场强度和磁场强度的切向分量）及初始条件的电磁场方程组有两组解，分别为 $\boldsymbol{E}_1$、$\boldsymbol{H}_1$ 和 $\boldsymbol{E}_2$、$\boldsymbol{H}_2$，再证明它们分别相等。

由于电磁场方程组是线性的，因此如果 $\boldsymbol{E}_1$、$\boldsymbol{H}_1$ 和 $\boldsymbol{E}_2$、$\boldsymbol{H}_2$ 均满足麦克斯韦方程组，则两组解的差值 $\delta\boldsymbol{E}=\boldsymbol{E}_1-\boldsymbol{E}_2$，$\delta\boldsymbol{H}=\boldsymbol{H}_1-\boldsymbol{H}_2$ 也满足电磁场方程，且具有相同初始条件和边界条件。同理，$\delta\boldsymbol{J}=\boldsymbol{J}_1-\boldsymbol{J}_2$，$\delta\boldsymbol{E}_e=\boldsymbol{E}_{1e}-\boldsymbol{E}_{2e}$，分别代入式(5-49)中得

$$\oint_S(\delta\boldsymbol{E}\times\delta\boldsymbol{H})\cdot\mathrm{d}\boldsymbol{S}=-\int_V\left[\frac{1}{2}\varepsilon(\delta\boldsymbol{E})^2+\frac{1}{2}\mu(\delta\boldsymbol{H})^2\right]\mathrm{d}V-\int_V\frac{(\delta\boldsymbol{J})^2}{\sigma}\mathrm{d}V+\int_V\delta\boldsymbol{J}\cdot\delta\boldsymbol{E}_e\mathrm{d}V \tag{5-51}$$

由于外电场是由外源供给的，独立于电场的解，因此有 $\delta\boldsymbol{E}_e=0$，式(5-51)等号右边的第三项等于零。由于电场强度和磁场强度均满足相同边界条件，因此 $\delta\boldsymbol{E}$ 和 $\delta\boldsymbol{H}$ 没有沿边界面的切向分量，并且 $\delta\boldsymbol{E}\times\delta\boldsymbol{H}\cdot\mathrm{d}\boldsymbol{S}=0$，因此式(5-51)的等号左边为零，式(5-51)可写成

$$-\int_V\left[\frac{1}{2}\varepsilon(\delta\boldsymbol{E})^2+\frac{1}{2}\mu(\delta\boldsymbol{H})^2\right]\mathrm{d}V=\int_V\frac{(\delta\boldsymbol{J})^2}{\sigma}\mathrm{d}V \tag{5-52}$$

式中，等号右边为体积 V 内的热功率损耗，只能为正值或零；等号左边为电磁场能量，可见电磁场能量只能随时间减少或者维持恒定。由于 $\boldsymbol{E}_1$、$\boldsymbol{E}_2$、$\boldsymbol{H}_1$、$\boldsymbol{H}_2$ 具有相同初始条件，因此等号左边场能的初始值为零，有

$$\int_V\left[\frac{1}{2}\varepsilon(\delta\boldsymbol{E})^2+\frac{1}{2}\mu(\delta\boldsymbol{H})^2\right]\mathrm{d}V=0$$

由此可以得到，$\delta\boldsymbol{E}=\boldsymbol{E}_1-\boldsymbol{E}_2=0$，$\delta\boldsymbol{H}=\boldsymbol{H}_1-\boldsymbol{H}_2=0$，从而有 $\boldsymbol{E}_1=\boldsymbol{E}_2$ 和 $\boldsymbol{H}_1=\boldsymbol{H}_2$，唯一性定理得到证明。

5.6 时谐电磁场

时变电磁场的场强是时间和空间的函数，场强的方向与时间无关，其值以一定的角频率随时间正弦或余弦变化。这种以一定角频率做时谐变化的电磁场称为时谐电磁场或

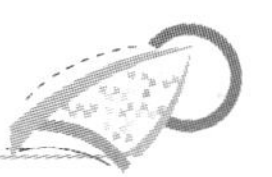

正弦电磁场。时谐电磁场在工程上应用较多，在一定条件下，任意时变电磁场都可以通过傅里叶分析方法展开为不同频率的时谐电磁场的叠加，因此，研究时谐电磁场有重要的实际意义。

5.6.1　时谐电磁场的复数表示

时谐电磁场的瞬时值用余弦函数表示为

$$\boldsymbol{E}(\boldsymbol{r},t)=\boldsymbol{E}_m(\boldsymbol{r})\cos[\omega t-\phi(\boldsymbol{r})] \tag{5-53}$$

式中，$\boldsymbol{E}_m(\boldsymbol{r})$ 为空间函数，是余弦函数的振幅；ω 为角频率；$\phi(\boldsymbol{r})$ 为余弦函数的初始相位，可以是空间的函数。

时谐电磁场是由随时间做相同变化的源产生的，场与源随时间变化的规律相同。当场的方向与时间无关时，对这些相同频率的正弦量之间的运算可以采用复矢量方法，也就是只考虑正弦量的振幅和空间相位，省略时间相位 ωt，式(5-53) 中的场强可以用一个与实际无关的复矢量 $\dot{\boldsymbol{E}}_m(\boldsymbol{r})$ 表示为

$$\dot{\boldsymbol{E}}_m(\boldsymbol{r})=\boldsymbol{E}_m(\boldsymbol{r})e^{\mathrm{j}\phi(\boldsymbol{r})} \tag{5-54}$$

其瞬时值表达式为

$$\dot{\boldsymbol{E}}_m(\boldsymbol{r},t)=\mathrm{Re}[\boldsymbol{E}_m(\boldsymbol{r})\mathrm{e}^{\mathrm{j}\omega t}] \tag{5-55}$$

实际测量的往往是正弦量的有效值，即均方根，用 $\dot{\boldsymbol{E}}(\boldsymbol{r})$ 表示正弦函数的有效值，有 $\dot{\boldsymbol{E}}_m(\boldsymbol{r})=\sqrt{2}\,\dot{\boldsymbol{E}}(\boldsymbol{r})$。复矢量仅为空间函数，与实际无关，而且只有频率相等的正弦量之间才能使用复矢量方法进行运算。

5.6.2　麦克斯韦方程的复矢量形式

时变电磁场为时谐场，其场与源的频率相等，将其复数形式表达式代入一般时变电磁场的麦克斯韦方程组，可获得复矢量形式的麦克斯韦方程组。

在时谐电磁场中，对时间的导数可以用复数形式表示为

$$\frac{\partial \boldsymbol{E}(\boldsymbol{r},t)}{\partial t}=\mathrm{Re}[\mathrm{j}\omega\dot{\boldsymbol{E}}_m(\boldsymbol{r})\mathrm{e}^{\mathrm{j}\omega t}]=\mathrm{Re}[\mathrm{j}\omega\sqrt{2}\,\dot{\boldsymbol{E}}(\boldsymbol{r})\mathrm{e}^{\mathrm{j}\omega t}] \tag{5-56}$$

同理，对于时谐电磁场，代入一般时变麦克斯韦方程组，可写成

$$\nabla\times\mathrm{Re}[\dot{\boldsymbol{H}}_m(\boldsymbol{r})\mathrm{e}^{\mathrm{j}\omega t}]=\mathrm{Re}[\dot{\boldsymbol{J}}_m(\boldsymbol{r})\mathrm{e}^{\mathrm{j}\omega t}]+\mathrm{Re}[\mathrm{j}\omega\dot{\boldsymbol{D}}_m(\boldsymbol{r})\mathrm{e}^{\mathrm{j}\omega t}]$$

$$\nabla\times\mathrm{Re}[\dot{\boldsymbol{E}}_m(\boldsymbol{r})\mathrm{e}^{\mathrm{j}\omega t}]=\mathrm{Re}[-\mathrm{j}\omega\dot{\boldsymbol{B}}_m(\boldsymbol{r})\mathrm{e}^{\mathrm{j}\omega t}]$$

$$\nabla\cdot\mathrm{Re}[\dot{\boldsymbol{B}}_m(\boldsymbol{r})\mathrm{e}^{\mathrm{j}\omega t}]=0$$

$$\nabla\cdot\mathrm{Re}[\boldsymbol{D}_m(\boldsymbol{r})\mathrm{e}^{\mathrm{j}\omega t}]=\mathrm{Re}[\dot{\rho}_m(\boldsymbol{r})\mathrm{e}^{\mathrm{j}\omega t}]$$

将微分算子“∇”与实部符号“Re”交换顺序，上组公式变为

$$\mathrm{Re}[\nabla\times\dot{\boldsymbol{H}}_m(\boldsymbol{r})\mathrm{e}^{\mathrm{j}\omega t}]=\mathrm{Re}[\dot{\boldsymbol{J}}_m(\boldsymbol{r})\mathrm{e}^{\mathrm{j}\omega t}]+\mathrm{Re}[\mathrm{j}\omega\dot{\boldsymbol{D}}_m(\boldsymbol{r})\mathrm{e}^{\mathrm{j}\omega t}]$$

$$\mathrm{Re}[\nabla\times\dot{\boldsymbol{E}}_m(\boldsymbol{r})\mathrm{e}^{\mathrm{j}\omega t}]=\mathrm{Re}[-\mathrm{j}\omega\dot{\boldsymbol{B}}_m(\boldsymbol{r})\mathrm{e}^{\mathrm{j}\omega t}]$$

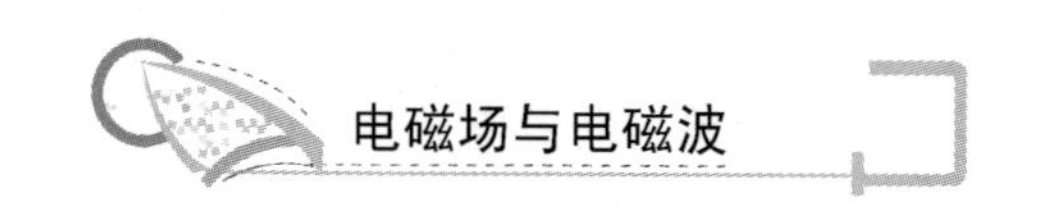

$$\mathrm{Re}[\nabla \cdot \dot{\boldsymbol{B}}_m(\boldsymbol{r})\mathrm{e}^{\mathrm{j}\omega t}]=0$$

$$\mathrm{Re}[\nabla \cdot \boldsymbol{D}_m(\boldsymbol{r})\mathrm{e}^{\mathrm{j}\omega t}]=\mathrm{Re}[\dot{\rho}_m(\boldsymbol{r})\mathrm{e}^{\mathrm{j}\omega t}]$$

由于在任意时刻上面公式均成立，因此可以消除实部符号，有

$$\nabla \times \dot{\boldsymbol{H}}_m(\boldsymbol{r})=\dot{\boldsymbol{J}}_m(\boldsymbol{r})+\mathrm{j}\omega\dot{\boldsymbol{D}}_m(\boldsymbol{r}) \tag{5-57a}$$

$$\nabla \times \dot{\boldsymbol{E}}_m(\boldsymbol{r})=-\mathrm{j}\omega\dot{\boldsymbol{B}}_m(\boldsymbol{r}) \tag{5-57b}$$

$$\nabla \cdot \dot{\boldsymbol{B}}_m(\boldsymbol{r})=0 \tag{5-57c}$$

$$\nabla \cdot \dot{\boldsymbol{D}}_m(\boldsymbol{r})=\dot{\rho}_m(\boldsymbol{r}) \tag{5-57d}$$

式(5-57)称为麦克斯韦方程的复数形式。

由于复数形式的公式与实数形式的公式存在明显区别：删除复数形式的“·”，并省略下角标“m”，因此麦克斯韦方程组的复矢量形式为

$$\nabla \times \boldsymbol{H}(\boldsymbol{r})=\boldsymbol{J}(\boldsymbol{r})+\mathrm{j}\omega\boldsymbol{D}(\boldsymbol{r}) \tag{5-58a}$$

$$\nabla \times \boldsymbol{E}(\boldsymbol{r})=-\mathrm{j}\omega\boldsymbol{B}(\boldsymbol{r}) \tag{5-58b}$$

$$\nabla \cdot \boldsymbol{B}(\boldsymbol{r})=0 \tag{5-58c}$$

$$\nabla \cdot \boldsymbol{D}(\boldsymbol{r})=\rho(\boldsymbol{r}) \tag{5-58d}$$

5.6.3 复电容率和复磁导率

当电磁波存在的介质为导电介质时，如果介质的电导率为有限值，则介质中会存在欧姆损耗，电介质的极化存在电极化损耗，磁介质的磁化存在磁化损耗。损耗值与介质的电导率σ、介电系数ε、磁导率μ及电磁场随时间变化的频率有关。尤其在高频电磁场中，介质的损耗往往不能忽略。

在时谐电磁场中，对电导率为σ、介电系数为ε和磁导率为μ的介质，式(5-58a)可以写为

$$\nabla \times \boldsymbol{H}=\sigma E+\mathrm{j}\omega\varepsilon\boldsymbol{E}=\mathrm{j}\omega\left(\varepsilon-\mathrm{j}\frac{\sigma}{\omega}\right)\boldsymbol{E} \tag{5-59}$$

令

$$\varepsilon_c=\varepsilon-\mathrm{j}\frac{\sigma}{\omega} \tag{5-60}$$

式中，ε_c为等效复介电常数或等效复电容率。

存在电极化损耗的介质的介电常数是一个复数，有

$$\varepsilon_c=\varepsilon'-\mathrm{j}\varepsilon'' \tag{5-61}$$

式中，ε'和ε''分别为复介电常数的实部和虚部，ε''表征电介质中的电极化损耗，在高频时它们都是频率的函数。

由式(5-60)和式(5-61)，当介质同时存在电极化损耗和欧姆损耗时，其等效复介电常数可以写为

$$\varepsilon_c=\varepsilon'-j\left(\varepsilon''+\frac{\sigma}{\omega}\right) \tag{5-62}$$

与电介质的情况相似，对于存在磁化损耗的磁介质，表征磁化特性的磁导率也是一

个复数，可以表示为

$$\mu_c=\mu'-j\mu'' \tag{5-63}$$

式中，μ_c 为复磁导率；μ''为正数，表示磁介质中的磁化损耗。

例 5-3 海水的电导率 $\sigma=4\text{S/m}$，相对电容率 $\varepsilon_r=81$。求海水分别在频率 $f=1\text{kHz}$ 和 $f=1\text{GHz}$ 时的等效复电容率 ε_c。

解 当 $f=1\text{kHz}$ 时，

$$\varepsilon_c=\varepsilon-j\frac{\sigma}{\omega}=81\times\frac{10^{-9}}{36\pi}-j\frac{4}{2\pi\times10^3}$$
$$\approx7.16\times10^{-10}-j6.37\times10^{-4}\approx-j6.37\times10^{-4}\,\text{F/m}$$

当 $f=1\text{GHz}$ 时，

$$\varepsilon_c=\varepsilon-j\frac{\sigma}{\omega}=81\times\frac{10^{-9}}{36\pi}-j\frac{4}{2\pi\times10^9}\approx7.16\times10^{-10}-j6.37\times10^{-10}\,\text{F/m}$$

5.6.4 时谐场的位函数

对于时谐电磁场来说，矢量位和标量位都可以用复数形式表示

$$\boldsymbol{H}=\frac{1}{\mu}\nabla\times\boldsymbol{A} \tag{5-64a}$$

$$\boldsymbol{E}=-j\omega\boldsymbol{A}-\nabla\varphi \tag{5-64b}$$

相应地，洛伦兹规范条件可以写为

$$\nabla\cdot\boldsymbol{A}=-j\omega\mu\varepsilon\varphi \tag{5-65}$$

达朗贝尔方程可以写为

$$\nabla^2\boldsymbol{A}+k^2\boldsymbol{A}=-\mu\boldsymbol{J} \tag{5-66a}$$

$$\nabla^2\varphi+k^2\varphi=-\frac{1}{\varepsilon}\rho \tag{5-66b}$$

式中，$k^2=\omega^2\mu\varepsilon$。

变换式(5-65)，得标量位

$$\varphi=\frac{\nabla\cdot\boldsymbol{A}}{-j\omega\mu\varepsilon} \tag{5-67}$$

代入式(5-64b) 得

$$\boldsymbol{E}=-j\omega\boldsymbol{A}-j\frac{\nabla\nabla\cdot\boldsymbol{A}}{\omega\mu\varepsilon}=-j\omega\left(\boldsymbol{A}+\frac{\nabla\nabla\cdot\boldsymbol{A}}{k^2}\right) \tag{5-68}$$

5.6.5 平均坡印廷矢量和复坡印廷定理

1. 平均坡印廷矢量

前面讨论了瞬时坡印廷矢量（瞬时能流密度），下面讨论平均坡印廷矢量，也就是一个周期内的平均能流密度矢量 $\boldsymbol{S}_{av}$。

$$\boldsymbol{S}_{av}=\frac{1}{T}\int_0^T\boldsymbol{S}\mathrm{d}t=\frac{\omega}{2\pi}\int_0^{2\pi/\omega}\boldsymbol{S}\mathrm{d}t \tag{5-69}$$

式中，T 为时谐电磁场的时间周期，$T=\dfrac{2\pi}{\omega}$。

$\boldsymbol{S}_{av}$也可以由矢量场的复数形式计算得到。对于时谐电磁场，坡印廷矢量可以写为

$$\begin{aligned}\boldsymbol{S} &= \boldsymbol{E}\times\boldsymbol{H}=\mathrm{Re}[\boldsymbol{E}\mathrm{e}^{\mathrm{j}\omega t}]\times\mathrm{Re}[\boldsymbol{H}\mathrm{e}^{\mathrm{j}\omega t}]\\ &=\frac{1}{2}[\boldsymbol{E}\mathrm{e}^{\mathrm{j}\omega t}+(\boldsymbol{E}\mathrm{e}^{\mathrm{j}\omega t})^*]\times\frac{1}{2}[\boldsymbol{H}\mathrm{e}^{\mathrm{j}\omega t}+(\boldsymbol{H}\mathrm{e}^{\mathrm{j}\omega t})^*]\\ &=\frac{1}{4}[\boldsymbol{E}\times\boldsymbol{H}\mathrm{e}^{\mathrm{j}2\omega t}+\boldsymbol{E}^*\times\boldsymbol{H}^*\mathrm{e}^{-\mathrm{j}2\omega t}]+\frac{1}{4}[\boldsymbol{E}^*\times\boldsymbol{H}+\boldsymbol{E}\times\boldsymbol{H}^*]\\ &=\frac{1}{4}[\boldsymbol{E}\times\boldsymbol{H}\mathrm{e}^{\mathrm{j}2\omega t}+(\boldsymbol{E}\times\boldsymbol{H}\mathrm{e}^{\mathrm{j}2\omega t})^*]+\frac{1}{4}[(\boldsymbol{E}\times\boldsymbol{H}^*)^*+\boldsymbol{E}\times\boldsymbol{H}^*]\\ &=\frac{1}{2}\mathrm{Re}[\boldsymbol{E}\times\boldsymbol{H}\mathrm{e}^{\mathrm{j}2\omega t}]+\frac{1}{2}\mathrm{Re}[\boldsymbol{E}\times\boldsymbol{H}^*]\end{aligned} \tag{5-70}$$

将结果代入式(5-69)得

$$\begin{aligned}\boldsymbol{S}_{av} &= \frac{\omega}{2\pi}\int_0^{2\pi/\omega}\left\{\frac{1}{2}\mathrm{Re}[\boldsymbol{E}\times\boldsymbol{H}\mathrm{e}^{\mathrm{j}2\omega t}]+\frac{1}{2}\mathrm{Re}[\boldsymbol{E}\times\boldsymbol{H}^*]\right\}\mathrm{d}t\\ &=\frac{1}{2}\mathrm{Re}[\boldsymbol{E}\times\boldsymbol{H}^*]\end{aligned} \tag{5-71}$$

式中，$*$表示共轭复数形式。

根据以上推导，可以类似地计算电场能量密度和磁场能量密度的时间平均值：

$$w_{eav}=\frac{1}{T}\int_0^T w_e\,\mathrm{d}t=\frac{1}{4}\mathrm{Re}(\varepsilon_c\boldsymbol{E}\cdot\boldsymbol{E}^*)=\frac{1}{4}\varepsilon'\boldsymbol{E}\cdot\boldsymbol{E}^* \tag{5-72}$$

$$w_{mav}=\frac{1}{T}\int_0^T w_m\,\mathrm{d}t=\frac{1}{4}\mathrm{Re}(\mu_c\boldsymbol{H}\cdot\boldsymbol{H}^*)=\frac{1}{4}\mu'\boldsymbol{H}\cdot\boldsymbol{H}^* \tag{5-73}$$

2. 复坡印廷定理

对于时谐电磁场，定义复坡印廷矢量为

$$\boldsymbol{S}_c=\frac{1}{2}\boldsymbol{E}\times\boldsymbol{H}^* \tag{5-74}$$

根据式(5-71)，得

$$\boldsymbol{S}_{av}=\mathrm{Re}[\boldsymbol{S}_c] \tag{5-75}$$

根据麦克斯韦方程组的复数形式，可以导出复数形式的坡印廷定理。设介电常数ε_c和磁导率μ_c均为复数形式，由矢量恒等式

$$\nabla\cdot(\boldsymbol{E}\times\boldsymbol{H}^*)=\boldsymbol{H}^*\cdot\nabla\times\boldsymbol{E}-\boldsymbol{E}\cdot\nabla\times\boldsymbol{H}^* \tag{5-76}$$

和麦克斯韦方程组的复数形式

$$\begin{cases}\nabla\times\boldsymbol{E}=-\mathrm{j}\omega\mu_c\boldsymbol{H}\\ \nabla\times\boldsymbol{H}^*=\sigma\boldsymbol{E}^*-\mathrm{j}\omega\varepsilon_c^*\boldsymbol{E}^*\end{cases} \tag{5-77}$$

$$\nabla\cdot(\boldsymbol{E}\times\boldsymbol{H}^*)=-\mathrm{j}\omega\mu_c\boldsymbol{H}\cdot\boldsymbol{H}^*+\mathrm{j}\omega\varepsilon_c^*\boldsymbol{E}\cdot\boldsymbol{E}^*-\sigma\boldsymbol{E}\cdot\boldsymbol{E}^* \tag{5-78}$$

变换后得

$$-\nabla\cdot\frac{1}{2}(\boldsymbol{E}\times\boldsymbol{H}^*)=\mathrm{j}\omega\,\frac{1}{2}\mu_c\boldsymbol{H}\cdot\boldsymbol{H}^*-\mathrm{j}\omega\,\frac{1}{2}\varepsilon_c^*\boldsymbol{E}\cdot\boldsymbol{E}^*+\frac{1}{2}\sigma\boldsymbol{E}\cdot\boldsymbol{E}^* \tag{5-79}$$

对式(5-79)进行体积分，并运用散度定理将等式左边的体积分转换为面积分，得

$$-\oint_S\frac{1}{2}(\boldsymbol{E}\times\boldsymbol{H}^*)\cdot\mathrm{d}\boldsymbol{S}=\mathrm{j}\omega\int_V\left(\frac{1}{2}\mu\boldsymbol{H}\cdot\boldsymbol{H}^*-\frac{1}{2}\varepsilon^*\boldsymbol{E}\cdot\boldsymbol{E}^*\right)\mathrm{d}V+\int_V\frac{1}{2}\sigma\boldsymbol{E}\cdot\boldsymbol{E}^*\,\mathrm{d}V$$

由于

$$\mathrm{j}\,\frac{1}{2}\omega\mu_c\boldsymbol{H}\cdot\boldsymbol{H}^*=\mathrm{j}\,\frac{1}{2}\omega(\mu'-\mathrm{j}\mu'')\boldsymbol{H}\cdot\boldsymbol{H}^*=\frac{1}{2}\omega\mu''\boldsymbol{H}\cdot\boldsymbol{H}^*+\mathrm{j}\,\frac{1}{2}\omega\mu'\boldsymbol{H}\cdot\boldsymbol{H}^*$$

$$-\mathrm{j}\,\frac{1}{2}\omega\varepsilon_c^*\boldsymbol{E}\cdot\boldsymbol{E}^*=-\mathrm{j}\,\frac{1}{2}\omega(\varepsilon'+\mathrm{j}\varepsilon'')\boldsymbol{E}\cdot\boldsymbol{E}^*=\frac{1}{2}\omega\varepsilon''\boldsymbol{E}\cdot\boldsymbol{E}^*-\mathrm{j}\,\frac{1}{2}\omega\varepsilon'\boldsymbol{E}\cdot\boldsymbol{E}^*$$

因此

$$\begin{aligned}-\oint_S\frac{1}{2}(\boldsymbol{E}\times\boldsymbol{H}^*)\cdot\mathrm{d}S&=\int_V\left(\frac{1}{2}\omega\mu''\boldsymbol{H}\cdot\boldsymbol{H}^*+\frac{1}{2}\omega\varepsilon''\boldsymbol{E}\cdot\boldsymbol{E}^*+\frac{1}{2}\sigma\boldsymbol{E}\cdot\boldsymbol{E}^*\right)\mathrm{d}V+\\&\quad\mathrm{j}2\omega\int_V\left(\frac{1}{4}\mu'\boldsymbol{H}\cdot\boldsymbol{H}^*-\frac{1}{4}\varepsilon'\boldsymbol{E}\cdot\boldsymbol{E}^*\right)\mathrm{d}V\\&=\int_V(p_{eav}+p_{mav}+p_{\mathrm{j}av})\mathrm{d}V+\mathrm{j}2\omega\int_V(w_{mav}-w_{eav})\mathrm{d}V\end{aligned}\tag{5-80}$$

其中单位体积内磁化损耗的平均值

$$p_{mav}=\frac{1}{2}\omega\mu''\boldsymbol{H}\cdot\boldsymbol{H}^*$$

介电损耗的平均值

$$p_{eav}=\frac{1}{2}\omega\varepsilon''\boldsymbol{E}\cdot\boldsymbol{E}^*$$

单位体积中的焦耳热损耗的平均值

$$p_{\mathrm{j}av}=\frac{1}{2}\sigma\boldsymbol{E}\cdot\boldsymbol{E}^*$$

式(5－80)为复数形式的坡印廷定理。等式右边$\int_V(p_{eav}+p_{mav}+p_{\mathrm{j}av})\,\mathrm{d}V$表示体积$V$内的有功功率，$\mathrm{j}2\omega\int_V(w_{mav}-w_{eav})\,\mathrm{d}V$表示体积$V$内的无功功率。

例5－4　在无源（$\rho=0$，$J=0$）的自由空间中，已知电磁场的电场强度复矢量为$\boldsymbol{E}(z)=\boldsymbol{e}_yE_0\mathrm{e}^{-\mathrm{j}kz}$ V/m，k和E_0为常数。求：(1) 磁场强度的复矢量$\boldsymbol{H}(z)$；(2) 瞬时坡印廷矢量$\boldsymbol{S}$；(3) 平均坡印廷矢量$\boldsymbol{S}_{av}$。

解　(1) 由$\nabla\times\boldsymbol{E}=-\mathrm{j}\omega\mu_0\boldsymbol{H}$得

$$H(z)=-\frac{1}{\mathrm{j}\omega\mu_0}\nabla\times\boldsymbol{E}=-\frac{1}{\mathrm{j}\omega\mu_0}\boldsymbol{e}_z\frac{\partial}{\partial z}\times\boldsymbol{e}_yE_0\mathrm{e}^{-\mathrm{j}kz}=-\boldsymbol{e}_x\frac{kE_0}{\omega\mu_0}\mathrm{e}^{-\mathrm{j}kz}$$

(2) 电场、磁场的瞬时值

$$E(z,t)=\mathrm{Re}[\boldsymbol{E}(z)\mathrm{e}^{\mathrm{j}\omega t}]=\boldsymbol{e}_yE_0\cos(\omega t-kz)$$

$$H(z,t)=\mathrm{Re}[\boldsymbol{H}(z)\mathrm{e}^{\mathrm{j}\omega t}]=-\boldsymbol{e}_x\frac{kE_0}{\omega\mu_0}\cos(\omega t-kz)$$

可以得到瞬时坡印廷矢量

$$\begin{aligned}\boldsymbol{S}=\boldsymbol{E}\times\boldsymbol{H}&=\boldsymbol{e}_yE_0\cos(\omega t-kz)\times\left[-\boldsymbol{e}_x\frac{kE_0}{\omega\mu_0}\cos(\omega t-kz)\right]\\&=\boldsymbol{e}_z\frac{kE_0^2}{\omega\mu_0}\cos^2(\omega t-kz)\end{aligned}$$

(3) 由式(5－71)得平均坡印廷矢量

$$\boldsymbol{S}_{av}=\frac{1}{2}\mathrm{Re}\left[\boldsymbol{e}_y E_0\mathrm{e}^{-\mathrm{j}kz}\times\left(-\boldsymbol{e}_x\frac{kE_0}{\omega\mu_0}\mathrm{e}^{-\mathrm{j}kz}\right)^*\right]=\frac{1}{2}\mathrm{Re}\left[\boldsymbol{e}_z\frac{kE_0^2}{\omega\mu_0}\right]=\boldsymbol{e}_z\frac{kE_0^2}{2\omega\mu_0}$$

也可由式(5-72)计算得到

$$\boldsymbol{S}_{av}=\frac{\omega}{2\pi}\int_0^{\omega/2\pi}\left[\boldsymbol{e}_z\frac{kE_0^2}{\omega\mu_0}\cos^2(\omega t-kz)\right]\mathrm{d}t=\boldsymbol{e}_z\frac{kE_0^2}{2\omega\mu_0}$$

本章小结

本章主要讨论了时变电磁场的普遍规律，包括电磁感应定律与全电流定律、麦克斯韦方程、电磁场的波动方程、动态矢量位和标量位、坡印廷定理与坡印廷矢量、时谐电磁场。

本章重点是麦克斯韦方程组，引入位函数描述场矢量，简化求解过程。复数表达式的优势是形式简单、数学处理方便。坡印廷定理描述了电磁能量的传输，是电磁场的能量转换与守恒定律。唯一性定理是电磁场的重要定理，揭示了电磁场具有唯一确定分布的条件。时谐电磁场是常见电磁场，任意时变电磁场都可以通过傅里叶分析方法展开为不同频率的时谐电磁场的叠加。

习题 5

一、选择题

5-1　时变电磁场和静电场分别是（　　）。

A. 无旋场；无旋场　　B. 无旋场；有旋场

C. 有旋场；无旋场　　D. 有旋场；有旋场

5-2　下列关于麦克斯韦方程描述错误的是（　　）。

A. 静态场是麦克斯韦方程的特例

B. 麦克斯韦方程中的安培环路定律与静态场中的安培环路定律相同

C. 麦克斯韦方程适用于任何介质

D. 磁通永远是连续的

5-3　时变电磁场的激发源是（　　）。

A. 电荷和电流

B. 变化的电场和磁场

C. 电荷和电流以及变化的电场和磁场

5-4　电磁波从真空进入介质后，发生变化的物理量有（　　）。

A. 波长和频率

B. 波速和频率

C. 波长和波速

D. 波速和传播方式(横波或纵波)

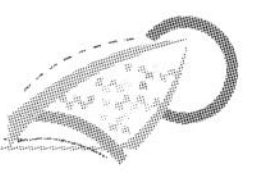

5-5 下列说法错误的是（　　）。

A. 电磁场能量的体密度等于电场能的体密度与磁场能的体密度之和

B. 电介质的极化存在电极化损耗，磁介质的磁化存在磁化损耗

C. 位移电流是真实的电流

D. 位移电流是麦克斯韦提出的

二、填空题

5-6 坡印廷矢量 $\boldsymbol{S}$ 的瞬时值表示为________，平均值为________。

5-7 电磁感应定律的本质是变化的磁场产生________。

5-8 若介质为导电媒质，则介质中会存在磁化损耗、________损耗和________损耗。

5-9 全电流定律的公式为________。

5-10 电场和磁场的亥姆霍兹方程分别为________、________。

三、简答与计算题

5-11 一个 $a\times b$ 的矩形线圈放置在时变电磁场 $\boldsymbol{B}=\boldsymbol{e}_y B_0\sin\omega t$ 中，初始时刻，线圈平面的法向单位矢量 $\boldsymbol{e}_n$ 与 $\boldsymbol{e}_y$ 成 α 角，如题 5-11 图所示。试求：(1) 线圈静止时的感应电动势；(2) 线圈以角速度 ω 绕 x 轴旋转时的感应电动势。

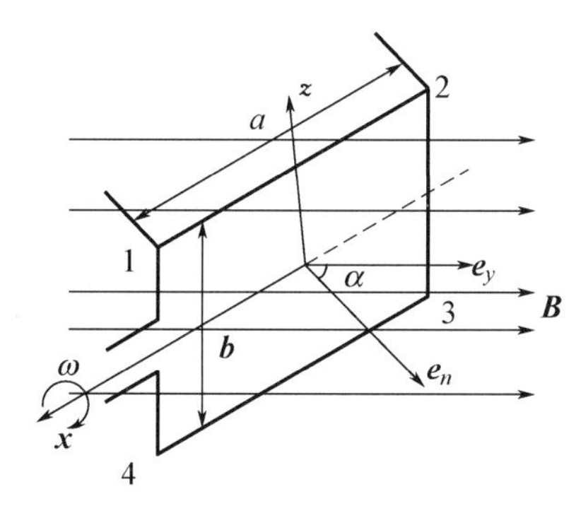

题 5-11 图

5-12 若平板电容器中填充两层介质，第一层介质的厚度为 d_1，第二层介质的厚度为 d_2，极板面积为 S，电容器的外加电压 $U=U_0\sin\omega t$。试求两种介质参数分别为下列情况时：① $\varepsilon_{r1}=4$，$\mu_1=\mu_0$，$\sigma_1=1\text{S/m}$，$\varepsilon_{r2}=2$，$\mu_2=\mu_0$，$\sigma_2=2\text{S/m}$；② $\varepsilon_{r1}=1$，$\mu_1=\mu_0$，$\sigma_1=0$，$\varepsilon_{r2}=2$，$\mu_2=\mu_0$，$\sigma_2=2\text{S/m}$，电容器中的电场强度、能量密度和损耗功率密度。

5-13 写出位移电流的表达式，并了解其定义。

5-14 设铜中的电场为 $E_m\cos\omega t$，已知铜的电导率 $\sigma=5.8\times10^7\text{S/m}$，介电系数 $\varepsilon\approx\varepsilon_0$。计算铜中位移电流密度与传导电流密度的比值。

5-15 试由麦克斯韦方程导出电流连续性方程。

5-16 在横截面面积为 $a\times b$ 的矩形金属波导中，电磁场的复矢量为 $\boldsymbol{E}=-\boldsymbol{e}_y\mathrm{j}\omega\mu\dfrac{a}{\pi}H_0\sin\left(\dfrac{\pi x}{a}\right)\mathrm{e}^{-\mathrm{j}\beta z}$ (V/m)，$\boldsymbol{H}=\left[\boldsymbol{e}_x\mathrm{j}\beta\dfrac{a}{\pi}H_0\sin\left(\dfrac{\pi x}{a}\right)+\boldsymbol{e}_z H_0\cos\left(\dfrac{\pi x}{a}\right)\right]\mathrm{e}^{-\mathrm{j}\beta z}$ (A/m)，其中 H_0，ω，μ，β 都是实常数。试求：(1) 瞬时坡印廷矢量；(2) 平均坡印廷矢量。

5-17　已知真空区域中，时变电磁场的时变磁场瞬时值为 $\boldsymbol{H}(y,t)=\boldsymbol{e}_x\sqrt{2}\cos(20x)\sin(\omega t-k_y y)$，试求电场强度的复矢量及能流密度矢量的平均值。

5-18　将下列场矢量的瞬时值形式改写为复数形式。

(1) $\boldsymbol{E}(z,t)=\boldsymbol{e}_x E_{xm}\cos(\omega t-kz+f_x)+\boldsymbol{e}_y E_{ym}\sin(\omega t-kz+f_y)$

(2) $\boldsymbol{H}(x,z,t)=\boldsymbol{e}_x H_0 k\dfrac{a}{\pi}\sin\left(\dfrac{\pi x}{a}\right)\sin(kz-\omega t)+\boldsymbol{e}_z H_0\cos\left(\dfrac{\pi x}{a}\right)\cos(kz-\omega t)$

5-19　若真空中时谐电磁场的电场复矢量为 $\boldsymbol{E}(\boldsymbol{r})=(-\boldsymbol{e}_x-2\boldsymbol{e}_y+\sqrt{3}\boldsymbol{e}_z)\mathrm{e}^{-\mathrm{j}0.05\pi(\sqrt{3}x+z)}$，试求电场强度的瞬时值 $\boldsymbol{E}(\boldsymbol{r},t)$、磁通密度的复矢量 $\boldsymbol{B}(\boldsymbol{r})$ 及复坡印廷矢量。

5-20　试写出复数形式的麦克斯韦方程组。它与瞬时形式的麦克斯韦方程组有什么区别？

第6章

平面电磁波

前面章节学习了时变电磁场可以在空间中形成电磁波，电磁波可以根据波面形状分为平面波、柱面波和球面波。平面波是一种简单、基本的电磁波，其他类型的电磁波可以分解为多个平面波之和。

本章在麦克斯韦方程组的基础上推导出电磁波的波动方程，通过求解波动方程，了解平面波的表达式。在均匀平面波的基础上，介绍了在无限大理想介质和有耗介质中传播的平面波的一般规律及研究方法，还介绍了平面波在平面边界上的反射特性和折射特性。

教学目标

1. 掌握平面波的波动方程。
2. 了解平面波在无耗介质和有耗介质中的传输特性。
3. 掌握平面波的极化特性。
4. 了解平面波在平面边界上的反射特性和折射特性。

教学要求

知识要点	能力要求	相关知识
波动方程	掌握平面波的波动方程	麦克斯韦方程
理想介质中的均匀平面波	掌握理想介质中均匀平面波的传播特点	相位常数，相速、波阻抗
任意方向传播的平面波	了解任意方向传播的平面波的传播特点	传播方向
导电媒质中的平面波	(1) 掌握导电媒质中平面波的电磁能量损耗； (2) 掌握集肤效应	衰减常数，相位常数，集肤深度

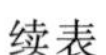

续表

知识要点	能力要求	相关知识
平面波的极化特性	掌握三种极化波的极化特性	线极化波，圆极化波，椭圆极化波
平面波对平面边界的正投射	(1) 掌握反射波和透射波的极化特性； (2) 掌握驻波的特点	反射系数，透射系数，驻波比
平面波对多层边界的正投射	了解多层边界的等效	等效波阻抗，1/4 波长匹配层

基本概念

有耗介质：平面波在导电介质中传播时，由于电导率 σ 引起热损耗，因此振幅不断衰减。

无耗介质：电导率为零的理想介质。

极化特性：电场强度的方向随时间变化的规律。

引例：亥姆霍兹

亥姆霍兹是德国物理学家、生理学家。他在柏林的王家医学科学院学习期间，自修了拉普拉斯、毕奥和伯努利等人的数学著作及康德的哲学著作。1842 年获得医学博士学位后，他被任命为波茨坦驻军军医，开始研究生理学，特别是感觉生理学。1847 年他在德国物理学会发表了关于力的守恒演讲，在这次演讲中，他第一次以数学方式提出能量守恒定律，在科学界赢得很大声望；第二年被特许从军队退役，担任哥尼斯堡大学的生理学副教授。

1868 年亥姆霍兹将研究方向转向物理学，1871 年任柏林大学物理学教授。在电磁理论方面，他测出电磁感应的传播速度为 314000km/s，由法拉第电解定律推导出电可能是粒子。亥姆霍兹的一系列演讲使麦克斯韦的电磁理论真正引起物理学家的注意，并使他的学生——赫兹于 1887 年通过试验证实电磁波的存在。在热力学研究方面，他于 1882 年发表论文《化学过程的热力学》，区别了化学反应中的“束缚能”和“自由能”，指出前者只能转换为热，后者可以转换为其他形式的能量。他根据克劳修斯方程导出吉布斯-亥姆霍兹方程，还研究了流体力学中涡流、海浪的形成机理和若干气象问题。

6.1 波动方程

实际上，研究电磁波的传播问题可归结为在给定边界条件和初始条件下求解波动方程的解。可见，以麦克斯韦方程为基础，推导出电磁场的波动方程是非常必要的。

6.1.1 波动方程

在无界的均匀线性、各向同性、无损耗介质和无源区域内，麦克斯韦方程组为

$$\nabla\times\boldsymbol{H}=\frac{\partial \boldsymbol{D}}{\partial t}=\varepsilon\frac{\partial \boldsymbol{E}}{\partial t} \tag{6-1a}$$

$$\nabla\times\boldsymbol{E}=-\frac{\partial \boldsymbol{B}}{\partial t}=-\mu\frac{\partial \boldsymbol{H}}{\partial t} \tag{6-1b}$$

$$\nabla\cdot\boldsymbol{H}=0 \tag{6-1c}$$

$$\nabla\cdot\boldsymbol{E}=0 \tag{6-1d}$$

式(6-1b)两边取旋度，有

$$\nabla\times(\nabla\times\boldsymbol{E})=-\mu\frac{\partial}{\partial t}(\nabla\times\boldsymbol{H}) \tag{6-2}$$

将式(6-1a)代入式(6-2)，得到

$$\nabla\times(\nabla\times\boldsymbol{E})+\mu\varepsilon\frac{\partial^2 \boldsymbol{E}}{\partial t^2}=0 \tag{6-3}$$

利用矢量恒等式$\nabla\times(\nabla\times\boldsymbol{E})=\nabla(\nabla\cdot\boldsymbol{E})-\nabla^2\boldsymbol{E}$和式(6-1d)，得到

$$\nabla^2\boldsymbol{E}-\mu\varepsilon\frac{\partial^2 \boldsymbol{E}}{\partial t^2}=0 \tag{6-4}$$

同理，可以得到

$$\nabla^2\boldsymbol{H}-\mu\varepsilon\frac{\partial^2 \boldsymbol{H}}{\partial t^2}=0 \tag{6-5}$$

式(6-4)和式(6-5)分别为无源区域中电场强度$\boldsymbol{E}$和磁场强度$\boldsymbol{H}$满足的齐次波动方程。可见，无源区域内的电磁场可以通过求解波动方程得到。

在直角坐标系中，波动方程可以分解为三个标量方程，每个方程中只含有一个方向的场分量，例如式(6-4)可以分解为

$$\frac{\partial^2 E_x}{\partial x}+\frac{\partial^2 E_x}{\partial y}+\frac{\partial^2 E_x}{\partial z}-\mu\varepsilon\frac{\partial^2 E_x}{\partial t^2}=0 \tag{6-6}$$

$$\frac{\partial^2 E_y}{\partial x}+\frac{\partial^2 E_y}{\partial y}+\frac{\partial^2 E_y}{\partial z}-\mu\varepsilon\frac{\partial^2 E_y}{\partial t^2}=0 \tag{6-7}$$

$$\frac{\partial^2 E_z}{\partial x}+\frac{\partial^2 E_z}{\partial y}+\frac{\partial^2 E_z}{\partial z}-\mu\varepsilon\frac{\partial^2 E_z}{\partial t^2}=0 \tag{6-8}$$

6.1.2　亥姆霍兹方程

如果讨论的电磁场为正弦电磁场，则式(6-4)和式(6-5)变为

$$\nabla^2\boldsymbol{E}+\omega^2\mu\varepsilon\boldsymbol{E}=0 \tag{6-9}$$

$$\nabla^2\boldsymbol{H}+\omega^2\mu\varepsilon\boldsymbol{H}=0 \tag{6-10}$$

式中，令$k=\omega\sqrt{\mu\varepsilon}$，式(6-9)和式(6-10)分别变为

$$\nabla^2\boldsymbol{E}+k^2\boldsymbol{E}=0 \tag{6-11}$$

$$\nabla^2\boldsymbol{H}+k^2\boldsymbol{H}=0 \tag{6-12}$$

式(6-11)和式(6-12)称为齐次亥姆霍兹方程。

直角坐标系中的齐次标量亥姆霍兹方程为

$$\frac{\partial^2 E_x}{\partial x}+\frac{\partial^2 E_x}{\partial y}+\frac{\partial^2 E_x}{\partial z}+k^2E_x=0 \tag{6-13}$$

$$\frac{\partial^2 E_y}{\partial x}+\frac{\partial^2 E_y}{\partial y}+\frac{\partial^2 E_y}{\partial z}+k^2 E_y=0 \tag{6-14}$$

$$\frac{\partial^2 E_z}{\partial x}+\frac{\partial^2 E_z}{\partial y}+\frac{\partial^2 E_z}{\partial z}+k^2 E_z=0 \tag{6-15}$$

6.2 理想介质中的均匀平面波

6.2.1 理想介质中的均匀平面波函数

在某个时刻，空间具有相同相位的点构成的面称为等相位面，又称波阵面。等相位面为无限大平面的电磁波，称为平面波。在等相位面上，电场和磁场的方向、振幅都保持不变的平面波称为均匀平面波。均匀平面波是电磁波的一种理想情况，其分析方法不仅简单，而且表征了电磁波的重要特性。下面从均匀平面波入手讨论电磁波的波函数。

已知正弦电磁场在无外源的理想介质中满足齐次矢量亥姆霍兹方程，又知在直角坐标系中，各分量满足齐次标量亥姆霍兹方程。考虑一种简单的情况，我们选直角坐标系中的均匀平面波沿 z 轴方向传播，根据均匀平面波的定义，可知电场强度和磁场强度都不是 x 和 y 的函数，即$\frac{\partial \boldsymbol{E}(\boldsymbol{H})}{\partial x}=\frac{\partial \boldsymbol{E}(\boldsymbol{H})}{\partial y}=0$。由 6.1 节分析知，电场强度和磁场强度不可能存在 z 分量，即 $E_z=H_z=0$。为了讨论方便，令电场强度方向为 x 轴方向，即 $\boldsymbol{E}=\boldsymbol{e}_x E_x$，则磁场强度

$$\boldsymbol{H}=\frac{\mathrm{j}}{\omega\mu}\nabla\times\boldsymbol{E}=\frac{\mathrm{j}}{\omega\mu}\nabla\times(\boldsymbol{e}_x E_x)=\frac{\mathrm{j}}{\omega\mu}[(\nabla E_x)\times\boldsymbol{e}_x+E_x\nabla\times\boldsymbol{e}_x]=\frac{\mathrm{j}}{\omega\mu}(\nabla E_x)\times\boldsymbol{e}_x \tag{6-16}$$

因为

$$\nabla E_x=\boldsymbol{e}_x\frac{\partial E_x}{\partial x}+\boldsymbol{e}_y\frac{\partial E_x}{\partial y}+\boldsymbol{e}_z\frac{\partial E_x}{\partial z}=\boldsymbol{e}_z\frac{\partial E_x}{\partial z}$$

代入式(6-16) 得

$$\boldsymbol{H}=\boldsymbol{e}_y\frac{\mathrm{j}}{\omega\mu}\frac{\partial E_x}{\partial z}=\boldsymbol{e}_y H_y \tag{6-17}$$

所以，磁场强度标量表达式为

$$H_y=\frac{\mathrm{j}}{\omega\mu}\frac{\partial E_x}{\partial z} \tag{6-18}$$

由此可见，磁场强度仅有 y 分量。这是因为电场强度仅与 z 有关，所以磁场强度仅与 z 有关，磁场不可能有 z 分量。由于电场与磁场处处垂直，因此，若 $\boldsymbol{E}=\boldsymbol{e}_x E_x$，则 $\boldsymbol{H}=\boldsymbol{e}_y H_y$。由于 E_x 与 H_y 的关系由式(6-18) 确定，因此只需求解 E_x，再由式(6-18)确定 H_y 即可。

由 6.1 节可知，电场强度 E_x 分量满足齐次标量亥姆霍兹方程式，考虑到$\frac{\partial E_x}{\partial x}=\frac{\partial E_y}{\partial y}=0$，得

$$\frac{\mathrm{d}^2 E_x}{\mathrm{d}z^2}+k^2 E_x=0 \tag{6-19}$$

式(6-19)是二阶常微分方程，其通解为

$$E_x(z)=E_{x0}\mathrm{e}^{-\mathrm{j}kz}+E'_{x0}\mathrm{e}^{\mathrm{j}kz} \tag{6-20}$$

式中，$E_{x0}=E_{1m}\mathrm{e}^{\mathrm{j}\phi_1}$；$E'_{x0}=E_{2m}\mathrm{e}^{\mathrm{j}\phi_2}$；$\phi_1$ 和 ϕ_2 分别为 E_{x0} 和 E'_{x0} 的辐角；等号右边第一项表示相位随变量 z 的增大逐渐滞后，第二项表示相位随变量 z 的增大逐渐超前，根据第5章所述，场的相位一定落后于源的相位，因此，等号右边第一项代表沿正 z 轴方向传播的波，第二项代表沿负 z 轴方向传播的波。为了便于讨论平面波的波动特性，仅考虑沿正 z 轴方向传播的波，式(6-20)变为

$$E_x(z)=E_{x0}\mathrm{e}^{-\mathrm{j}kz} \tag{6-21}$$

$E_x(z)$ 对应的瞬时值表达式为

$$E_x(z,t)=E_{1m}\cos(\omega t-kz+\phi_1) \tag{6-22}$$

可见，场分量 $E_x(z,t)$ 是时间和空间坐标的周期函数。

6.2.2 理想介质中均匀平面波的传播特点

1. 时间相位、周期和频率

在空间位置 z 为常数的平面上，$E_x(z,t)$ 随时间 t 作周期性变化。图6-1给出了 $E_x(0,t)=E_{x,m}\cos\omega t$ 的变化曲线，取 $\phi_1=0$，ωt 称为时间相位。

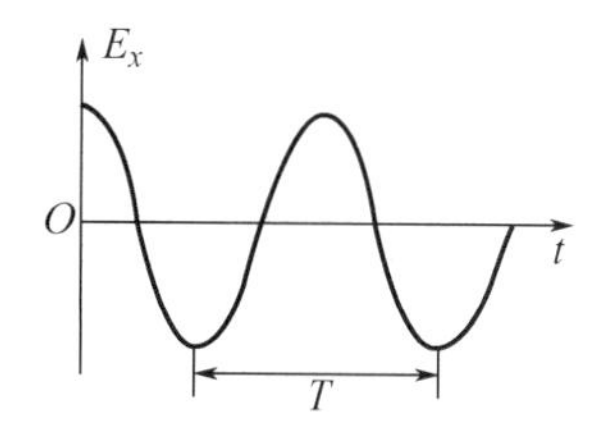

图6-1 $E_x(0,t)=E_{x,m}\cos\omega t$ 的变化曲线

ω 表示单位时间内的相位变化，称为角频率，单位为 rad/s。由 $\omega t=2\pi$ 得到场量随时间变化的周期

$$T=\frac{2\pi}{\omega} \tag{6-23}$$

T 表征在给定位置上，时间相位变化 2π 的时间间隔。由周期和频率的关系，可以得到电磁波的频率

$$f=\frac{1}{T}=\frac{\omega}{2\pi} \tag{6-24}$$

2. 空间相位、相位常数、波长和波数

在时间 t 为常数（固定时刻）的平面上，$E_x(z,t)$ 随空间坐标 z 轴作周期性变化。图6-2给出了 $E_x(z,0)=E_{x,m}\cos kz$ 的变化曲线，取式(6-22)中 $\phi_1=0$，kz 称为空间相位。

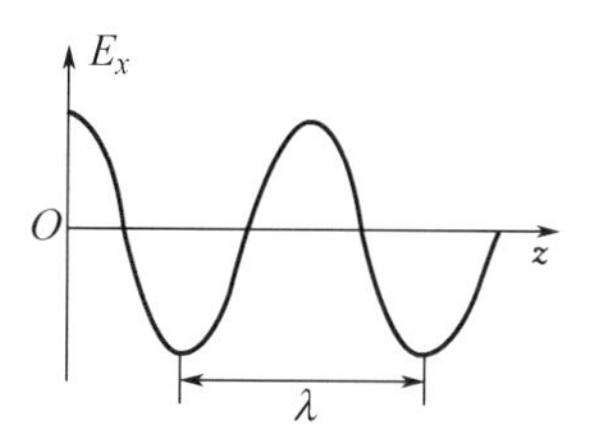

图6-2 $E_x(z,0)=E_{x,m}\cos kz$ 的变化曲线

k 表示波传播单位距离的相位变化，称为相位常数，单位为 rad/m。任意固定时刻，空间相位差为 2π 的两个波阵面之间的距离称为电磁波的波长，用 λ 表示，单位为 m。由 $kz=2\pi$ 得到场量随空间变化的周期（即波长）

$$\lambda=\frac{2\pi}{k} \tag{6-25}$$

由于 $k=\omega\sqrt{\mu\varepsilon}=2\pi f\sqrt{\mu\varepsilon}$，因此又可写为

$$\lambda=\frac{1}{f\sqrt{\mu\varepsilon}} \tag{6-26}$$

由式(6-25)得到

$$k=\frac{2\pi}{\lambda} \tag{6-27}$$

因为 k 值也表示 2π 的空间距离内包含的波长数，所以 k 又称波数。

3. 相速度

电磁波的等相位面在空间移动的速度称为相位速度，可以根据相位不变点的轨迹变化计算电磁波的相位速度，用 $\boldsymbol{v}_p$ 表示。令 $\omega t-kz=$常数，得 $\omega\mathrm{d}t-k\mathrm{d}z=0$，则相位速度

$$\boldsymbol{v}_p=\frac{\mathrm{d}z}{\mathrm{d}t}=\frac{\omega}{k} \tag{6-28}$$

考虑 $k=\omega\sqrt{\varepsilon\mu}$，得

$$\boldsymbol{v}_p=\frac{\omega}{k}=\frac{1}{\sqrt{\varepsilon\mu}} \tag{6-29}$$

均匀平面波的相位速度简称相速。式(6-29)表明，在理想介质中，均匀平面波的相速与介质特性有关。由于一切介质的相对介电常数 $\varepsilon_r>1$，且通常相对磁导率 $\mu_r\approx1$，因此，理想介质中均匀平面波的相速通常小于真空中的光速$\left(c=\frac{1}{\sqrt{\varepsilon_0\mu_0}}\right)$。电磁波的相速有时甚至可以超过光速，可见，相速不一定代表能量传播速度。

将式(6-26)代入式(6-29)得

$$\boldsymbol{v}_p=\lambda f \tag{6-30}$$

式(6-30)描述了电磁波的相速 $\boldsymbol{v}_p$、频率 f 与波长 λ 之间的关系。平面波的频率是由波源决定的，它始终与波源的频率相等。由于平面波的相速与介质特性有关，因此平面波的波长与介质特性有关。将式(6-29)代入式(6-30)得

$$\lambda=\frac{\boldsymbol{v}_p}{f}=\frac{1}{f\sqrt{\varepsilon_0\mu_0}\sqrt{\varepsilon_r\mu_r}}=\frac{\lambda_0}{\sqrt{\varepsilon_r\mu_r}} \tag{6-31}$$

式中，λ_0 为频率为 f 的平面波在真空中传播的波长，$\lambda_0=\frac{1}{f\sqrt{\varepsilon_0\mu_0}}$。

式(6-31)表明$\lambda<\lambda_0$，可见平面波在介质中的波长小于真空中的波长，这种现象称为缩波效应。埋入地中或浸入水内的天线，必须考虑这种缩波效应。此外，微带电路及微带天线可以利用缩波效应减小设备的体积。

4. 波阻抗

由式(6-18)及式(6-21)得

$$H_y=\sqrt{\frac{\varepsilon}{\mu}}E_{x0}\mathrm{e}^{-\mathrm{j}kz}=H_{y0}\mathrm{e}^{-\mathrm{j}kz} \tag{6-32}$$

式中，

$$H_{y0}=\sqrt{\frac{\varepsilon}{\mu}}E_{x0} \tag{6-33}$$

在理想介质中，均匀平面波的电场相位与磁场相位相同，且两者空间相位均与变量 z 有关，但振幅不会改变。图 6－3 所示为电场及磁场随空间变化的情况（$t=0$）。

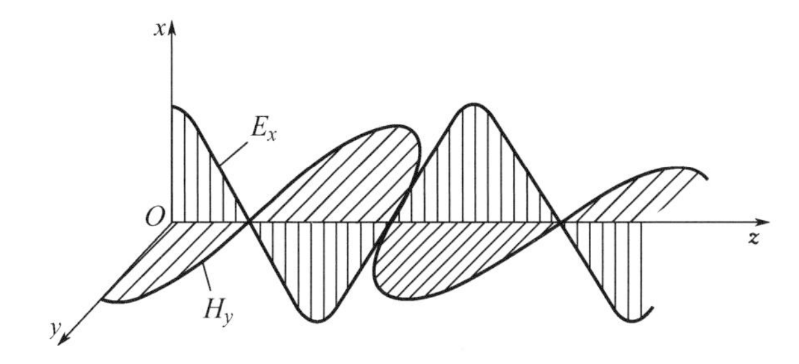

图 6－3　电场及磁场随空间变化的情况（$t=0$）

电场强度与磁场强度之比称为电磁波的波阻抗，用 Z 表示，即

$$Z=\frac{E_x}{H_y}=\sqrt{\frac{\mu}{\varepsilon}} \tag{6-34}$$

可见，当平面波在理想介质中传播时，其波阻抗为实数。

当平面波在真空中传播时，其波阻抗用 Z_0 表示，则

$$Z_0=\sqrt{\frac{\mu_0}{\varepsilon_0}}=377\Omega\approx120\pi\Omega \tag{6-35}$$

上述均匀平面波的磁场强度与电场强度之间的关系用矢量形式表示为

$$\boldsymbol{H}=\frac{1}{Z}\boldsymbol{e}_z\times\boldsymbol{E} \tag{6-36}$$

或者表示为

$$\boldsymbol{E}=Z\boldsymbol{H}\times\boldsymbol{e}_z \tag{6-37}$$

已知 $\boldsymbol{e}_z$ 为传播方向，可见无论是电场还是磁场，都与传播方向垂直。对于传播方向而言，电场及磁场仅具有横向分量，这种电磁波称为横电磁波，或称 TEM（Transverse Electric and Magnetic）波。由以上分析可知，均匀平面波是 TEM 波。

5. 复能流密度

求出电场强度及磁场强度后，可得 TEM 波的复能流密度矢量

$$\boldsymbol{S}_c=\boldsymbol{E}_x\times\boldsymbol{H}_y^*=\boldsymbol{e}_z\frac{E_{x0}^2}{Z}=\boldsymbol{e}_zZH_{y0}^2 \tag{6-38}$$

可见，此时复能流密度矢量为实数，虚部为零，表明电磁波能量仅沿正 z 轴方向单向流动，空间不存在来回流动的交换能量。从另一个角度看，因为电场能量密度平均值 $w_{eav}=\frac{1}{2}\varepsilon E_{x0}^2$，而磁场能量密度平均值 $w_{mav}=\frac{1}{2}\mu H_{y0}^2$，考虑到 $Z=\frac{E_{x_0}}{H_{y_0}}=\sqrt{\frac{\mu_0}{\varepsilon_0}}$，所以 $w_{eav}=w_{mav}$。由式(5－80) 可知，此时复能流密度矢量的虚部为零。

沿能流方向取长度为 l、截面面积为 S 的圆柱体，如图 6－4所示。

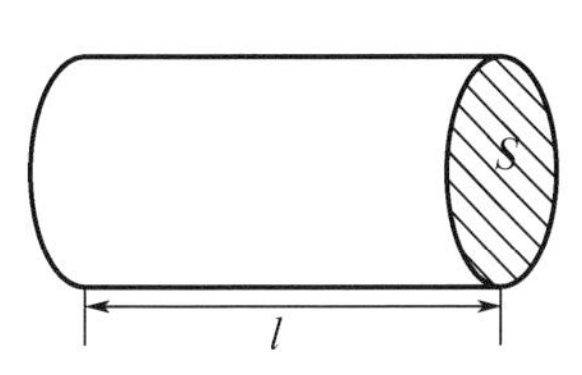

图 6－4　能量密度

设圆柱体中的能量均匀分布，且平均能量密度为 w_{av}，能流密度的平均值为 S_{av}，则柱体中的总平均能量为 $w_{av}Sl$，穿过端面 S 的总能量为 $S_{av}S$。若圆柱体中全部能量在 t 时间内全部穿过端面 S，则

$$S_{av}S=\frac{w_{av}lS}{t}=w_{av}S\ \frac{l}{t}$$

式中，$\frac{l}{t}$ 为单位时间内的能量位移，称为能量速度，用 $\boldsymbol{v}_e$ 表示。由此求得

$$\boldsymbol{v}_e=\frac{S_{\mathrm{av}}}{w_{\mathrm{av}}} \tag{6-39}$$

已知 $S_{av}=\frac{E_{x0}^2}{Z}$，$w_{av}=2w_{eav}=\varepsilon E_{x0}^2$，代入式(6-39)，得

$$\boldsymbol{v}_e=\frac{1}{\sqrt{\varepsilon\mu}}=\boldsymbol{v}_p \tag{6-40}$$

由此可见，在理想介质中，平面波的能量速度等于相速。

已知均匀平面波的波面是无限大的平面，且波面上各点的场强振幅均匀分布，因而波面上各点的能流密度相等，可见这种均匀平面波具有无限大的能量，而实际中不可能实现。当观察者距波源很远时，因为波面很大，所以可以近似看作均匀平面波。此外，利用空间傅里叶变换，可将非平面波展开为多个平面波之和，这种展开有时是非常有用的，可见研究均匀平面波具有重要的实际意义。

例 6-1 已知均匀平面波在真空中沿正 z 轴方向传播，其电场强度的瞬时值 $\boldsymbol{E}(z,t)=\boldsymbol{e}_x 20\sqrt{2}\sin(6\pi\times10^8 t-2\pi z)$。试求：(1) 频率及波长；(2) 电场强度及磁场强度的复矢量；(3) 复能流密度矢量；(4) 相速及能速。

解 (1) 频率 $f=\frac{\omega}{2\pi}=\frac{6\pi\times10^8}{2\pi}=3\times10^8\,\mathrm{Hz}$

波长 $\lambda=\frac{2\pi}{k}=\frac{2\pi}{2\pi}=1\mathrm{m}$

(2) 电场强度 $\boldsymbol{E}(z)=\boldsymbol{e}_x 20\mathrm{e}^{-\mathrm{j}2\pi z}(\mathrm{V/m})$

磁场强度 $\boldsymbol{H}(z)=\frac{1}{Z_0}\boldsymbol{e}_z\times\boldsymbol{E}=\boldsymbol{e}_y\ \frac{1}{6\pi}\mathrm{e}^{-\mathrm{j}2\pi z}(\mathrm{A/m})$

(3) 复能流密度 $\boldsymbol{S}_c=\boldsymbol{E}\times\boldsymbol{H}^*=\boldsymbol{e}_z\ \frac{10}{3\pi}(\mathrm{W/m^2})$

(4) 相速及能速 $v_p=v_c=\frac{\omega}{k}=3\times10^8(\mathrm{m/s})$

例 6-2 已知频率为 3GHz 的均匀平面波在理想介质中传播时，电场强度和磁场强度的有效值分别为 20V/m 和 0.1A/m，波长为 3cm。试求该理想介质的相对介电常数和相对磁导率。

解 根据给定的电场强度和磁场强度的有效值，求得平面波的波阻抗

$$Z=\frac{E}{H}=\frac{20}{0.1}=200\Omega$$

又知 $Z=\sqrt{\frac{\mu}{\varepsilon}}$，得

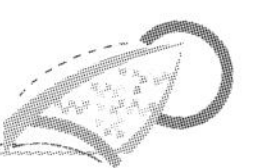

$$\sqrt{\frac{\mu}{\varepsilon}}=200\Omega \Rightarrow \sqrt{\frac{\mu_r}{\varepsilon_r}}=\frac{200}{377}$$

根据给定的频率和波长，求得平面波的相速

$$v=f\lambda=(3\times10^9)\times(3\times10^{-2})=9\times10^7\,\mathrm{m/s}$$

又知 $v=\frac{1}{\sqrt{\mu\varepsilon}}$，得

$$\frac{1}{\sqrt{\mu\varepsilon}}=9\times10^7\,\mathrm{m/s}\Rightarrow\frac{3\times10^8}{\sqrt{\mu_r\varepsilon_r}}=9\times10^7\Rightarrow\frac{1}{\sqrt{\mu_r\varepsilon_r}}=0.3$$

联立上述两式，求得该介质的相对介电常数和相对磁导率

$$\varepsilon_r\approx6.28,\ \mu_r\approx1.77$$

6.3 任意方向传播的平面波

前面我们讨论了均匀平面波，它是沿规定方向（z 轴方向）传输的，可以将电场强度的复矢量表示为

$$\boldsymbol{E}(z)=\boldsymbol{E}_0\mathrm{e}^{-\mathrm{j}kz} \tag{6-41}$$

式中，$\boldsymbol{E}_0$ 为坐标原点的电场强度。

设平面波的传播方向为 $\boldsymbol{e}_s$，则与 $\boldsymbol{e}_s$ 垂直的平面为平面波的波面，如图 6-5 所示。令坐标原点至波面的距离为 d，可将 P 点的电场矢量表示为

$$\boldsymbol{E}(P_0)=\boldsymbol{E}_0\mathrm{e}^{-\mathrm{j}kd} \tag{6-42}$$

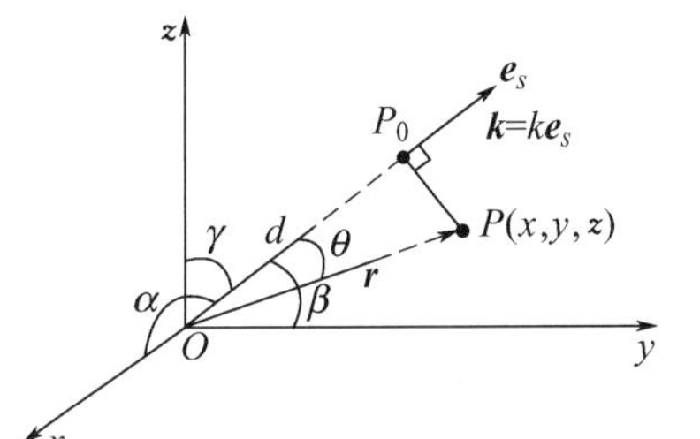

图 6-5 任意方向的平面波

若 P 点为波面上任意点，且坐标为（x，y，z），则可将 P 点的位置矢量写为

$$\boldsymbol{r}=x\boldsymbol{e}_x+y\boldsymbol{e}_y+z\boldsymbol{e}_z \tag{6-43}$$

若矢量 $\boldsymbol{r}$ 与传播方向 $\boldsymbol{e}_s$ 的夹角为 θ，则可以将距离 d 表示为

$$d=r\cos\theta=\boldsymbol{e}_s\cdot\boldsymbol{r} \tag{6-44}$$

代入式(6-42)，可以得到

$$\boldsymbol{E}=\boldsymbol{E}_0\mathrm{e}^{-\mathrm{j}k\boldsymbol{e}_s\times r}=\boldsymbol{E}_0\mathrm{e}^{-\mathrm{j}\boldsymbol{k}\times r} \tag{6-45}$$

式中，r 为空间任意点的位置矢量；$\boldsymbol{k}=k\boldsymbol{e}_s$，$\boldsymbol{k}$ 可以称为传播矢量或波矢量，其值等于传播常数 k。

若传播矢量 $\boldsymbol{k}$ 与坐标轴 x，y，z 的夹角分别为 α，β，γ，其方向余弦分别为 $\cos\alpha$，$\cos\beta$，$\cos\gamma$，代入后，传播方向 $\boldsymbol{e}_s$ 表示为

$$\boldsymbol{e}_s=\boldsymbol{e}_x\cos\alpha+\boldsymbol{e}_y\cos\beta+\boldsymbol{e}_z\cos\gamma \tag{6-46}$$

传播矢量 $\boldsymbol{k}$ 可以表示为

$$\boldsymbol{k}=k_x\boldsymbol{e}_x+k_y\boldsymbol{e}_y+k_z\boldsymbol{e}_z \tag{6-47}$$

其中，

$$k_x=k\cos\alpha \tag{6-48a}$$

$$k_y=k\cos\beta \tag{6-48b}$$

$$k_z=k\cos\gamma \tag{6-48c}$$

电场强度矢量可以表示为

$$\boldsymbol{E}=\boldsymbol{E}_0 e^{-j(k_x x+k_y y+k_z z)} \tag{6-49}$$

由于$\cos^2\alpha+\cos^2\beta+\cos^2\gamma=1$，因此

$$k_x^2+k_y^2+k_z^2=k^2 \tag{6-50}$$

式(6－50)表明，k_x、k_y、k_z 中只有两者是独立的。

将式(6－45)代入麦克斯韦方程，且令外源 $\boldsymbol{J}'=0$，介质的电导率 $\sigma=0$，可以自行证得，在无源区麦克斯韦方程可化简为

$$\boldsymbol{k}\times\boldsymbol{H}=-\omega\varepsilon\boldsymbol{E} \tag{6-51a}$$

$$\boldsymbol{k}\times\boldsymbol{E}=\omega\mu\boldsymbol{H} \tag{6-51b}$$

$$\boldsymbol{k}\cdot\boldsymbol{E}=0 \tag{6-51c}$$

$$\boldsymbol{k}\cdot\boldsymbol{H}=0 \tag{6-51d}$$

即

$$\boldsymbol{e}_s\cdot\boldsymbol{E}=0 \tag{6-52a}$$

$$\boldsymbol{e}_s\cdot\boldsymbol{H}=0 \tag{6-52b}$$

可见，均匀平面波的电场与磁场都垂直于传播方向，也就是说，均匀平面波为 TEM 波。根据式(6－51)，求得复能流密度矢量 $\boldsymbol{S}_c$ 的实部为

$$\mathrm{Re}[\boldsymbol{S}_c]=\mathrm{Re}[\boldsymbol{E}\times\boldsymbol{H}^*]=\frac{1}{\omega\mu}\mathrm{Re}[\boldsymbol{E}\times\boldsymbol{k}\times\boldsymbol{E}^*]$$

$$=\frac{1}{\omega\mu}\mathrm{Re}[(\boldsymbol{E}\cdot\boldsymbol{E}^*)\boldsymbol{k}-(\boldsymbol{E}\cdot\boldsymbol{k})\boldsymbol{E}^*]$$

由前面讨论可得，$\boldsymbol{E}\cdot\boldsymbol{E}^*=\boldsymbol{E}_0^2$，$\boldsymbol{E}\cdot\boldsymbol{k}=0$，代入后可得

$$\mathrm{Re}[\boldsymbol{S}_c]=\frac{1}{\omega\mu}E_0^2\boldsymbol{k}=\frac{\boldsymbol{k}}{\omega\mu}E_0^2\boldsymbol{e}_s=\sqrt{\frac{\varepsilon}{\mu}}E_0^2\boldsymbol{e}_s \tag{6-53}$$

式(6－53)表明，传播方向 $\boldsymbol{e}_s$ 就是能量流动方向。

例 6－3 已知真空区域中的平面波为 TEM 波，其电场强度为 $\boldsymbol{E}=[\boldsymbol{e}_x+E_{y0}\boldsymbol{e}_y+(2+\mathrm{j}5)\boldsymbol{e}_z]\mathrm{e}^{-\mathrm{j}2.3(-0.6x+0.8y-\mathrm{j}0.6z)}$，其中 E_{y0} 为常数。试求：(1) 该平面波是否为均匀平面波；(2) 平面波的频率及波长；(3) 电场的 y 分量 E_{y0}。

解 题目中已知电场强度

$$\boldsymbol{E}=[\boldsymbol{e}_x+E_{y0}\boldsymbol{e}_y+(2+\mathrm{j}5)\boldsymbol{e}_z]\mathrm{e}^{-\mathrm{j}2.3(-0.6x+0.8y)}\mathrm{e}^{-1.38z}$$

可知，平面波的传播方向为平行于 z 轴，位于 xy 平面内，如图 6－6 所示。由于场强振幅与 z 有关，因此是一种非均匀平面波。

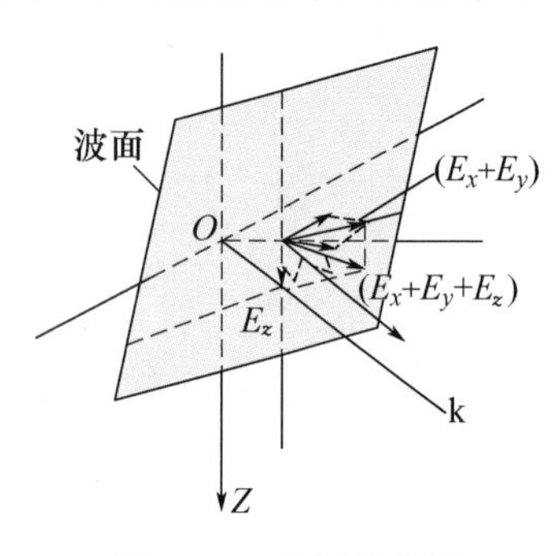

图 6－6 平面波求解

由上式知，$k=2.3\times\sqrt{0.6^2+0.8^2}=2.3\mathrm{rad/m}$，可以求得波长 $\lambda=\frac{2\pi}{k}\approx2.73\mathrm{m}$，频率 $f=\frac{v}{\lambda}=\frac{c}{\lambda}\approx110\mathrm{MHz}$。

根据式(6－51)，应满足 $\boldsymbol{k}\cdot\boldsymbol{E}=0$，求得 $E_{y0}\approx0.75$。

6.4 导电媒质中的平面波

在导电媒质中，由于电导率不等于零，当电磁波在导电媒质中传输时，必然会产生传导

电流，从而产生电磁能量损耗。因此，均匀平面波在导电媒质中的传播特性有所不同。

若介质的电导率为σ，则麦克斯韦方程可以表示为

$$\nabla\times\boldsymbol{H}=\sigma\boldsymbol{E}+\mathrm{j}\omega\varepsilon\boldsymbol{E}=j\omega\left(\varepsilon-\mathrm{j}\frac{\sigma}{\omega}\right)\boldsymbol{E} \tag{6-54}$$

也可以表示为

$$\nabla\times\boldsymbol{H}=\mathrm{j}\omega\varepsilon_c\boldsymbol{E} \tag{6-55}$$

式中，ε_c为等效介电常数，$\varepsilon_c=\varepsilon-\mathrm{j}\dfrac{\sigma}{\omega}$。

式(6-55)与理想介质中的麦克斯韦第一方程相似，只是用ε_c替代了ε，可以得到导电媒质中正弦电磁场应满足的齐次矢量亥姆霍兹方程

$$\nabla^2\boldsymbol{E}+k_c^2\boldsymbol{E}=0 \tag{6-56a}$$

$$\nabla^2\boldsymbol{H}+k_c^2\boldsymbol{H}=0 \tag{6-56b}$$

式中，k_c为导电媒质中的波数，$k_c=\omega\sqrt{\mu\varepsilon_c}=\omega\sqrt{\mu\left(\varepsilon-\mathrm{j}\dfrac{\sigma}{\omega}\right)}$，为一个复数。

假设电磁波是沿正z轴方向传播的均匀平面波，且电场只有E_x分量，则可以计算式(6-56)的解为

$$E_x=E_{x0}\mathrm{e}^{-\mathrm{j}k_cz} \tag{6-57}$$

由于k_c是一个复数，称为传播常数，因此可以写为

$$k_c=k'-\mathrm{j}k'' \tag{6-58}$$

代入$k_c=\omega\sqrt{\mu\left(\varepsilon-\mathrm{j}\dfrac{\sigma}{w}\right)}$解得

$$k'=\omega\sqrt{\frac{\mu\varepsilon}{2}\left[\sqrt{1+\left(\frac{\sigma}{\omega\varepsilon}\right)^2}+1\right]} \tag{6-59a}$$

$$k''=\omega\sqrt{\frac{\mu\varepsilon}{2}\left[\sqrt{1+\left(\frac{\sigma}{\omega\varepsilon}\right)^2}-1\right]} \tag{6-59b}$$

将式(6-59)代入式(6-57)得

$$E_x=E_{x0}\mathrm{e}^{-k''z}\mathrm{e}^{-\mathrm{j}k'z} \tag{6-60}$$

式中，$\mathrm{e}^{-k''z}$表示电场强度的振幅随传播距离z的增大呈指数衰减，可以称为衰减因子；k''为衰减常数，单位为Np/m；$\mathrm{e}^{-\mathrm{j}k'z}$为相位因子；$k'$为相位常数，单位为rad/m。

根据相速的定义，可以求得导电介质中的相速

$$v_p'=\frac{\omega}{k'}=\frac{1}{\sqrt{\dfrac{\mu\varepsilon}{2}\left[\sqrt{1+\left(\dfrac{\sigma}{\omega\varepsilon}\right)^2}+1\right]}} \tag{6-61}$$

由于v_p'与电磁波的频率不是线性关系，因此在导电媒质中，电磁波的相速$v=\dfrac{\omega}{\beta}$是频率的函数，即在同一个导电媒质中，不同频率的电磁波的相速不相等，这种现象称为色散，相应的媒质称为色散媒质。可见，导电媒质是色散媒质。

根据波长的定义，求得导电媒质中平面波的波长

$$\lambda'=\frac{2\pi}{k'}=\frac{2\pi}{\omega\sqrt{\dfrac{\mu\varepsilon}{2}\left[\sqrt{1+\left(\dfrac{\sigma}{\omega\varepsilon}\right)^2}+1\right]}} \tag{6-62}$$

从式(6-62)可以看出，波长不仅与媒质特性有关，而且与频率呈非线性关系。

根据波阻抗的定义，可以求得导电媒质中的波阻抗

$$Z_c=\sqrt{\frac{\mu}{\varepsilon\left(1-\mathrm{j}\frac{\sigma}{\omega\varepsilon}\right)}}=\sqrt{\frac{\mu}{\varepsilon_c}} \tag{6-63}$$

可以看出，当平面波在导电媒质中传播时，其波阻抗为复数，这是由电场强度与磁场强度的相位不同导致的。由于电场强度与磁场强度的相位不同，因此复能流密度的实部及虚部均不为零，说明平面波在导电媒质中传播时，既有单向流动的传播能量，又有双向流动的交换能量。

将式(6-59)代入式(6-18)，求出导电介质的磁场强度

$$\begin{aligned}H_y&=\frac{\mathrm{j}}{\omega\mu}\frac{\partial E_x}{\partial z}=\frac{k_c}{\omega\mu}E_{x0}\mathrm{e}^{-\mathrm{j}k_c z}\\&=\sqrt{\frac{\varepsilon}{\mu}\left(1-\mathrm{j}\frac{\sigma}{\omega\varepsilon}\right)}E_{x0}\mathrm{e}^{-k''z}\mathrm{e}^{-\mathrm{j}k'z}\end{aligned} \tag{6-64}$$

由式(6-64)可见，磁场的振幅是在不断衰减的，并且磁场强度与电强度的相位不同。

图6-7所示为磁场和电场强度随空间变化的情况（$t=0$）。以上是平面波在导电介质中传播的一般规律，当出现特殊情况时，需另外分析。

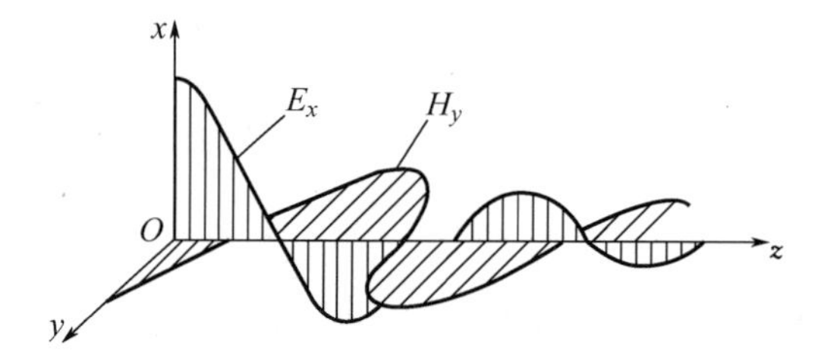

图6-7　磁场和电场强度随空间变化的情况（$t=0$）

第一，若$\frac{\sigma}{\omega\varepsilon}\ll 1$，则导电媒质称为弱导电媒质。在弱导电媒质中，位移流起主导作用，传导电流的影响很小。此时，可以近似认为

$$\sqrt{1+\left(\frac{\sigma}{\omega\varepsilon}\right)^2}\approx 1+\frac{1}{2}\left(\frac{\sigma}{\omega\varepsilon}\right)^2 \tag{6-65}$$

将式(6-65)代入式(6-59)和式(6-63)中，可以得到

$$k'=\omega\sqrt{\mu\varepsilon} \tag{6-66a}$$

$$k''=\frac{\sigma}{2}\sqrt{\frac{\mu}{\varepsilon}} \tag{6-66b}$$

$$Z_c=\sqrt{\frac{\mu}{\varepsilon}} \tag{6-66c}$$

由此可见，在弱导电媒质中，电场强度与磁场强度同相，两者振幅不断衰减，且随着电导率σ的增大，振幅衰减增大。

第二，若$\frac{\sigma}{\omega\varepsilon}\gg 1$，则导电媒质称为良导电媒质。在良导电媒质中，传导电流起主导作

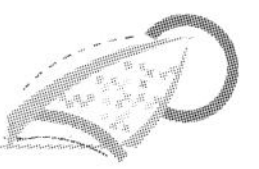

用，位移电流的影响很小，可忽略不计。此时，可以近似认为

$$\sqrt{1+\left(\frac{\sigma}{\omega\varepsilon}\right)^2}\approx\frac{\sigma}{\omega\varepsilon} \tag{6-67}$$

可以求得相位常数、衰减常数和波阻抗

$$k'=k''=\sqrt{\frac{\omega\mu\sigma}{2}}=\sqrt{\pi f\mu\sigma} \tag{6-68a}$$

$$Z_c=\sqrt{\frac{\mathrm{j}\omega\mu}{\sigma}}=(1+\mathrm{j})\sqrt{\frac{\pi f\mu}{\sigma}} \tag{6-68b}$$

由式(6-68)可以看出，在良导体媒质中，电场强度与磁场强度不同相，且由于$\sigma\gg\omega\varepsilon$，因此会发生较大衰减，导致电磁波无法进入良导体深处，仅存在于良导体表面附近，这种现象称为集肤效应。工程上常用集肤深度δ表征电磁波的集肤程度，其定义为场强振幅衰减到表面处振幅$1/e$的深度时，电磁波传输的距离。

根据定义，有

$$\mathrm{e}^{-k''\delta}=\frac{1}{\mathrm{e}} \tag{6-69}$$

得到

$$\delta=\frac{1}{k''}=\frac{1}{\sqrt{\pi f\mu\sigma}} \tag{6-70}$$

可以看出，集肤深度与电磁波的频率及电导率的平方根成反比。

平面波在导电媒质中传播时，由于电导率σ引起热损耗，因此振幅不断衰减。导电介质又称有耗介质，电导率为零的理想介质称为无耗介质。除了电导率引起的热损耗以外，介质与电磁场相互作用后，发生的极化现象和磁化现象也会产生损耗。考虑到这类损耗，介质的介电常数及磁导率均为复数，代入能流密度关系式，可以发现复介电常数和复磁导率的虚部代表损耗，分别称为极化损耗和磁化损耗。

在工程中，一般使用损耗角的正切表示复介电常数及复磁导率的虚部和实部的相对大小，电损耗角和磁损耗角可以分别表示为

$$\delta_e=\arctan\left(\frac{\varepsilon''}{\varepsilon'}\right) \tag{6-71a}$$

$$\delta_m=\arctan\left(\frac{\mu''}{\mu'}\right) \tag{6-71b}$$

对于非铁磁性物质，可以不计磁化损耗；对于微波波段以下的电磁波，可以不计极化损耗。

例6-4　已知沿正z轴方向传播的均匀平面波的频率为5MHz，在$z=0$处的电场方向为x轴方向，其有效值为100V/m。若$z\geqslant0$区域为海水，其电磁特性参数$\varepsilon_r=80$，$\mu_r=1$，$\sigma=4$S/m。试求：(1) 该平面波在海水中的相位常数、衰减常数、相速、波长、波阻抗和集肤深度；(2) 在$z=0.8$m处的电场强度、磁场强度的瞬时值及复能流密度矢量。

解　(1)

$$f=5\text{MHz}=5\times10^6\text{Hz}$$

$$\omega=10^7\pi\text{rad/s}$$

$$\frac{\sigma}{\omega\varepsilon}=\frac{4}{10^7\pi\times\left(\frac{1}{36\pi}\times10^{-9}\right)\times80}\approx180\gg1$$

由此可知，对于频率为5MHz的电磁波，海水可以看作良导电媒质，其相位常数

$$k'=\sqrt{\pi f\mu\sigma}=\sqrt{\pi\times 5\times 10^6\times 4\pi\times 10^{-7}\times 4}\approx 8.89\text{rad/m}$$

衰减常数

$$k''=\sqrt{\pi f\mu\sigma}\approx 8.89\text{Np/m}$$

相速

$$v'_p=\frac{\omega}{k'}\approx 3.53\times 10^6\text{m/s}$$

波长

$$\lambda'=\frac{2\pi}{k'}\approx 0.707\text{m}$$

波阻抗

$$Z_c=(1+\text{j})\sqrt{\frac{\pi f\mu}{\sigma}}=\frac{\pi}{\sqrt{2}}(1+\text{j})\Omega=\pi e^{\text{j}\frac{\pi}{4}}$$

集肤深度

$$\delta=\frac{1}{\sqrt{\pi f\mu\sigma}}\approx 0.112\text{m}$$

(2) 由以上计算结果可知，海水中电场强度的复矢量

$$\boldsymbol{E}(z)=\text{e}^z 100\text{e}^{-k''z}\text{e}^{-\text{j}k'z}\ (\text{V/m})$$

对应的磁场强度的复矢量

$$\begin{aligned}\boldsymbol{H}(z)&=\frac{1}{Z_c}\boldsymbol{e}_z\times\boldsymbol{E}(z)\\&=\boldsymbol{e}_y\frac{100}{Z_c}\text{e}^{-k''z}\text{e}^{-\text{j}k'z}\ (\text{A/m})\end{aligned}$$

在 $z=0.8$m 处，电场强度及磁场强度的瞬时值

$$\begin{aligned}\boldsymbol{E}(0.8,t)&=\boldsymbol{e}_x 100\sqrt{2}\,\text{e}^{-8.89\times 0.8}\cos(10^7\pi t-8.89\times 0.8)\\&\approx\boldsymbol{e}_x 0.115\cos(10^7\pi t-7.11)\ (\text{V/m})\\\boldsymbol{H}(0.8,t)&=\boldsymbol{e}_y\frac{0.115}{\pi}\cos\left(10^7\pi t-7.11-\frac{\pi}{4}\right)\\&\approx\boldsymbol{e}_y 0.0366\cos(10^7\pi t-7.90)\ (\text{A/m})\end{aligned}$$

复能流密度矢量

$$\boldsymbol{S}_c=\boldsymbol{E}\times\boldsymbol{H}^*=\left(\frac{100^2}{Z_c}\right)^*\text{e}^{-2k''z}\boldsymbol{e}_z\approx 2116\times 10^{-6}\text{e}^{\text{j}\frac{\pi}{4}}\boldsymbol{e}_z$$

此例表明，电磁波在海水中传播时衰减很快，尤其在高频时衰减更快，为潜艇之间的通信带来了很大困难。即使工作频率低于1kHz，衰减也很明显。因此海水中的潜艇之间不能通过海水中的直接波进行无线通信，而必须将收发天线移至海水表面附近，利用海水表面的导波作用形成的表面波实现无线通信。

6.5 平面波的极化特性

前面讨论平面波的传播特性时，认为平面波的场强方向与时间无关，实际上有些平

面波的场强方向随时间按一定的规律变化。假设 $\boldsymbol{E}=\boldsymbol{e}_x E_m\cos(\omega t-kz)$，在任意时刻，此平面波的电场强度 $\boldsymbol{E}$ 的方向始终保持为 x 轴方向，其瞬时值可表示为

$$\boldsymbol{E}_x(z,t)=\boldsymbol{e}_x E_{xm}\cos(\omega t-kz) \tag{6-72}$$

对于空间中任一固定点，电场强度矢量的端点随时间的变化轨迹为与 x 轴平行的直线，这种平面波的极化特性称为线极化，其极化方向为 x 轴方向。

另一个同频率的平面波的电场强度仅有 y 分量，可以写为

$$\boldsymbol{E}_y(z,t)=e_y E_{ym}\cos(\omega t-kz) \tag{6-73}$$

可知，合成波电场 $\boldsymbol{E}=\boldsymbol{e}_x E_{xm}+\boldsymbol{e}_y E_{ym}$。由于 E_{xm} 和 E_{ym} 的分量及振幅不一定相同，因此，在空间任意给定点上，合成波电场强度矢量 $\boldsymbol{E}$ 的大小和方向都可能随时间变化，这种现象称为电磁波极化。一般情况下，如果沿 z 轴方向传播的均匀平面波的 x，y 分量都存在，则可以写为式(6-72) 和式(6-73)。

两个正交的线极化平面波 $\boldsymbol{E}_x$ 和 $\boldsymbol{E}_y$ 具有不同振幅及相同相位，合成后的瞬时值

$$\begin{aligned}E(z,t)&=\sqrt{E_x^2(z,t)+E_y^2(z,t)}\\&=\sqrt{E_{xm}^2+E_{ym}^2}\cos(\omega t-kz)\end{aligned} \tag{6-74}$$

由式(6-74) 可以看出，合成波随时间的变化仍为正弦函数，方向与 x 轴的夹角 α 可以写为

$$\tan\alpha=\frac{E_y(z,t)}{E_x(z,t)}=\frac{E_{ym}}{E_{xm}} \tag{6-75}$$

由此可见，合成波的极化方向与时间无关，电场强度矢量端点的变化轨迹与 x 轴的夹角始终保持不变，为一条直线，该合成波称为线极化波，如图 6-8 所示。

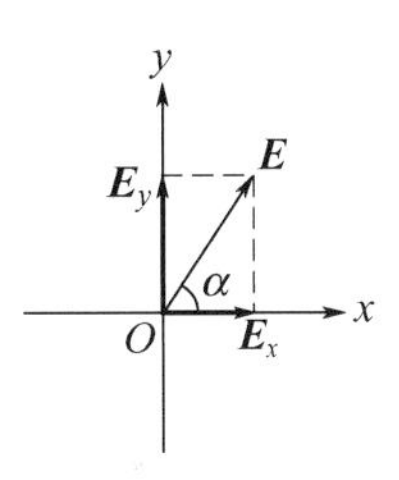

图 6-8 线极化波

综上所述，可以得出结论：两个相位相同或相反、振幅不相等的空间正交的线极化平面波，合成后仍然为线极化平面波；反之，任意线极化波可以分解成两个相位相同、振幅不相等的空间正交的线极化波。

在工程上，与大地垂直的线极化波称为垂直极化波，与大地平行的线极化波称为水平极化波。

若上述线极化波 $\boldsymbol{E}_y$ 的相位比线极化波 $\boldsymbol{E}_x$ 的相位滞后 $\pi/2$ 且振幅相等，均为 E_m，则可以表示为

$$\boldsymbol{E}_x(z,t)=\boldsymbol{e}_x E_m\cos(\omega t-kz) \tag{6-76}$$

$$\begin{aligned}\boldsymbol{E}_y(z,t)&=\boldsymbol{e}_y E_m\cos\left(\omega t-kz-\frac{\pi}{2}\right)\\&=\boldsymbol{e}_y E_m\sin(\omega t-kz)\end{aligned} \tag{6-77}$$

合成波电场瞬时值

$$E(z,t)=\sqrt{E_x^2(z,t)+E_y^2(z,t)}=E_m \tag{6-78}$$

合成波矢量与 x 轴的夹角

$$\tan\alpha=\frac{E_y(z,t)}{E_x(z,t)}=\tan(\omega t-kz) \tag{6-79}$$

可以得出

$$\alpha = \omega t - kz \tag{6-80}$$

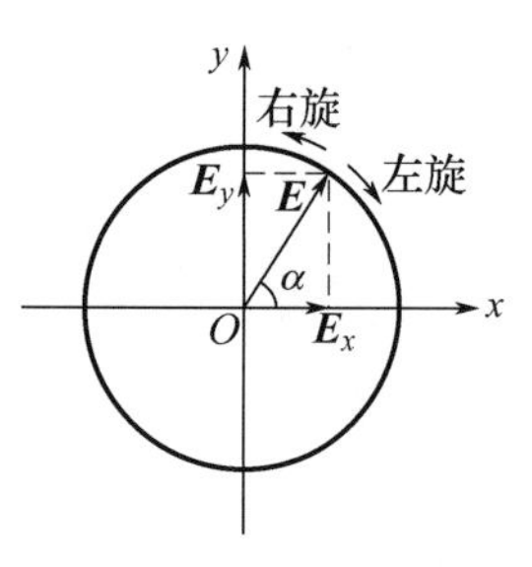

图 6-9　圆极化波

由此可见，对于固定的 z 点，合成电场值不随时间变化，但方向随时间变化，其端点轨迹在一个圆上，且以角速度 ω 旋转，这种变化规律称为圆极化，如图 6-9 所示。

式(6-80) 表明，当 t 增大时，夹角 α 不断增大，合成波矢量随着时间的旋转方向与传播方向 $\boldsymbol{e}_z$ 构成右旋关系，这种圆极化波称为右旋圆极化波。若 $\boldsymbol{E}_y$ 比 $\boldsymbol{E}_x$ 超前 $\pi/2$，则合成波矢量与 x 轴的夹角 $\alpha = kz - \omega t$。可见，对于空间任意固定点，夹角 α 随时间增加而减小，合成波矢量随时间的旋转方向与传播方向 $\boldsymbol{e}_z$ 构成左旋关系，这种极化波称为左旋圆极化波。

三种极化方式

综上所述，两个振幅相等、相位相差 $\pi/2$ 的空间正交的线极化波合成后，形成一个圆极化波；反之，任意圆极化波可以分解为两个振幅相等、相位相差 $\pi/2$ 的空间正交的线极化波。可以证明，线极化波可以分解为两个旋转方向相反的圆极化波，反之亦然。

在很多情况下，系统只有利用圆极化波才能正常工作，例如火箭飞行过程中的状态和位置不断变化，因此火箭上的天线方位也不断改变。

一般情况下，若上述两个正交的线极化波 $\boldsymbol{E}_x$ 和 $\boldsymbol{E}_y$ 的振幅和相位均不相等，则可以写成

$$\boldsymbol{E}_x(z,t) = \boldsymbol{e}_x E_{xm}\cos(\omega t - kz) \tag{6-81}$$

$$\boldsymbol{E}_y(z,t) = \boldsymbol{e}_y E_{ym}\cos(\omega t - kz + \phi) \tag{6-82}$$

合成波的 $\boldsymbol{E}_x$ 和 $\boldsymbol{E}_y$ 分量满足下列方程

$$\left(\frac{E_x}{E_{xm}}\right)^2 + \left(\frac{E_y}{E_{ym}}\right)^2 - \frac{2E_xE_y}{E_{xm}E_{ym}}\cos\phi = \sin^2\phi \tag{6-83}$$

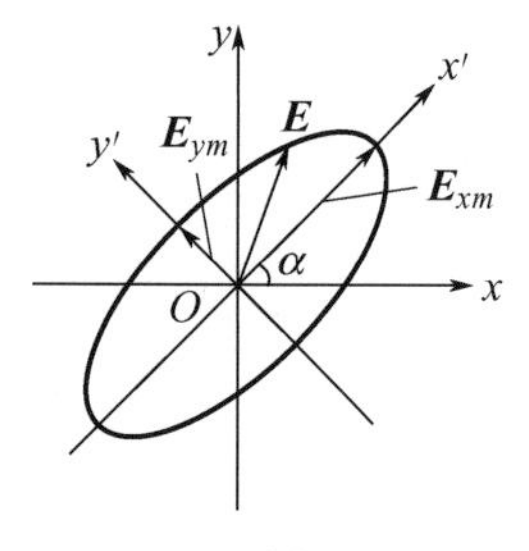

图 6-10　椭圆极化波

可以看出，式(6-83) 为椭圆方程式，合成波电场的端点在一个椭圆上旋转，这种平面波称为椭圆极化波，如图 6-10 所示。

当 $0 < \phi < \pi$ 时，椭圆极化波沿顺时针方向旋转，为左旋椭圆极化波；当 $-\pi < \phi < 0$ 时，椭圆极化波沿逆时针方向旋转，为右旋椭圆极化波。

利用坐标系旋转，可以证明椭圆轨迹的长轴与 x 轴的夹角

$$\tan 2\alpha = \frac{2E_{xm}\cos\phi}{E_{xm}^2 - E_{ym}^2} \tag{6-84}$$

以上讨论了两个正交的线极化波的合成波的极化情况，可以是线极化波、圆极化波或椭圆极化波；反之，任意线极化波、圆极化波或椭圆极化波可以分解为两个正交的线极化波。而且，任意线极化波可以分解为两个振幅相等、方向相反的圆极化波；任意椭圆极化波可以分解为两个旋向相反、振幅不相等的圆极化波。

6.6　平面波对平面边界的正投射

前面讨论了平面波在无界空间中的传播特性，实际上空间通常是有界的。当电磁波在传播途中遇到边界时，一部分能量穿过边界，形成透射波；另一部分能量被边界反射，形成反射波，这就是电磁波在边界上发生的反射和透射现象。

如图6-11所示，设$z<0$区域充满参数为ε_1，μ_1，σ_1的导电媒质，$z>0$区域充满参数为ε_2，μ_2，σ_2的导电媒质。当x方向极化的线极化平面波由介质1向分界面正投射时，边界上发生反射及透射。

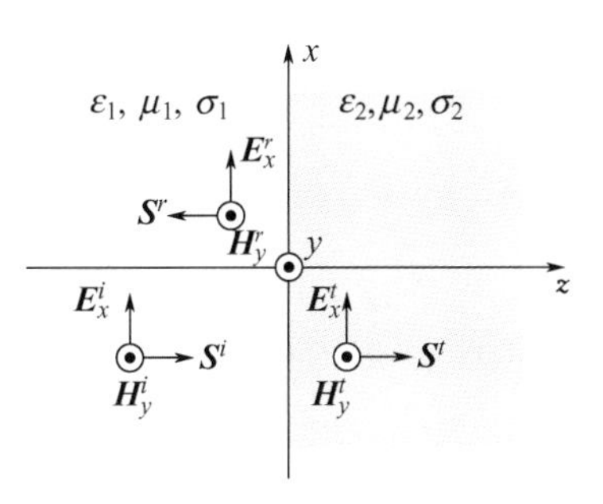

图6-11　平面波的正投射

已知电场的切向分量在任何边界上都必须保持连续，因此，入射波的电场切向分量与反射波的电场切向分量之和必须等于透射波的电场切向分量。可见，当反射波为零时，入射波电场的切向分量等于透射波电场的切向分量；当透射波为零时，反射波的电场切向分量等于入射波电场切向分量的负值。

由此可见，反射波及透射波与入射波具有相同的分量。由于入射波电场强度是与边界平行的x分量，因此反射波及透射波也只有x分量，即发生反射与透射时，平面波的极化特性不会发生改变。若以E_x^i，E_x^r，E_x^t分别表示入射波、反射波、透射波的电场强度，其正方向如图6-11所示，根据它们的传播方向，可分别表示为

$$E_x^i = E_{x0}^i \mathrm{e}^{-\mathrm{j}k_{c1}z} \tag{6-85a}$$

$$E_x^r = E_{x0}^r \mathrm{e}^{\mathrm{j}k_{c1}z} \tag{6-85b}$$

$$E_x^t = E_{x0}^t \mathrm{e}^{-\mathrm{j}k_{c2}z} \tag{6-85c}$$

式中，E_{x0}^i，E_{x0}^r，E_{x0}^t分别为$z=0$边界处的振幅。

由式(6-36)求得相应的磁场强度分量

$$H_y^i = \frac{E_{x0}^i}{Z_{c1}} \mathrm{e}^{-\mathrm{j}k_{c1}z} \tag{6-86a}$$

$$H_y^r = \frac{-E_{x0}^r}{Z_{c1}} \mathrm{e}^{\mathrm{j}k_{c1}z} \tag{6-86b}$$

$$H_y^t = \frac{E_{x0}^t}{Z_{c2}} \mathrm{e}^{-\mathrm{j}k_{c2}z} \tag{6-86c}$$

式(6-86b)中的负号是由反射波沿负z方向传播导致的，它表示反射波的磁场分量的实际方向是负y方向，与正x方向的反射波电场分量形成沿负z方向传播的反射波。

已知电场强度的切向分量在任意边界上都是连续的，同时考虑到有限电导率边界上不可能存在表面电流，因而磁场强度的切向分量也是连续的，在$z=0$的边界上求得下列关系：

$$E_{x0}^i + E_{x0}^r = E_{x0}^t \tag{6-87}$$

$$\frac{E_{x0}^i}{Z_{c1}} - \frac{E_{x0}^r}{Z_{c1}} = \frac{E_{x0}^t}{Z_{c2}} \tag{6-88}$$

得

$$E_{x0}^{r}=E_{x0}^{i}\frac{Z_{c2}-Z_{c1}}{Z_{c2}+Z_{c1}} \tag{6-89}$$

$$E_{x0}^{t}=E_{x0}^{i}\frac{2Z_{c2}}{Z_{c2}+Z_{c1}} \tag{6-90}$$

我们定义，边界上反射波的电场分量与入射波的电场分量之比称为边界上的反射系数，用 R 表示；边界上的透射波电场分量与入射波的电场分量之比称为边界上的透射系数，用 T 表示，则由式(6-89）和式(6-90）得

$$R=\frac{E_{x0}^{r}}{E_{x0}^{i}}=\frac{Z_{c2}-Z_{c1}}{Z_{c2}+Z_{c1}} \tag{6-91}$$

$$T=\frac{E_{x0}^{t}}{E_{x0}^{i}}=\frac{2Z_{c2}}{Z_{c2}+Z_{c1}} \tag{6-92}$$

由于介质 1 中存在沿正 z 方向传播的入射波和沿负 z 方向传播的反射波，因此介质 1 中任意点的合成电场强度与磁场强度可以分别表示为

$$E_x(z)=E_{x0}^{i}(\mathrm{e}^{-\mathrm{j}k_{c1}z}+R\cdot\mathrm{e}^{\mathrm{j}k_{c1}z}) \tag{6-93}$$

$$H_y(z)=\frac{E_{x0}^{i}}{Z_{c1}}(\mathrm{e}^{-\mathrm{j}k_{c1}z}-R\cdot\mathrm{e}^{\mathrm{j}k_{c1}z}) \tag{6-94}$$

下面讨论两种特殊边界。

(1）若介质 1 为理想介质（$\sigma_1=0$），介质 2 为理想导电体（$\sigma_2=\infty$），则两种介质的波阻抗分别为 $Z_{c1}=\sqrt{\mu_1/\varepsilon_1}=Z_1$，$Z_{c2}=0$。代入式(6-91）和式(6-92)，得

$$R=-1 \tag{6-95}$$

$$T=0 \tag{6-96}$$

此结果表明，全部电磁能量被边界反射，无任何能量进入介质 2，这种情况称为全反射。反射系数 $R=-1$ 表明，在边界上，$E_{x0}^{r}=-E_{x0}^{i}$，即边界上反射波电场与入射波电场等值反相，边界上的合成电场为零，完全符合理想导电体的边界条件，因为合成电场与边界相切，在理想导电体表面不可能存在任何切向的电场分量。

因介质 1 的传播常数 $k_{c1}=\omega\sqrt{\mu\varepsilon}=k_1$，第一种介质中任意点的合成电场

$$\begin{aligned}E_x(z)&=E_{x0}^{i}(\mathrm{e}^{-\mathrm{j}k_1z}-\mathrm{e}^{\mathrm{j}k_1z})\\&=-\mathrm{j}2E_{x0}^{i}\sin(k_1z)=2E_{x0}^{i}\sin(k_1z)\mathrm{e}^{-\mathrm{j}\frac{\pi}{2}}\end{aligned} \tag{6-97}$$

对应的瞬时值

$$\begin{aligned}E_x(z,t)&=2\sqrt{2}E_{x0}^{i}\sin(k_1z)\cos\left(\omega t-\frac{\pi}{2}\right)\\&=2\sqrt{2}E_{x0}^{i}\sin(k_1z)\sin\omega t\end{aligned} \tag{6-98}$$

式(6-98）表明，介质 1 中合成电场的相位仅与时间有关，振幅随 z 的变化为正弦函数。由式(6-98）可见，在 $z=-n\lambda_1/2$（$n=0$，1，2，…）处，任意时刻的电场都为零。在 $z=-(2n+1)\lambda_1/4$ 处，任意时刻的电场振幅都是最大值，即空间各点合成波的相位相同，同时达到最大值或最小值。平面波在空间没有移动，只是在原地上下波动，具有这种特点的电磁波称为驻波，如图 6-12 所示。

图 6-12 中，设 $E_{x0}^{i}>0$，则 $t_1=0$ 时的振幅为零；$t_2=T/4$ 时刻，场强瞬时值如实线

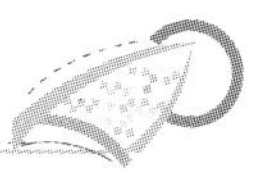

所示；$t_3=3T/8$ 时刻，场强瞬时值如粗虚线所示；$t_4=3T/4$ 时刻的波形如细虚线所示。前述无限大理想介质中传播的平面波称为行波。行波与驻波的特性截然不同，行波的相位沿传播方向不断变化，而驻波的相位与空间无关。

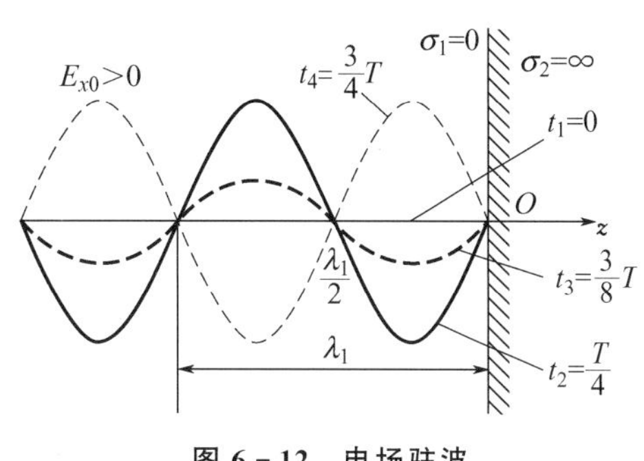

图 6－12　电场驻波

介质 1 中的合成磁场

$$H_y(z)=\frac{E_{x0}^i}{Z_1}(\mathrm{e}^{-\mathrm{j}k_1z}+\mathrm{e}^{\mathrm{j}k_1z})=\frac{2E_{x0}^i}{Z_1}\cos(k_1z) \tag{6-99}$$

对应的瞬时值

$$H_y(z,t)=\frac{2\sqrt{2}E_{x0}^i}{Z_1}\cos(k_1z)\cos\omega t \tag{6-100}$$

由此可见，介质 1 中的合成磁场形成驻波，但其零值及最大值位置与电场驻波的分布情况恰好相反，如图 6－13 所示。磁场零值位置为 $z=-(2n+1)\lambda_1/4$，磁场最大值位置为$z=-n\lambda_1/2$，即电场零值位置是磁场的最大值位置，电场的最大值位置是磁场的零值位置。

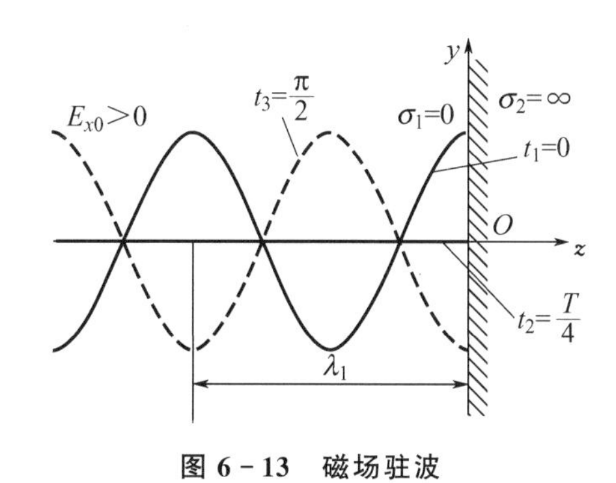

图 6－13　磁场驻波

此外，比较式(6－98) 与式(6－100) 可知，电场与磁场的相位差为 $\pi/2$。因此，复能流密度的实部为零，只存在虚部，表示没有能量单向流动。事实上，由于在 $z=-(2n+1)\lambda_1/4$ 处，能流密度的瞬时值始终为零，因此，能量仅在 $\lambda_1/4$ 范围内流动，在电场与磁场之间不断交换，这种能量的存在形式与谐振状态下的谐振电路中的能量交换相似。

由式(6－99) 还可知，在 $z=0$ 边界上，介质 1 中的合成磁场分量 $H_y(0)=2E_{x0}^i/Z_1$，介质 2 中的合成磁场分量 $H_y^t(0)=0$，此时在边界上磁场强度的切向向量不连续，边界上存在表面电流 $\boldsymbol{J}_S$，且

$$\boldsymbol{J}_S=\boldsymbol{e}_n\times H_y=(-\boldsymbol{e}_z)\times H_y=\boldsymbol{e}_x\frac{2E_{x0}^i}{Z_1} \tag{6-101}$$

(2) 若介质 1 为理想介质 ($\sigma=0$)，介质 2 为一般导电介质，则介质 1 的波阻抗及传播常数分别为

$$Z_{c1}=\sqrt{\frac{\mu_1}{\varepsilon_1}}=Z_1,\ k_{c1}=\omega\sqrt{\mu_1\varepsilon_1}=k_1$$

反射系数

$$R=\frac{Z_{c2}-Z_1}{Z_{c2}+Z_1}=|R|\mathrm{e}^{\mathrm{j}\theta} \tag{6-102}$$

式中，$|R|$ 为 R 的振幅；θ 为 R 的相位。代入式(6－97) 得

$$E_x(z)=E_{x0}^i\left[\mathrm{e}^{-\mathrm{j}k_1 z}+|R|\mathrm{e}^{\mathrm{j}(\theta+k_1 z)}\right]$$
$$=E_{x0}^i\left[1+|R|\mathrm{e}^{\mathrm{j}(\theta+2k_1 z)}\right]\mathrm{e}^{-\mathrm{j}k_1 z} \tag{6-103}$$

由此可见，当 $\theta+2k_1 z=2n\pi$（$n=0$，-1，-2，…）时，在 $z=\left(\dfrac{n}{2}-\dfrac{\theta}{4\pi}\right)\lambda_1$ 处，电场振幅取最大值，即

$$|E_x|_{\max}=E_{x0}^i(1+|R|) \tag{6-104}$$

行驻波

当 $\theta+2k_1 z=(2n-1)\pi$（$n=0$，-1，-2，…）时，在 $z=\left(\dfrac{n}{2}-\dfrac{1}{4}-\dfrac{\theta}{4\pi}\right)\lambda_1$ 处，电场振幅取最小值，即

$$|E_x|_{\min}=E_{x0}^i(1-|R|) \tag{6-105}$$

由于 $0\leqslant|R|\leqslant 1$，因此电场振幅为 $0\sim 2E_{x0}^i$，即 $0\leqslant|E_x|\leqslant 2E_{x0}^i$，电场驻波的空间分布如图 6-14 所示。

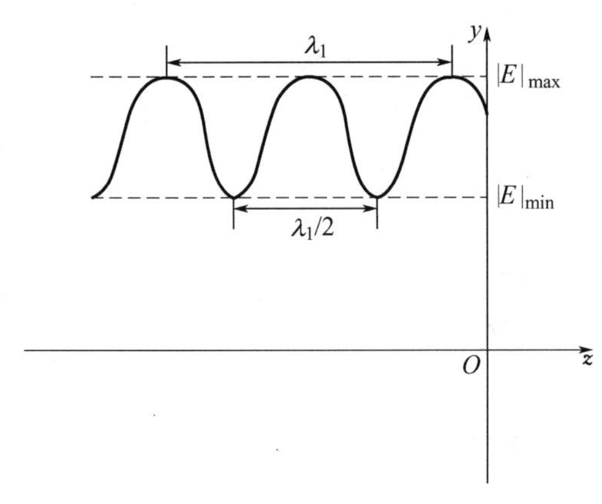

图 6-14　电场驻波的空间分布

为了描述电场驻波振幅的起伏变化，我们定义，电场振幅的最大值与最小值之比称为驻波比，以 S 表示，即

$$S=\frac{|E|_{\max}}{|E|_{\min}}=\frac{1+|R|}{1-|R|} \tag{6-106}$$

由此可见，当发生全反射时，$|R|=1$，$S\to\infty$。当 $Z_{c2}=Z_1$ 时，$|R|=0$，$S\to 1$，反射消失。这种无反射的边界称为匹配边界。可见，驻波比 $1\leqslant S<\infty$。两个相邻的驻波最大点（或最小点）之间的距离为 $\lambda_1/2$。可以证明，若两种介质都是理想介质，当 $Z_2>Z_1$ 时，边界处为电场驻波的最大点；当 $Z_2<Z_1$ 时，边界处为电场驻波的最小点，此时介质中既有向前传播的行波，又有能量交换的驻波。

例 6-5　已知形成无限大平面边界的两种介质的参数 $\varepsilon_1=4\varepsilon_0$，$\mu_1=\mu_0$，$\varepsilon_2=9\varepsilon_0$，$\mu_2=\mu_0$。当右旋圆极化平面波由介质 1 向介质 2 垂直入射时，试求反射波和折射波及其极化特性。

解　建立直角坐标系，令边界平面位于 $z=0$ 平面，如图 6-15 所示。已知入射波为右旋圆极化波，则入射波、反射波、透射波可以分别表示为

$$\boldsymbol{E}^i=E_0(\boldsymbol{e}_x-\mathrm{j}\boldsymbol{e}_y)\mathrm{e}^{-\mathrm{j}k_1 z}$$
$$\boldsymbol{E}^r=R\cdot E_0(\boldsymbol{e}_x-\mathrm{j}\boldsymbol{e}_y)\mathrm{e}^{\mathrm{j}k_1 z}$$
$$\boldsymbol{E}^t=T\cdot E_0(\boldsymbol{e}_x-\mathrm{j}\boldsymbol{e}_y)\mathrm{e}^{-\mathrm{j}k_3 z}$$

图 6-15　圆极化波的正投射

波阻抗分别为

$$Z_1=\sqrt{\frac{\mu_1}{\varepsilon_1}}=\sqrt{\frac{\mu_0}{4\varepsilon_0}}=\frac{Z_0}{2}$$

$$Z_2=\sqrt{\frac{\mu_2}{\varepsilon_2}}=\sqrt{\frac{\mu_0}{9\varepsilon_0}}=\frac{Z_0}{3}$$

式中，反射系数

$$R=\frac{Z_2-Z_1}{Z_2+Z_1}=\frac{\left(\frac{1}{3}-\frac{1}{2}\right)}{\left(\frac{1}{3}+\frac{1}{2}\right)}=-\frac{1}{5}$$

$$T=\frac{2Z_2}{Z_2+Z_1}=\frac{2\left(\frac{1}{3}\right)}{\left(\frac{1}{3}+\frac{1}{2}\right)}=\frac{4}{5}$$

由于反射波和透射波的 y 分量滞后于 x 分量，反射波的传播方向为负 z 方向，因此变为左旋圆极化波。由于透射波的传播方向仍为正 z 方向，因此还是右旋圆极化波。

6.7　平面波对多层边界的正投射

下面以三种介质形成的多层介质为例，说明平面波在多层介质中的传播过程及求解方法。一般来说，除最后一层外，每层介质中都存在入射波和反射波，最后一层只有透射波。三层介质中的平面波如图 6-16 所示。

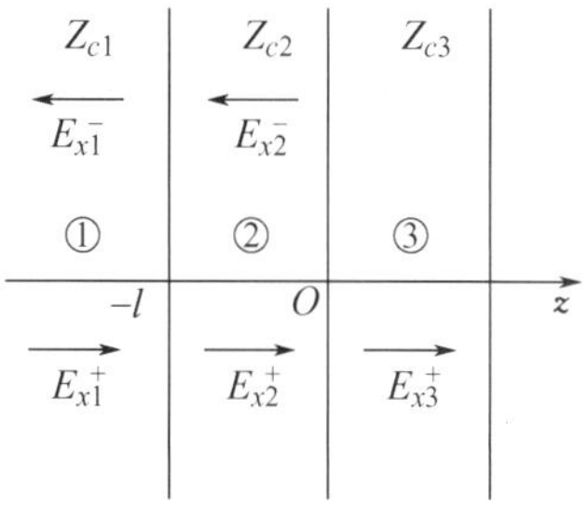

Z_{c1}　Z_{c2}　Z_{c3}

E_{x1}^{-}　E_{x2}^{-}

①　②　③

$-l$　O　z

E_{x1}^{+}　E_{x2}^{+}　E_{x3}^{+}

图 6-16　三层介质中的平面波

从图 6-16 中可以看出，当平面波自介质①向边界垂直入射时，在介质①和介质②之间的边界上发生反射和透射。当透射波到达介质②和介质③之间的交界时，再次发生反射和透射，且此边界上的反射波回到介质①和介质②边界时发生了反射及透射。可以认为，介质①仅存在两种平面波，一种是沿正 z 方向传播的波，用 $E_{x_1}^{+}$ 和 $H_{y_1}^{+}$ 表示；另一种是沿负 z 方向传播的波，用 $E_{x_1}^{-}$ 和 $H_{y_1}^{-}$ 表示。介质③中仅存在一种沿正 z 方向传播的波，用 $E_{x_3}^{+}$ 和 $H_{x_1}^{+}$ 表示，各介质中的电场及磁场可以分别表示为

① $E_{x1}^{+}(z)=E_{x10}^{+}\mathrm{e}^{-\mathrm{j}k_{c1}(z+l)}$　　$-\infty<z\leqslant -l$

$E_{x1}^{-}(z)=E_{x10}^{-}\mathrm{e}^{\mathrm{j}k_{c1}(z+l)}$　　$-\infty<z\leqslant -l$

$H_{y1}^{+}(z)=\dfrac{E_{x10}^{+}}{Z_{c1}}\mathrm{e}^{-\mathrm{j}k_{c1}(z+l)}$　　$-\infty<z\leqslant -l$

$H_{y1}^{-}(z)=-\dfrac{E_{x10}^{-}}{Z_{c1}}\mathrm{e}^{\mathrm{j}k_{c1}(z+l)}$　　$-\infty<z\leqslant -l$

② $E_{x2}^{+}(z)=E_{x20}^{+}\mathrm{e}^{-\mathrm{j}k_{c2}z}$　　$-l\leqslant z\leqslant 0$

$E_{x2}^{-}(z)=E_{x20}^{-}\mathrm{e}^{\mathrm{j}k_{c2}z}$　　$-l\leqslant z\leqslant 0$

$H_{y2}^{+}(z)=\dfrac{E_{x20}^{+}}{Z_{c2}}\mathrm{e}^{-\mathrm{j}k_{c2}z}$　　$-l\leqslant z\leqslant 0$

$H_{y2}^{-}(z)=-\dfrac{E_{x20}^{+}}{Z_{c2}}\mathrm{e}^{\mathrm{j}k_{c2}z}$　　$-l\leqslant z\leqslant 0$

③ $E_{x3}^{+}(z)=E_{x30}^{+}\mathrm{e}^{-\mathrm{j}k_{c3}z}$　　$0\leqslant z<\infty$

$H_{y3}^{+}(z)=-\dfrac{E_{x30}^{+}}{Z_{c3}}\mathrm{e}^{\mathrm{j}k_{c3}z}$　　$0\leqslant z<\infty$

E_{x10}^{+}和E_{x10}^{-}分别代表第一分界面处介质①中入射波（正z方向）与反射波（负z方向）的电场强度振幅，E_{x20}^{+}和E_{x20}^{-}分别代表第二分界面处介质②中正z方向与负z方向电磁波的电场强度振幅，E_{x30}^{+}代表第二分界面处介质③中正z方向电磁波的电场强度振幅。

根据边界上电场切向分量必须连续的边界条件，在$z=0$处有

$$E_{x20}^{+}+E_{x20}^{-}=E_{x30}^{+} \tag{6-107}$$

根据边界上磁场切向分量必须连续的边界条件，可得

$$\frac{E_{x20}^{+}}{Z_{c2}}-\frac{E_{x20}^{-}}{Z_{c2}}=\frac{E_{x30}^{+}}{Z_{c3}} \tag{6-108}$$

同理，可得在$z=-l$处，

$$E_{x10}^{+}+E_{x10}^{-}=E_{x20}^{+}\mathrm{e}^{\mathrm{j}k_{c2}l}+E_{x20}^{-}\mathrm{e}^{-\mathrm{j}k_{c2}l} \tag{6-109}$$

$$\frac{E_{x10}^{+}}{Z_{c1}}-\frac{E_{x10}^{-}}{Z_{c1}}=\frac{E_{x20}^{+}}{Z_{c2}}\mathrm{e}^{\mathrm{j}k_{c2}l}-\frac{E_{x20}^{-}}{Z_{c2}}\mathrm{e}^{-\mathrm{j}k_{c2}l} \tag{6-110}$$

上述分析方法可以推广到n层介质进行求解。

为了方便求解，引入输入波阻抗的概念，可以定义介质②中任意点的合成电场与合成磁场之比为该点的输入波阻抗，用Z_{in}表示。

$$Z_{\mathrm{in}}(z)=\frac{E_{x2}(z)}{H_{y2}(z)} \tag{6-111}$$

已知介质②中合成电场

$$\begin{aligned}E_{x20}(z)&=E_{x20}^{+}\mathrm{e}^{-\mathrm{j}k_{c2}z}+E_{x20}^{-}\mathrm{e}^{\mathrm{j}k_{c2}z}\\&=E_{x20}^{+}(\mathrm{e}^{-\mathrm{j}k_{c2}z}+R_{23}\mathrm{e}^{\mathrm{j}k_{c2}z})\end{aligned} \tag{6-112}$$

式中，R_{23}为介质②与介质③之间边界上的反射系数，可以得到

$$R_{23}=\frac{E_{x20}^{-}}{E_{x20}^{+}}=\frac{Z_{c3}-Z_{c2}}{Z_{c3}+Z_{c2}} \tag{6-113}$$

同理，可以求出介质②中的合成磁场

$$H_{y2}(z)=\frac{E_{x20}^{+}}{Z_{c2}}(\mathrm{e}^{-\mathrm{j}k_{c2}z}-R_{23}\mathrm{e}^{\mathrm{j}k_{c2}z}) \tag{6-114}$$

将式(6-112)至式(6-114)代入式(6-111)，得输入波阻抗

$$Z_{\mathrm{in}}(z)=Z_{c2}\frac{Z_{c3}-\mathrm{j}Z_{c2}\tan k_{c2}z}{Z_{c2}-\mathrm{j}Z_{c3}\tan k_{c2}z} \tag{6-115}$$

根据边界条件，同理可以求得在$z=-l$处，介质②的合成电场

$$E_{x10}^{+}+E_{x10}^{-}=E_{x2}(-l) \tag{6-116}$$

$$\frac{E_{x10}^{+}}{Z_{c1}}-\frac{E_{x10}^{-}}{Z_{c1}}=\frac{E_{x2}(-l)}{Z_{\mathrm{in}}(-l)} \tag{6-117}$$

将式(6-116)和式(6-117)代入$R=\dfrac{E_{x10}^{-}}{E_{x10}^{+}}$得

$$R=\frac{Z_{\mathrm{in}}(-l)-Z_{c1}}{Z_{\mathrm{in}}(-l)+Z_{c1}} \tag{6-118}$$

其中

$$Z_{\mathrm{in}}(-l)=Z_{c2}\frac{Z_{c3}+\mathrm{j}Z_{c2}\tan k_{c2}l}{Z_{c2}+\mathrm{j}Z_{c3}\tan k_{c2}l} \tag{6-119}$$

也就是说，引入波阻抗后，对于第一层介质，第二层介质及第三层介质都可以看作

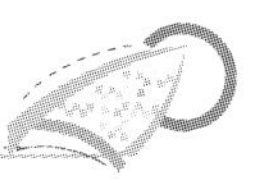

波阻抗为 $Z_{\text{in}}(-l)$ 的介质，为后续多层结构的处理带来了很大便利。

例 6-6　设两种理想介质的波阻抗分别为 Z_1 和 Z_2，为了消除边界反射，可在两种理想介质中间插入厚度为1/4波长（平面波在夹层中的波长）的理想介质夹层，试求夹层的波阻抗 Z。

解　求出第一条边界上向右看的输入波阻抗，考虑到 $l=\lambda/4$，$k_2=2\pi/\lambda$，$k_2 l=\pi/2$，由式(6-119)得

$$Z_{\text{in}}(-l)=Z_{\text{in}}\left(-\frac{\lambda}{4}\right)=Z\frac{Z}{Z_2}=\frac{Z^2}{Z_2}$$

为了消除反射，根据式(6-118)令反射系数为0，须使得

$$Z_{\text{in}}=Z_1$$

得

$$Z_1=\frac{Z^2}{Z_2}$$

夹层的波阻抗

$$Z=\sqrt{Z_1Z_2}$$

由此例可见，输入波阻抗的方法是一种阻抗变换方法。利用1/4波长夹层的阻抗变换作用消除边界反射，实现匹配。这种厚度为1/4波长的媒质通常用于两种介质间的无反射阻抗匹配，称为1/4波长匹配层。

本章小结

本章讨论了均匀平面波及其传播特性，主要内容为均匀平面波在理想介质中的传播特性和导电媒质中的传播特性、电磁波的极化、平面波在平面边界上的反射特性和折射特性。

均匀平面波是本书的一个重点。均匀平面波的波阵面为平面，且在波阵面上各点的场强都相等。它的特性及讨论方法简单，且能表征电磁波主要的性质。波矢量是描述电磁波传播特性的重要参数，其值直接表征电磁波的相位、相速、波长、衰减等参数，其方向为电磁波的传播方向。均匀平面波的电场与磁场的振幅之比称为波阻抗，它是表征电磁波特性的重要参数，直接表征电场及磁场的振幅的相对值和相位关系。

均匀平面波是TEM波，一般情况下，电场强度在等相位面上存在两个正交的分量。由于两个分量的振幅和相位不相等，因此均匀平面波的合成波电场强度的振幅和方向都可能随时间变化，称为电磁波的极化特性。

电磁波在不同媒质分界面上的反射和透射是普遍且重要的现象。简单的均匀平面波经反射后，将会出现波的叠加，形成驻波、混合波、表面波等。

习　题　6

一、选择题

6-1　弱导电媒质是指满足条件（　　）的导电媒质。

A. $\frac{\sigma}{\omega\varepsilon}=0$　　B. $\frac{\sigma}{\omega\varepsilon}=1$　　C. $\frac{\sigma}{\omega\varepsilon}\gg 1$　　D. $\frac{\sigma}{\omega\varepsilon}\ll 1$

6-2　自由空间的光速为（　　）m/s。

A. 3×10^8　　B. 3×10^9　　C. 6×10^8　　D. 6×10^9

6-3　任意两个频率相等、传播方向相同且极化方向相互垂直的线极化波，当其相位相同或相差为π时，合成波为（　　）。

A. 圆极化波　　B. 椭圆极化波　　C. 线极化波　　D. 点极化波

6-4　在理想介质中，波阻抗为（　　）。

A. 实数　　B. 虚数　　C. 复数　　D. 零

6-5　下列说法错误的是（　　）。

A. 理想导体中不存在电场　　B. 两种材料的波阻抗可以相等

C. 在真空中，电磁波可以不衰减　　D. 在真空中，电磁波是均匀平面波

二、填空题

6-6　平面电磁波的波阻抗等于________。

6-7　均匀平面波由空气垂直入射到无损耗介质（$\varepsilon=4\varepsilon_0$，$\mu=\mu_0$，$\sigma=0$）表面，反射系数=________，透射系数=________。

6-8　均匀平面波在空气中的相位常数$\beta=2\text{rad/m}$，在理想介质（$\varepsilon=4\varepsilon_0$，$\mu=\mu_0$，$\sigma=0$）中传输时，相位常数$\beta=$________。

6-9　在理想介质中传输的平面电磁波，电场和磁场方向相互________，振幅比为________。

6-10　集肤深度与频率及电导率的平方根成________。

三、简答与计算题

6-11　证明以下矢量函数满足真空中的无源波动方程$\nabla^2\boldsymbol{E}-\dfrac{1}{c^2}\dfrac{\partial^2\boldsymbol{E}}{\partial t^2}=0$，其中$c^2=\dfrac{1}{\mu_0\varepsilon_0}$，$\boldsymbol{E}_0$为常数。

（1）$\boldsymbol{E}=\boldsymbol{e}_x\boldsymbol{E}_0\cos\left(\omega t-\dfrac{\omega}{c}z\right)$；

（2）$\boldsymbol{E}=\boldsymbol{e}_x\boldsymbol{E}_0\sin\left(\dfrac{\omega}{c}z\right)\cos(\omega t)$；

（3）$\boldsymbol{E}=\boldsymbol{e}_y\boldsymbol{E}_0\cos\left(\omega t+\dfrac{\omega}{c}z\right)$

6-12　在无损耗的线性、各向同性介质中，电场强度$\boldsymbol{E}(r)$的波动方程为$\nabla^2\boldsymbol{E}(r)+\omega^2\mu\varepsilon\boldsymbol{E}(r)=0$，已知矢量函数$\boldsymbol{E}(r)=\boldsymbol{E}_0\mathrm{e}^{-\mathrm{j}\boldsymbol{k}r}$，其中$\boldsymbol{E}_0$和$\boldsymbol{k}$是常矢量。试证明$\boldsymbol{E}(r)$满足波动方程的条件是$k^2=\omega^2\mu\varepsilon$，这里$k=|\boldsymbol{k}|$。

6-13　频率为9.4GHz的均匀平面波在聚乙烯中传播，设其为无耗材料，相对介电常数$\varepsilon_r=2.26$。若磁场的振幅为7mA/m，求相速、波长、波阻抗和电场强度的幅值。

6-14　自由空间中平面波的电场强度$\boldsymbol{E}=\boldsymbol{e}_x50\cos(\omega t-kz)\text{V/m}$，试求在$z=z_0$处垂直穿过半径$R=2.5\text{m}$的圆平面的平均功率。

6-15　当频率分别为10kHz和10GHz的平面波在海水（$\varepsilon_r=80$、$\mu_r=1$、$\sigma=4\text{S/m}$）中传播时，求此平面波在海水中的波长、传播常数、相速及特性阻抗。

6-16　已知线极化波的电场$\boldsymbol{E}(z)=\boldsymbol{e}_xE_m\mathrm{e}^{-\mathrm{j}kz}+\boldsymbol{e}_yE_m\mathrm{e}^{-\mathrm{j}kz}$，试将其分解为两个振幅

相等、旋向相反的圆极化波。

6－17　当右旋圆极化波自真空沿正 z 方向对位于 $z=0$ 平面的理想导电平面垂直投射时，若其电场强度的振幅为 $\boldsymbol{E}_0$，试求：(1) 电场强度的瞬时形式及复矢量形式；(2) 反射波磁场强度的表示式；(3) 理想导电表面的电流密度。

6－18　右旋圆极化波垂直入射至位于 $z=0$ 平面的理想导体板上，其电场强度的复数形式为 $\boldsymbol{E}_i(z)=(\boldsymbol{e}_x-\mathrm{j}\boldsymbol{e}_y)E_m\mathrm{e}^{-\mathrm{j}\beta z}$。(1) 确定反射波的极化；(2) 写出总电场强度的瞬时表达式；(3) 求板上的感应面电流密度。

6－19　设某种多层介质由三种介质组成，如题 6－19 图所示，其中介电常数分别为 ε_1，ε_2，ε_3，磁导率分别为 μ_1，μ_2，μ_3，当平面波自第一种介质沿正 z 方向向多层介质边界正投射时，若 R_{12} 为介质 1 与介质 2 形成的边界反射系数，R_{23} 为介质 2 与介质 3 形成的边界反射系数，试以反射系数 R_{12} 和 R_{23} 表示 $z=0$ 处的总反射系数。

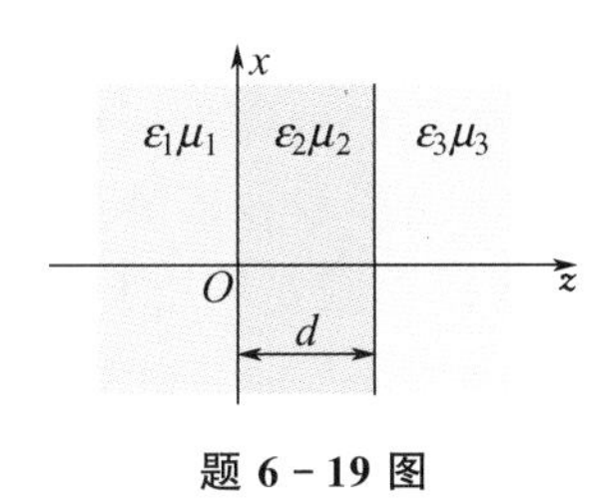

题 6－19 图

6－20　如何描述向任意方向传播的平面波？什么是传播矢量？

第7章

导行电磁波

在实际应用中，往往需要电磁波沿着一定方向传播，这种引导电磁波沿着一定方向传播的装置称为波导。常见波导有规则金属波导（如矩形、圆形金属波导），同轴线和微带线等。在波导中，定向传播的电磁波称为导行电磁波（简称导行波）。在波导系统中传输的电磁波的场分布及相关参数的获得，需要结合自由空间中电磁波与波导边界条件，属于电磁场边值问题，即在给定边界的条件下求解电磁波动方程，得到波导系统中的电磁场分布和电磁波的传播特性。本章将以典型的矩形金属波导、圆柱形金属波导和同轴波导为例，介绍电磁波的场分布求解方法及相关参数。

教学目标

1. 了解导行电磁波原理及分类。
2. 掌握矩形金属波导中电磁波传播场分布及传播参数。
3. 掌握圆柱形金属波导中电磁波传播场分布及传播参数。
4. 了解同轴波导中电磁波传播场分布情况。

教学要求

知识要点	能力要求	相关知识
导行电磁波概述	（1）掌握导行电磁波的原理； （2）了解导行电磁波的分类	麦克斯韦方程，TEM 波，TE 波，TM 波
矩形金属波导	（1）掌握矩形金属波导中场的分布； （2）掌握矩形金属波导的传播特性	截止传播常数，矩形金属波导中的主模
圆柱形金属形 金属波导	（1）掌握圆柱形金属波导场的分布； （2）掌握圆柱形金属波导的传播特性	圆柱形金属波导中的主模
同轴波导	了解同轴波导中电磁波的传播特点	同轴谐振腔

基本概念

导波系统：引导电磁波沿一定方向传播的装置，即波导。

导行电磁波：导波系统中被引导的电磁波。

同轴波导：由内、外导体构成的双导体导波系统，也称同轴线。

引例：常见导行电磁波

当电磁波在导体或介质的结构导引下进行定向传播时，被导引且做定向传播的电磁波称为导行电磁波，其全部或绝大部分电磁能量约束在有限横截面内，引导电磁波做定向传播的结构称为导波结构。根据是否存在沿传播方向场分量，导行电磁波可分为横电磁波（TEM 波）、横电波（TE 波）、横磁波（TM 波）和混合波（HE 波或 EH 波）。常见导行电磁波的结构有传输线、微带线、波导、波束波导和光波导等。导行电磁波除了在上述结构中沿轴向传输外，还可沿径向或周向传输，如径向波导、由地球表面和电离层构成的环球波导等。导行电磁波的传输特性取决于导行结构及传输模式，由于后者以衰减小、易控制、便于检测为选择原则，因此信号传输时多采用单模传输。研究各类导行电磁波的传播特性对通信技术中电磁波的传输、激励与耦合，以及通信系统中元器件的分析和设计有重要意义。

7.1　导行电磁波概述

7.1.1　导行电磁波的原理

为了使讨论简单又不失一般性，在分析导行电磁波之前，可以做如下假设。

（1）导波系统的横截面沿 z 方向是均匀的，即导行电磁波内的电场和磁场分布与 x 轴和 y 轴有关，与 z 轴无关。

（2）构成导波系统壁的导体为理想导体，即 $\sigma=\infty$。

（3）导波系统内填充的介质为理想介质，即 $\sigma=0$，且各向同性。

（4）讨论区域内没有电流源和电荷源，即 $\rho=0$，$\boldsymbol{J}=0$。

（5）导波系统内的电磁场是时谐场，角频率为 ω。

对于无限长波导中沿正 z 方向传播的电磁波，根据上面的假设条件，其电场与磁场可以分别表示为

$$\boldsymbol{E}(x,y,z)=\boldsymbol{E}_0(x,y)\mathrm{e}^{-\mathrm{j}k_z z} \tag{7-1a}$$

$$\boldsymbol{H}(x,y,z)=\boldsymbol{H}_0(x,y)\mathrm{e}^{-\mathrm{j}k_z z} \tag{7-1b}$$

式中，k_z 为 z 方向的传播常数。

在直角坐标系中展开齐次亥姆霍兹方程式(6-11)和式(6-12)，得

$$\frac{\partial^2\boldsymbol{E}}{\partial x^2}+\frac{\partial^2\boldsymbol{E}}{\partial y^2}+\frac{\partial^2\boldsymbol{E}}{\partial z^2}+k^2\boldsymbol{E}=0 \tag{7-2a}$$

$$\frac{\partial^2\boldsymbol{H}}{\partial x^2}+\frac{\partial^2\boldsymbol{H}}{\partial y^2}+\frac{\partial^2\boldsymbol{H}}{\partial z^2}+k^2\boldsymbol{H}=0 \tag{7-2b}$$

将式(7－1)中的电场强度和磁场强度分别代入式(7－2)，得

$$\nabla_{xy}^2 \boldsymbol{E} + (k^2 - k_z^2)\boldsymbol{E} = 0 \tag{7-3}$$

$$\nabla_{xy}^2 \boldsymbol{H} + (k^2 - k_z^2)\boldsymbol{H} = 0 \tag{7-4}$$

其中，

$$\nabla_{xy}^2 = \frac{\partial^2}{\partial x^2} + \frac{\partial^2}{\partial y^2} \tag{7-5}$$

式中，∇_{xy}^2为横向拉普拉斯算子。

导行电磁波的电场和磁场共包括六个直角坐标分量E_x，E_y，E_z及H_x，H_y，H_z，分别满足齐次标量亥姆霍兹方程和波导系统的边界条件，利用分离变量法可求解这些方程。为了方便求解，下面根据麦克斯韦方程求出x分量及y分量分别与z分量的关系，这种关系称为横向分量的纵向分量表示。因此，只需求解纵向分量满足的齐次标量亥姆霍兹方程，再根据纵向分量与横向分量的关系，即可分别求出各横向分量，这种方法称为纵向场法。

在理想介质中，波导内的电磁场满足的麦克斯韦方程为

$$\nabla \times \boldsymbol{E} = -\mathrm{j}\omega\mu \boldsymbol{H} \tag{7-6}$$

$$\nabla \times \boldsymbol{H} = \mathrm{j}\omega\varepsilon \boldsymbol{E} \tag{7-7}$$

在直角坐标系中展开式(7－6)和式(7－7)，并将式(7－1)写成分量形式代入，得

$$\frac{\partial E_z}{\partial y} + \mathrm{j}k_z E_y = -\mathrm{j}\omega\mu H_x \tag{7-8}$$

$$-\mathrm{j}k_z E_x - \frac{\partial E_z}{\partial x} = -\mathrm{j}\omega\mu H_y \tag{7-9}$$

$$\frac{\partial E_y}{\partial x} - \frac{\partial E_x}{\partial y} = -\mathrm{j}\omega\mu H_z \tag{7-10}$$

$$\frac{\partial H_z}{\partial y} + \mathrm{j}k_z H_y = \mathrm{j}\omega\varepsilon E_x \tag{7-11}$$

$$-\mathrm{j}k_z H_z - \frac{\partial H_z}{\partial x} = \mathrm{j}\omega\varepsilon E_y \tag{7-12}$$

$$\frac{\partial H_y}{\partial x} - \frac{\partial H_x}{\partial y} = \mathrm{j}\omega\varepsilon E_z \tag{7-13}$$

可以求得

$$E_x = -\frac{1}{k_c^2}\left(\mathrm{j}k_z \frac{\partial E_z}{\partial x} + \mathrm{j}\omega\mu \frac{\partial H_z}{\partial y}\right) \tag{7-14a}$$

$$E_y = -\frac{1}{k_c^2}\left(\mathrm{j}k_z \frac{\partial E_z}{\partial y} - \mathrm{j}\omega\mu \frac{\partial H_z}{\partial x}\right) \tag{7-14b}$$

$$H_x = -\frac{1}{k_c^2}\left(\mathrm{j}k_z \frac{\partial H_z}{\partial x} - \mathrm{j}\omega\varepsilon \frac{\partial E_z}{\partial y}\right) \tag{7-14c}$$

$$H_y = -\frac{1}{k_c^2}\left(\mathrm{j}k_z \frac{\partial H_z}{\partial y} + \mathrm{j}\omega\varepsilon \frac{\partial E_z}{\partial x}\right) \tag{7-14d}$$

其中，

$$k_c^2 = k^2 - k_z^2 \tag{7-15}$$

式(7－14)是用纵向场分量表示横向场分量的一般公式，可知波导中的横向分量均可

由纵向场分量确定。

7.1.2　导行电磁波的分类

(1) 横电磁波（TEM 波）。

横电磁（Transverse Electric and Magnetic，TEM）波既无纵向电场分量又无纵向磁场分量，即 $E_z=0$，$H_z=0$。横电磁波的相速、波长及波阻抗与无界空间均匀介质中的相同。横电磁波是双线导体传输线的主要传输模式。

(2) 横磁波（TM 波）。

横磁（Transverse Magnetic，TM）波包含非零的纵向电场分量，即 $E_z\neq0$，$H_z=0$，因为纵向场量中只有纵向电场，所以又称 E 波。

(3) 横电波（TE 波）。

横电（Transverse Electric，TE）波包含非零的纵向磁场分量，即 $E_z=0$，$H_z\neq0$。因为纵向场量中只有纵向磁场，所以又称 H 波。

不同的波动结构对应不同的导行波模式，下面介绍矩形金属波导、圆柱形金属波导和同轴电缆中传播的电磁波的场表达式以及传输特性，以分析导行电磁波的特点和求解方法。

小知识

电磁波模式（Mode of Electromagrietic Wave）有无穷多种，在数学上是无源麦克斯韦方程在给定条件下的线性独立的特解。在给定边界条件（包括无穷远处辐射条件）下，电磁波的模式可能独立存在确定的电磁场分布规律，又称场型。模式简称模，有时称为波型（简称波）。

7.2　矩形金属波导

7.2.1　矩形金属波导中的场分布

图 7-1 所示为矩形金属波导，宽壁长度为 a，窄壁长度为 b，波导内填充了参数为 ε、μ 的均匀媒质。建立直角坐标系，令宽壁沿 x 轴，窄壁沿 y 轴，z 轴为传播方向。讨论矩形金属波导中横磁波和横电波的场分布及其在波导中的传输特性。

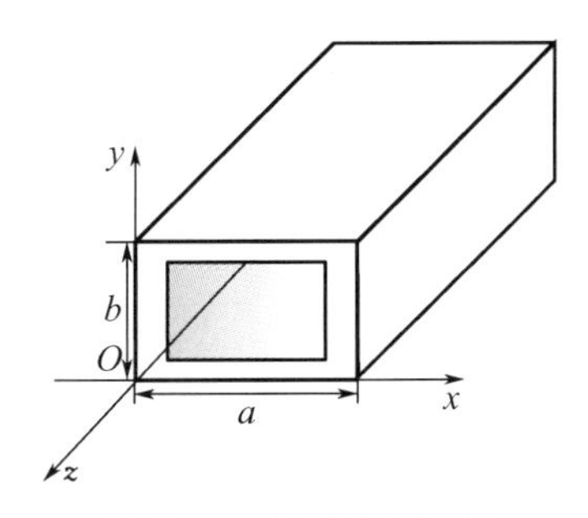

图 7-1　矩形金属波导

若仅传输横磁波，则需满足 $H_z=0$，根据式(7-14) 可知，需要先求得 E_z 的值。由

式(7－1a) 可知

$$E_z=E_{z0}(x,y)\mathrm{e}^{-\mathrm{j}k_z z} \tag{7-16}$$

它满足的齐次标量亥姆霍兹方程为

$$\frac{\partial^2 E_z}{\partial x^2}+\frac{\partial^2 E_z}{\partial y^2}+k_c^2 E_z=0 \tag{7-17}$$

式中，$k_c^2=k^2-k_z^2$。将式(7－16) 代入式(7－17) 得

$$\frac{\partial^2 E_{z0}}{\partial x^2}+\frac{\partial^2 E_{z0}}{\partial y^2}=-k_c^2 E_{z0} \tag{7-18}$$

为了求解式(7－18)，可运用分离变量法得到

$$E_{z0}(x,y)=X(x)Y(y) \tag{7-19}$$

将结果代入式(7－18) 得

$$\frac{X''}{X}+\frac{Y''}{Y}=-k_c^2 \tag{7-20}$$

式中，X''为函数$X(x)$ 对x的二阶导数；Y''为函数$Y(y)$ 对y的二阶导数。从式(7－20) 可以看出，等号右边第一项为x的函数，第二项为y的函数，可以拆分出两个常微分方程：

$$\frac{X''}{X}=-k_x^2 \tag{7-21}$$

$$\frac{Y''}{Y}=-k_y^2 \tag{7-22}$$

式中，k_x和k_y为分离常数。由式(7－19) 至式(7－22) 得

$$E_{z0}=E_0\sin(k_x x)\sin(k_y y) \tag{7-23}$$

$$k_c^2=k_x^2+k_y^2 \tag{7-24}$$

根据边界条件$E_z|_{x=0}=0$，$E_z|_{x=a}=0$，可以求出常数

$$k_x=\frac{m\pi}{a},\ m=1,2,3\cdots \tag{7-25}$$

再根据边界条件$E_z|_{y=0}=0$，$E_z|_{y=b}=0$，可求出常数

$$k_y=\frac{n\pi}{b},\ n=1,2,3\cdots \tag{7-26}$$

将式(7－25) 和式(7－26) 代入式(7－23)，可得

$$E_{z0}=E_0\sin\left(\frac{m\pi}{a}x\right)\sin\left(\frac{n\pi}{b}y\right) \tag{7-27}$$

将式(7－27) 代入式(7－16)，可得

$$E_z=E_0\sin\left(\frac{m\pi}{a}x\right)\sin\left(\frac{n\pi}{b}y\right)\mathrm{e}^{-\mathrm{j}k_z z} \tag{7-28}$$

将式(7－25) 和式(7－26) 代入式(7－24)，可得

$$k_c^2=\left(\frac{m\pi}{a}\right)^2+\left(\frac{n\pi}{b}\right)^2 \tag{7-29}$$

式(7－28) 和式(7－29) 中，m，$n=0$，1，2，…，但两者不能同时为零。

已知$k_c^2=k^2-k_z^2$ ($k_z^2=k^2-k_c^2$)，则当$k=k_c$时，$k_z=0$，即波的传播截止。因此，k_c称为截止传播常数。

将式(7-27)代入式(7-29)，可得矩形金属波导中横磁波的分量分别为

$$E_x=-\mathrm{j}\frac{k_zE_0}{k_c^2}\frac{m\pi}{a}\cos\left(\frac{m\pi}{a}x\right)\sin\left(\frac{n\pi}{b}y\right)\mathrm{e}^{-\mathrm{j}k_zz} \tag{7-30a}$$

$$E_y=-\mathrm{j}\frac{k_zE_0}{k_c^2}\frac{n\pi}{b}\sin\left(\frac{m\pi}{a}x\right)\cos\left(\frac{n\pi}{b}y\right)\mathrm{e}^{-\mathrm{j}k_zz} \tag{7-30b}$$

$$H_x=\mathrm{j}\frac{\omega\varepsilon E_0}{k_c^2}\frac{n\pi}{b}\sin\left(\frac{m\pi}{a}x\right)\cos\left(\frac{n\pi}{b}y\right)\mathrm{e}^{-\mathrm{j}k_zz} \tag{7-30c}$$

$$H_y=-\mathrm{j}\frac{\omega\varepsilon E_0}{k_c^2}\frac{m\pi}{a}\cos\left(\frac{m\pi}{a}x\right)\sin\left(\frac{n\pi}{b}y\right)\mathrm{e}^{-\mathrm{j}k_zz} \tag{7-30d}$$

式(7-30)中，m，$n=1$，2，3，…。

同理，可以推导出矩形金属波导中横电波的分量分别为

$$H_z=H_0\cos\left(\frac{m\pi}{a}x\right)\cos\left(\frac{n\pi}{b}y\right)\mathrm{e}^{-\mathrm{j}k_zz} \tag{7-31a}$$

$$H_x=\mathrm{j}\frac{k_zH_0}{k_c^2}\frac{m\pi}{a}\sin\left(\frac{m\pi}{a}x\right)\cos\left(\frac{n\pi}{b}y\right)\mathrm{e}^{-\mathrm{j}k_zz} \tag{7-31b}$$

$$H_y=\mathrm{j}\frac{k_zH_0}{k_c^2}\frac{n\pi}{b}\cos\left(\frac{m\pi}{a}x\right)\sin\left(\frac{n\pi}{b}y\right)\mathrm{e}^{-\mathrm{j}k_zz} \tag{7-31c}$$

$$E_x=\mathrm{j}\frac{\omega\mu H_0}{k_c^2}\frac{n\pi}{b}\cos\left(\frac{m\pi}{a}x\right)\sin\left(\frac{n\pi}{b}y\right)\mathrm{e}^{-\mathrm{j}k_zz} \tag{7-31d}$$

$$E_y=-\mathrm{j}\frac{\omega\mu H_0}{k_c^2}\frac{m\pi}{a}\sin\left(\frac{m\pi}{a}x\right)\cos\left(\frac{n\pi}{b}y\right)\mathrm{e}^{-\mathrm{j}k_zz} \tag{7-31e}$$

式(7-31)中，m，$n=0$，1，2，…，但两者不能同时为零。

对于矩形金属波导中的横磁波和横电波，有下面结论。

(1) m 和 n 有不同的取值，对应于 m 和 n 的每种组合都是一种传播模式：TM_{mn} 或 TE_{mn} 称为 TM_{mn} 模或 TE_{mn} 模。

(2) 不同的模式对应不同的截止传播常数 k_{cmn}。

(3) 相同的 m、n 组合，TM_{mn} 模和 TE_{mn} 模的截止传播常数 k_{cmn} 相同，这种情况称为模式的简并。

(4) 对于 TE_{mn} 模，m 和 n 可以为零，但不能同时为零；对于 TM_{mn} 模，m 和 n 都不能为零，故不存在 TM_{0n} 模和 TM_{m0} 模。

7.2.2 矩形金属波导的传播特性

矩形金属波导中，利用传播常数与频率的关系 $k=2\pi f\sqrt{\varepsilon\mu}$，可以求出对应于截止传播常数的截止频率

$$f_c=\frac{k_c}{2\pi\sqrt{\varepsilon\mu}}=\frac{1}{2\sqrt{\varepsilon\mu}}\sqrt{\left(\frac{m}{a}\right)^2+\left(\frac{n}{b}\right)^2} \tag{7-32}$$

传播常数可以表示为

$$k_z=\pm k\sqrt{1-\left(\frac{f_c}{f}\right)^2}=\begin{cases}k\sqrt{1-\left(\frac{f_c}{f}\right)^2}，f>f_c\\-\mathrm{j}k\sqrt{\left(\frac{f_c}{f}\right)^2-1}，f<f_c\end{cases} \tag{7-33}$$

由式(7－33) 可以看出，当 $f>f_c$ 时，k_z 为实数，$e^{-jk_z z}$ 代表沿正 z 方向传播的波；当 $f<f_c$ 时，k 为虚数代入因子，$e^{-jk_z z}$ 表明该矩形金属波导的时变电场没有传播，而是沿正 z 方向不断衰减的凋落场。因此，对于一定的模式和波导尺寸来说，f_c 为能够传输该模式的最低频率。

同理，利用 $k=\frac{\lambda}{2\pi}$ 关系式，可以求得对应于截止传播常数 k_c 的截止波长

$$\lambda_c=\frac{2\pi}{k_c}=\frac{2}{\sqrt{\left(\frac{m}{a}\right)^2+\left(\frac{n}{b}\right)^2}} \tag{7-34}$$

由式(7－32) 和式(7－34) 可以看出，截止频率 f_c 或截止波长 λ_c 与波导尺寸 a，b 及模式 m，n 有关。

根据相速 v_p 与传播常数 k_z 的关系，求得矩形金属波导中的相速

$$v_p=\frac{\omega}{k_z}=\frac{v}{\sqrt{1-\left(\frac{f_c}{f}\right)^2}}=\frac{v}{\sqrt{1-\left(\frac{\lambda}{\lambda_c}\right)^2}} \tag{7-35}$$

式中，$v=\frac{1}{\sqrt{\mu\varepsilon}}$，当矩形金属波导中为真空时，$v=\frac{1}{\sqrt{\mu_0\varepsilon_0}}=c$。

已知工作频率 $f>f_c$，工作波长 $\lambda<\lambda_c$，由式(7－35) 可知，真空波导中电磁波的相速大于光速。波导中的相速不仅与波导中的介质特性有关，而且与频率有关。

根据波长与传播常数的关系，求得波导中电磁波的波长

$$\lambda_g=\frac{2\pi}{k_z}=\frac{\lambda}{\sqrt{1-\left(\frac{f_c}{f}\right)^2}}=\frac{\lambda}{\sqrt{1-\left(\frac{\lambda}{\lambda_c}\right)}} \tag{7-36}$$

式中，λ 为工作波长；λ_g 为波导波长。已知 $f>f_c$，$\lambda_c>\lambda$，故 $\lambda_g>\lambda$，即波导波长大于工作波长。此外，波导波长还与波导尺寸及模式有关。

定义波导中的横向电场与横向磁场之比为波导波阻抗，横磁波的波阻抗

$$Z_{\mathrm{TM}}=\frac{E_x}{H_y}=-\frac{E_y}{H_x} \tag{7-37}$$

将式(7－30) 代入式(7－37)，求得 TM 波的波阻抗

$$Z_{\mathrm{TM}}=Z\sqrt{1-\left(\frac{f_c}{f}\right)^2}=Z\sqrt{1-\left(\frac{\lambda}{\lambda_c}\right)^2} \tag{7-38}$$

式中，$Z=\sqrt{\frac{\mu}{\varepsilon}}$。

同理可得 TE 波的波阻抗。

$$Z_{\mathrm{TE}}=\frac{Z}{\sqrt{1-\left(\frac{f_c}{f}\right)^2}}=\frac{Z}{\sqrt{1-\left(\frac{\lambda}{\lambda_c}\right)^2}} \tag{7-39}$$

由式(7－37) 和式(7－38) 可知，当 $f<f_c$，$\lambda>\lambda_c$ 时，Z_{TM}和 Z_{TE}均为虚数，说明横向电场与横向磁场相位相差$\frac{\pi}{2}$。因此，沿 z 方向没有能量单向流动，即电磁波的传播截止。

例 7－1　已知内部为真空的矩形金属波导，其截面尺寸为 25mm×10mm，频率 $f=$

10^4 MHz 的电磁波进入波导后，该波导的传输模式是什么？波导中填充介电常数 $\varepsilon_r=4$ 的理想介质后，传输模式有无变化？

解　当矩形金属波导内部为真空时，工作波长 $\lambda=\frac{c}{f}=30\text{mm}$，该波导的截止波长

$$\lambda_c=\frac{2}{\sqrt{\left(\frac{m}{a}\right)^2+\left(\frac{n}{b}\right)^2}}=\frac{50}{\sqrt{m^2+6.25n^2}}(\text{mm})$$

因为，TE_{10} 波的 $\lambda_c=50\text{mm}$，TE_{20} 波的 $\lambda_c=25\text{mm}$，TE_{01} 波的 $\lambda_c=20\text{mm}$，更高次模的截止波长更短，所以，当矩形金属波导中为真空时，仅能传输 TE_{10} 波。

若填充 $\varepsilon_r=4$ 的理想介质，则工作波长 $\lambda'=\frac{\lambda}{\sqrt{\varepsilon_r}}=15\text{mm}$。

可见，除了 TE_{10} 波及 TE_{20} 波外，还存在其他模式的波。因为当 $m=0$，$n=1$ 时，$\lambda_c=20\text{mm}$；当 $m=n=1$ 时，$\lambda_c=18.6\text{mm}$；当 $m=3$，$n=0$ 时，$\lambda_c=16.7\text{mm}$；当 $m=2$，$n=1$ 时，$\lambda_c=15.6\text{mm}$，所以还可传输 TE_{01}、TE_{30}、TE_{11}、TM_{11}、TE_{21}、TM_{21} 等波。

7.2.3　矩形金属波导中的主模

给定工作频率和波导尺寸后，矩形金属波导中可以传播的电磁波模式满足 $f>f_c$。在矩形金属波导中可以传播的模式中，有一个截止频率最低的模式。因为

$$k_c=\sqrt{\left(\frac{m\pi}{a}\right)^2+\left(\frac{n\pi}{b}\right)^2} \tag{7-40}$$

所以若矩形金属波导的宽壁长度为 a，窄壁长度为 b，则 TE_{10} 模的截止频率最低，称为矩形金属波导中的主模，其传播特性参数如下：

$$k_c=\frac{\pi}{a} \tag{7-41}$$

由式(7-32)、式(7-34)、式(7-35) 和式(7-36) 得

$$f_c=\frac{1}{2a\sqrt{\varepsilon\mu}} \tag{7-42}$$

$$\lambda_c=2a \tag{7-43}$$

$$v_p=\frac{v}{\sqrt{1-\left(\frac{\lambda}{2a}\right)^2}} \tag{7-44}$$

$$\lambda_g=\frac{\lambda}{\sqrt{1-\left(\frac{\lambda}{2a}\right)^2}} \tag{7-45}$$

根据前面计算出的横电波的场分量，可以求得 TE_{10} 模的场分量：

$$H_z=H_0\cos\left(\frac{\pi}{a}x\right)e^{-jk_z z} \tag{7-46a}$$

$$H_x=j\frac{k_z H_0}{k_c^2}\frac{\pi}{a}\sin\left(\frac{\pi}{a}x\right)e^{-jk_z z} \tag{7-46b}$$

$$E_y=-j\frac{\omega\mu H_0}{k_c^2}\frac{\pi}{a}\sin\left(\frac{\pi}{a}x\right)e^{-jk_z z} \tag{7-46c}$$

$$H_y = E_x = E_z = 0 \tag{7-46d}$$

式(7-46)对应的瞬时值

$$H_z(\boldsymbol{r},t) = \sqrt{2} H_0 \cos\left(\frac{\pi}{a}x\right)\cos(\omega t - k_z z) \tag{7-47a}$$

$$H_x(\boldsymbol{r},t) = \frac{\sqrt{2} k_z H_0}{k_c^2}\frac{\pi}{a}\sin\left(\frac{\pi}{a}x\right)\cos\left(\omega t - k_z z + \frac{\pi}{2}\right) \tag{7-47b}$$

$$E_y(\boldsymbol{r},t) = \frac{\sqrt{2}\omega\mu H_0}{k_c^2}\frac{\pi}{a}\sin\left(\frac{\pi}{a}x\right)\cos\left(\omega t - k_z z + \frac{\pi}{2}\right) \tag{7-47c}$$

根据式(7-46)，可画出 TE_{10} 波的场图，如图 7-2 所示。

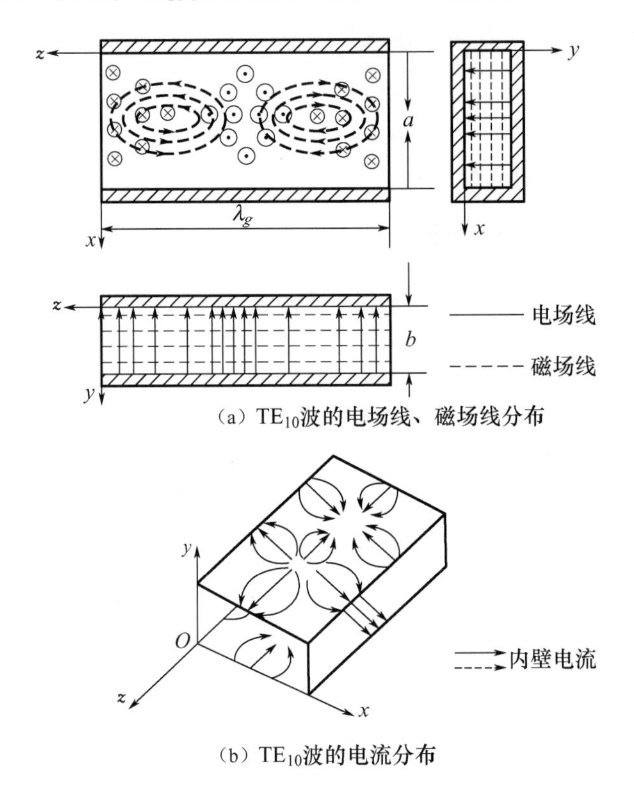

(a) TE_{10}波的电场线、磁场线分布

(b) TE_{10}波的电流分布

图 7-2 TE_{10} 波的场图

例 7-2 内充空气的矩形金属波导尺寸为 $\lambda < a < 2\lambda$，工作频率为 3GHz。如果要求工作频率至少高于主模TE_{10}波的截止频率的 20%，且至少低于TE_{01}波的截止频率的 20%。试求：(1) 波导尺寸 a 及b；(2) 根据所设计的波导，计算工作波长、相速、波导波长及波阻抗。

解 (1) TE_{10} 波的截止波长 $\lambda_c = 2a$，对应的截止频率 $f_c = \frac{c}{\lambda_c} = \frac{c}{2a}$。$TE_{01}$ 波的截止波长 $\lambda_c = 2b$，对应的截止频率 $f_c = \frac{c}{2b}$。根据题意要求，应该满足

$$3\times10^9 \geqslant \frac{c}{2a}\times1.2$$

$$3\times10^9\leqslant\frac{c}{2b}\times0.8$$

求得 $a\geqslant0.06\text{m}$，$b\leqslant0.04\text{m}$，取 $a=0.06\text{m}$，$b=0.04\text{m}$。

(2) 工作波长 $$\lambda=\frac{c}{f}=\frac{3\times10^8}{3\times10^9}=0.1(\text{m})$$

相速 $$v_p=\frac{c}{\sqrt{1-\left(\frac{\lambda}{2a}\right)^2}}=\frac{3\times10^8}{\sqrt{1-\left(\frac{0.1}{2\times0.06}\right)^2}}\approx5.42\times10^8(\text{m/s})$$

波导波长 $$v_g=\frac{\lambda}{\sqrt{1-\left(\frac{\lambda}{2a}\right)^2}}=\frac{0.1}{\sqrt{1-\left(\frac{0.1}{2\times0.06}\right)^2}}\approx0.182(\text{m})$$

由于空气中的波阻抗 $Z=\sqrt{\frac{\mu_0}{\varepsilon_0}}\approx377$ (Ω)

由式(7－38) 得波阻抗 $$Z_{\text{TF10}}=\frac{Z}{\sqrt{1-\left(\frac{\lambda}{2a}\right)^2}}\approx682(\Omega)$$

7.3 圆柱形金属波导

圆柱形金属波导应用较多，如图 7－3 所示。波导的半径为 a，波导内填充电参数为 ε 和 μ 的介质，波导管壁由理想导体构成。根据麦克斯韦方程，求出圆柱坐标系中横向分量的纵向场表达式。

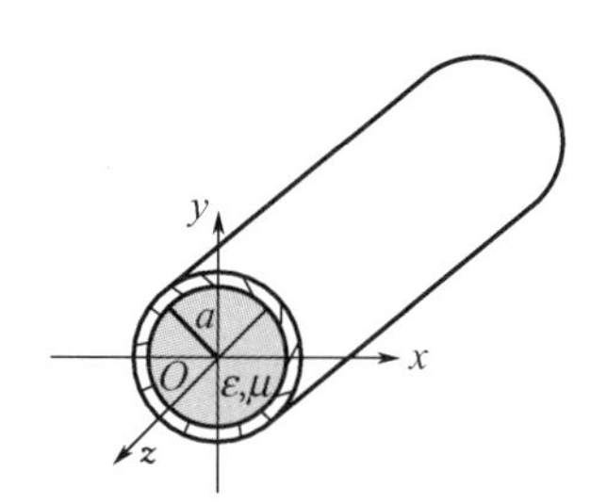

图 7－3 圆柱形金属波导

若 z 轴为传播方向，则波导中的场强可以表示为

$$\boldsymbol{E}(r,\phi,z)=\boldsymbol{E}_0(r,\phi)\mathrm{e}^{-\mathrm{j}k_z z} \tag{7－48a}$$

$$\boldsymbol{H}(r,\phi,z)=\boldsymbol{H}_0(r,\phi)\mathrm{e}^{-\mathrm{j}k_z z} \tag{7－48b}$$

将麦克斯韦旋度方程 $\nabla\times\boldsymbol{H}=\mathrm{j}\omega\varepsilon\boldsymbol{E}$，将式(7－47) 写成分量形式并代入，得

$$\frac{1}{r}\frac{\partial E_z}{\partial\phi}+\mathrm{j}k_zE_\phi=-\mathrm{j}\omega\mu H_r \tag{7－49a}$$

$$-\mathrm{j}k_zE_r-\frac{\partial E_z}{\partial r}=-\mathrm{j}\omega\mu H_\phi \tag{7－49b}$$

$$\frac{1}{r}\frac{\partial}{\partial r}(rE_\phi)-\frac{1}{r}\frac{\partial E_r}{\partial\phi}=-\mathrm{j}\omega\mu H_z \tag{7－49c}$$

$$\frac{1}{r}\frac{\partial H_z}{\partial \phi}+\mathrm{j}k_z H_\phi=\mathrm{j}\omega\varepsilon E_r \tag{7-49d}$$

$$-\mathrm{j}k_z H_r-\frac{\partial H_z}{\partial r}=\mathrm{j}\omega\varepsilon E_\phi \tag{7-49e}$$

$$\frac{1}{r}\frac{\partial}{\partial r}(rH_\phi)-\frac{1}{r}\frac{\partial H_r}{\partial \phi}=\mathrm{j}\omega\varepsilon E_z \tag{7-49f}$$

根据式(7-49)求得用纵向场表示的横向分量表示式

$$E_r=-\frac{1}{k_c^2}\left(\mathrm{j}k_z\frac{\partial E_z}{\partial r}+\mathrm{j}\frac{\omega\mu}{r}\frac{\partial H_z}{\partial \phi}\right) \tag{7-50a}$$

$$E_\phi=\frac{1}{k_c^2}\left(-\mathrm{j}\frac{k_z}{r}\frac{\partial E_z}{\partial \phi}+\mathrm{j}\omega\mu\frac{\partial H_z}{\partial r}\right) \tag{7-50b}$$

$$H_r=\frac{1}{k_c^2}\left(\mathrm{j}\frac{\omega\varepsilon}{r}\frac{\partial E_z}{\partial \phi}-\mathrm{j}k_z\frac{\partial H_z}{\partial r}\right) \tag{7-50c}$$

$$H_\phi=-\frac{1}{k_c^2}\left(\mathrm{j}\omega\varepsilon\frac{\partial E_z}{\partial r}+\mathrm{j}\frac{k_z}{r}\frac{\partial H_z}{\partial \phi}\right) \tag{7-50d}$$

式中，$k_c^2=k^2-k_z^2$。

由于圆柱形金属波导是单导体波导，因此只能传播横磁波和横电波。求解圆柱形金属波导内横磁波和横电波的场量分布方法与求矩形金属波导内场量分布的方法类似，不同的是应采用圆柱坐标系。

对于横磁波，$H_z=0$，先求出分量，再由式(7-50)计算各横向分量。对于式(7-48a)，分量可以表示为

$$E_z(r,\phi,z)=E_{z0}(r,\phi)\mathrm{e}^{-\mathrm{j}k_z z} \tag{7-51}$$

在无源区，分量满足标量亥姆霍兹方程$\nabla^2 E_z+k^2E_z=0$，在圆柱坐标系中展开该方程，并将式(7-51)代入，得

$$\frac{\partial^2 E_{z0}}{\partial r^2}+\frac{1}{r}\frac{\partial E_{z0}}{\partial r}+\frac{1}{r^2}\frac{\partial^2 E_{z0}}{\partial \phi^2}+k_c^2E_{z0}=0 \tag{7-52}$$

为了求解此方程，采用分离变量法，令

$$E_{z0}(r,\phi)=R(r)\Phi(\phi) \tag{7-53}$$

代入式(7-52)，得

$$\frac{r^2R''}{R}+\frac{rR'}{R}+k_c^2r^2=-\frac{\Phi''}{\Phi} \tag{7-54}$$

式中，R''和R'分别为R对r的二阶导数和一阶导数；Φ''为Φ对ϕ的二阶导数。

由于式(7-54)对于一切r和ϕ均成立，因此得

$$\Phi''+m^2\phi=0 \tag{7-55}$$

可得到此方程的通解

$$\Phi=A_1\cos m\phi+A_2\sin m\phi \tag{7-56}$$

圆波导具有轴对称性，式(7-55)的解可以表示为

$$\Phi=A\begin{cases}\cos m\phi\\ \sin m\phi\end{cases} \tag{7-57}$$

由于波导中的场分布随角度ϕ的变化以2π为周期，因此，式(7-55)中的常数m为整数，即$m=0$，±1，±2，…。

由式(7－54）和式(7－55）得

$$\frac{r^2R''}{R}+\frac{rR'}{R}+k_c^2r^2=m^2$$

或写成

$$r^2\frac{\mathrm{d}^2R}{\mathrm{d}r^2}+r\frac{\mathrm{d}R}{\mathrm{d}r}+(k_c^2r^2-m^2)R=0 \tag{7-58}$$

令 $k_cr=x$，则式(7－58）变为标准的贝塞尔方程，即

$$x^2\frac{\mathrm{d}^2R}{\mathrm{d}x^2}+x\frac{\mathrm{d}R}{\mathrm{d}x}+(x^2-m^2)R=0 \tag{7-59}$$

由圆柱坐标系中的分离变量法可知，式(7－58）的通解为

$$R=B\mathrm{J}_m(x)+C\mathrm{N}_m(x) \tag{7-60}$$

式中，$\mathrm{J}_m(x)$ 为第一类 m 阶贝塞尔函数；$\mathrm{N}_m(x)$ 为第二类 m 阶贝塞尔函数。已知当时 $r=0$，$x=0$，$\mathrm{N}_m(0)\to-\infty$，波导中的场是有限的，因此，常数 $C=0$，式(7－58）的解为

$$R=B\mathrm{J}_m(k_cr) \tag{7-61}$$

将式(7－57）和式(7－61）代入式(7－53)，由式(7－51）可得

$$E_z=E_0\mathrm{J}_m(k_cr)\begin{Bmatrix}\cos m\phi\\ \sin m\phi\end{Bmatrix}\mathrm{e}^{-\mathrm{j}k_zz} \tag{7-62}$$

由式(7－52）得各横向分量

$$E_r=-\mathrm{j}\frac{k_zE_0}{k_c}\mathrm{J}'_m(k_cr)\begin{Bmatrix}\cos m\phi\\ \sin m\phi\end{Bmatrix}\mathrm{e}^{-\mathrm{j}k_zz} \tag{7-63a}$$

$$E_\phi=\mathrm{j}\frac{k_zmE_0}{k_c^2r}\mathrm{J}_m(k_cr)\begin{Bmatrix}\sin m\phi\\ -\cos m\phi\end{Bmatrix}\mathrm{e}^{-\mathrm{j}k_zz} \tag{7-63b}$$

$$H_r=\mathrm{j}\frac{\omega\varepsilon mE_0}{k_c^2r}\mathrm{J}_m(k_cr)\begin{Bmatrix}-\sin m\phi\\ \cos m\phi\end{Bmatrix}\mathrm{e}^{-\mathrm{j}k_zz} \tag{7-63c}$$

$$H_\phi=-\mathrm{j}\frac{\omega\varepsilon E_0}{k_c}\mathrm{J}'_m(k_cr)\begin{Bmatrix}\cos m\phi\\ \sin m\phi\end{Bmatrix}\mathrm{e}^{-\mathrm{j}k_zz} \tag{7-63d}$$

式中，$\mathrm{J}'_m(k_cr)$ 为贝塞尔函数 $\mathrm{J}_m(k_cr)$ 的一阶导数。根据边界条件，可以确定式(7－63）中的常数。

根据边界条件，当 $r=a$ 时，$E_z=E_\phi=0$。为了满足这种边界条件，要求 $\mathrm{J}_m(k_ca)=0$。设 P_{mn} 为第一类 m 阶贝塞尔函数的第 n 个根，则 $k_ca=P_{mn}$，即

$$k_c^2=\left(\frac{P_{mn}}{a}\right)^2 \tag{7-64}$$

或写成

$$k_z^2=k^2-\left(\frac{P_{mn}}{a}\right)^2 \tag{7-65}$$

表7－1所示为 P_{mn} 值，每组 m，n 值对应一个 P_{mn} 值，同时求得对应的 k_z，从而形成一种场分布，或称为一种模式。可见，圆波导具有多模特性。式(7－63）中的因子 $\cos m\phi$ 和 $\sin m\phi$ 分别代表两种空间正交的模式。

表 7-1 P_{mn} 值

m	n			
	1	2	3	4
0	2.405	5.520	8.654	11.79
1	3.832	7.016	10.17	13.32
2	5.136	8.417	11.62	14.80

对于横电波，$E_z=0$。采用上述方法，先求出 H_z 分量，再由式(7-48)计算各横向分量

$$H_z=H_0\mathrm{J}_m(k_cr)\begin{cases}\cos m\phi\\ \sin m\phi\end{cases}\mathrm{e}^{-\mathrm{j}k_zz} \tag{7-66a}$$

$$H_r=-\mathrm{j}\,\frac{k_zH_0}{k_c}\mathrm{J}'_m(k_cr)\begin{cases}\cos m\phi\\ \sin m\phi\end{cases}e^{-\mathrm{j}k_zz} \tag{7-66b}$$

$$H_\phi=\mathrm{j}\,\frac{k_zmH_0}{k_c^2r}\mathrm{J}_m(k_cr)\begin{cases}\sin m\phi\\ -\cos m\phi\end{cases}e^{-\mathrm{j}k_zz} \tag{7-66c}$$

$$E_r=\mathrm{j}\,\frac{\omega\mu mH_0}{k_c^2r}\mathrm{J}_m(k_cr)\begin{cases}\sin m\phi\\ -\cos m\phi\end{cases}e^{-\mathrm{j}k_zz} \tag{7-66d}$$

$$E_\phi=\mathrm{j}\,\frac{\omega\mu H_0}{k_c}\mathrm{J}'_m(k_cr)\begin{cases}\cos m\phi\\ \sin m\phi\end{cases}e^{-\mathrm{j}k_zz} \tag{7-66e}$$

为了满足 $r=a$，$E_\phi=0$ 的边界条件，由式(7-66e) 可知，要求导数 $\mathrm{J}'_m(k_ca)=0$。设 P'_{mn} 为第一类贝塞尔函数的一阶导数根，则 $k_ca=P'_{mn}$，即

$$k_c^2=\left(\frac{P'_{mn}}{a}\right)^2 \tag{7-67}$$

$$k_c=k^2-\left(\frac{P'_{mn}}{a}\right)^2 \tag{7-68}$$

表 7-2 所示为 P'_{mn} 值，每个 P'_{mn} 值对应一种模式。

表 7-2 P'_{mn} 值

m	n			
	1	2	3	4
0	3.832	7.016	10.17	13.32
1	1.841	5.332	8.526	11.71
2	3.054	6.705	9.965	13.17

与矩形金属波导相同，当 $k=k_c$ 时，传播常数 $k_z=0$，表示传播截止。由 $k_c=2\pi f_c\sqrt{\varepsilon\mu}=\dfrac{2\pi}{\lambda_c}$，求得圆柱形波导中横磁波的截止频率 f_c 和截止波长 λ_c：

$$f_c=\frac{P_{mn}}{2\pi a\sqrt{\varepsilon\mu}} \tag{7-69}$$

$$\lambda_c=\frac{2\pi a}{P_{mn}} \tag{7-70}$$

横电波的截止频率 f_c 和截止波长 λ_c：

$$f_c=\frac{P'_{mn}}{2\pi a\sqrt{\varepsilon\mu}} \tag{7-71}$$

$$\lambda_c=\frac{2\pi a}{P'_{mn}} \tag{7-72}$$

图 7-4 所示为圆柱形金属波导中各种模式的截止波长分布，其中 TE_{11} 波的截止波长最长，其次是 TM_{01} 波。

根据表 7-1 和表 7-2 中的数值，可求得 TE_{11} 波的截止波长 $\lambda_c=3.41a$，TM_{01} 波的截止波长 $\lambda_c=2.62a$。

由此可见，若工作波长 λ 满足

$$2.62a<\lambda<3.41a \tag{7-73}$$

则可实现 TE_{11} 波的单模传播。若工作波长 λ 给定，则为了实现 TE_{11} 波的单模传播，圆柱波导的半径 a 必须满足

$$\frac{\lambda}{3.41}<a<\frac{\lambda}{2.62} \tag{7-74}$$

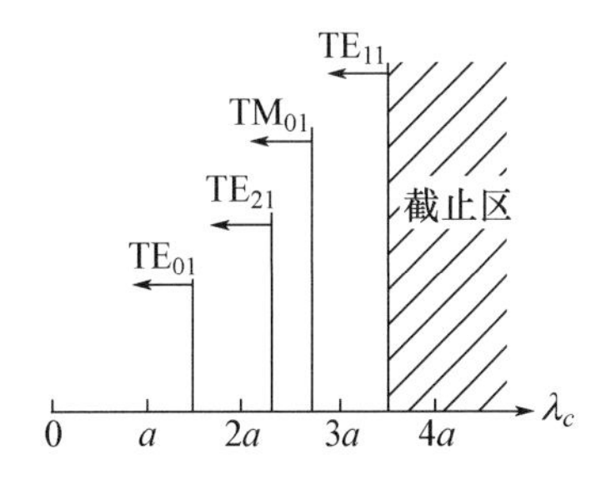

图 7-4　圆柱形金属波导中各种模式的截止波长分布

由以上分析得出如下结论。

(1) 圆柱形金属波导中存在无穷多个可能的传播模式：TM_{mn} 模和 TE_{mn} 模。

(2) 圆柱形金属波导中截止频率最低的模式是 TE_{11} 模，其截止波长为 $3.41a$，它是圆柱形金属波导中的主模。

(3) 圆柱形金属波导中存在模式的双重简并。

图 7-5 所示为圆柱形金属波导中的三种模式。

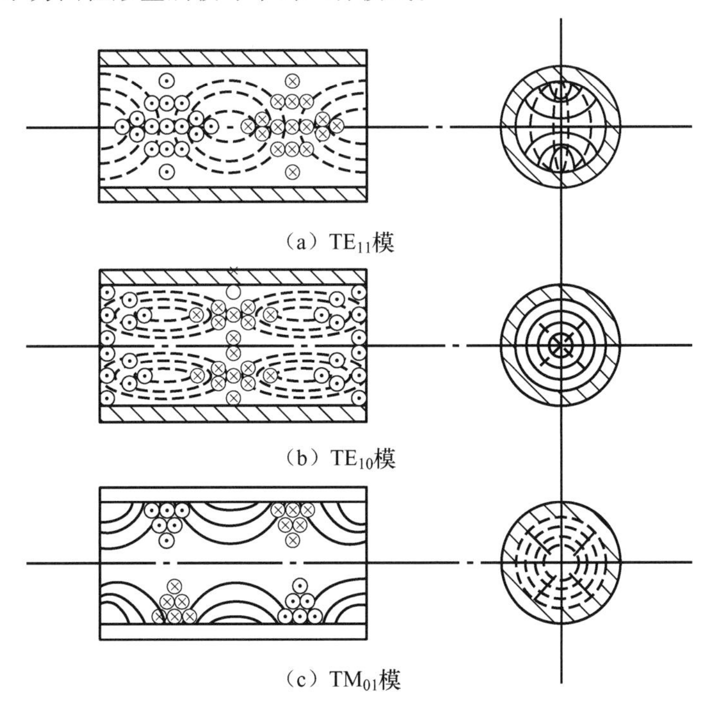

图 7-5　圆柱形波导中的三种模式

例 7－3 已知圆波导的半径 $a=5\text{mm}$，内充理想介质的相对介电常数 $\varepsilon_r=9$。若要求工作于 TE_{11} 主模，试求最大允许的频率范围。

解 为了保证工作于 TE_{11} 主模，其工作波长必须满足

$$2.62a<\lambda<3.41a$$

即

$$\lambda_{max}=3.41\times5=17.05\text{mm}\approx17.1(\text{mm})$$

$$\lambda_{min}=2.62\times5=13.1(\text{mm})$$

由 $f=\frac{v}{\lambda}$，$v=\frac{1}{\sqrt{\mu_0\varepsilon}}$，$\mu_0=4\pi\times10^{-7}\text{H/m}$，$\varepsilon_0=\frac{10^{-9}}{36\pi}\text{F/m}$，求得对应的频率范围

$$f_{max}=\frac{v}{\lambda_{min}}=\frac{1}{\lambda_{min}\sqrt{\mu_0\varepsilon}}\approx7634(\text{MHz})$$

$$f_{min}=\frac{v}{\lambda_{max}}=\frac{1}{\lambda_{max}\sqrt{\mu_0\varepsilon}}\approx5848(\text{MHz})$$

7.4 同轴波导

同轴波导是一种由内、外导体构成的双导体导波系统，也称同轴线，如图 7－6 所示。内导体半径为 a，外导体内径为 b，内、外导体之间填充电参数为 ε、μ 的理想介质，内、外导体为理想导体。

由于同轴线是双导体波导，因此它既可以传播横电磁波，又可以传播横电波和横磁波。其电场为沿半径 $\boldsymbol{e}_r$ 方向的径向线，磁场线为沿角度方向的闭合圆，如图 7－7 所示。可见，同轴线是一种典型的横电磁传输线。

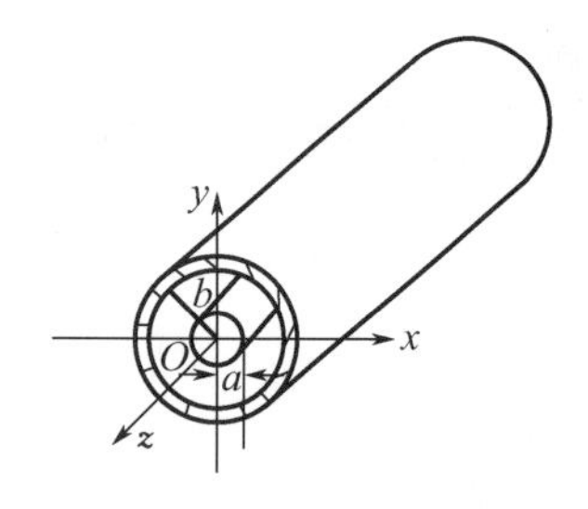

图 7－6 同轴波导

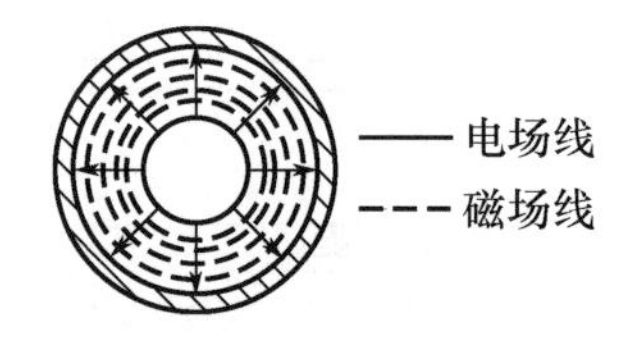

图 7－7 同轴导体中的电场、磁场分布情况

同轴波导中非横电磁波的波形分析方法与圆波导类似。但是由于同轴线具有内导体，变量 r 的范围为 $a\leqslant r\leqslant b$，可见 $r\neq0$，因此，在 $r=0$ 处为无限大的第二类贝塞尔函数，也是式(7－59) 的解，即式(7－59) 的解为第一类贝塞尔函数与第二类贝塞尔函数之和，如式(7－60) 所示。对于横磁波，当 $r=a$，$r=b$，$E_z=E_\phi=0$ 时，可得

$$\begin{aligned}BJ_m(k_ca)+CN_m(k_ca)=0\\BJ_m(k_cb)+CN_m(k_cb)=0\end{aligned}\tag{7-75}$$

变换后得

$$\frac{N_m(k_ca)}{J_m(k_ca)}=\frac{N_m(k_cb)}{J_m(k_cb)}\tag{7-76}$$

对于横电波，为了满足边界条件 $r=a$，$r=b$，$E_\phi=0$，可得

$$\frac{N'_m(k_c a)}{J'_m(k_c a)}=\frac{N'_m(k_c b)}{J'_m(k_c b)} \tag{7-77}$$

式(7-76)和式(7-77)均为超越方程，可以通过图解法或数值法进行求解。

求出常数 k_c 后，用前面的方法计算截止波长，同轴波导中的模式分布如图 7-8 所示。为了保证同轴波导在给定工作频带内只传输横电磁波，必须使工作波长大于第一个次高模（TE_{11}模）的截止波长，即

$$\lambda>\pi(a+b) \tag{7-78}$$

或者说同轴线的尺寸应该满足

$$a+b<\frac{\lambda}{\pi}\approx\frac{\pi}{3} \tag{7-79}$$

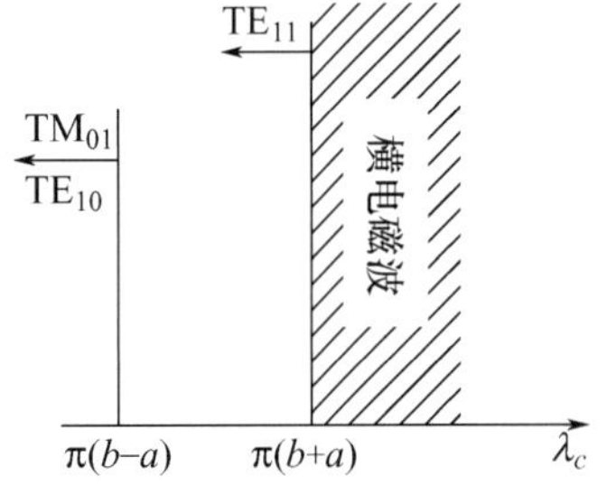

图 7-8　同轴波导中的模式分布

式(7-79)给出了 $a+b$ 的取值范围，要最终确定尺寸，还必须确定$\frac{a}{b}$的值，我们可以根据实际需要选择该值。例如，当要求功率容量最大时选择 $\frac{a}{b}=1.65$；当要求传输损耗最小时选择 $\frac{a}{b}=3.59$；当要求耐压最高时选择 $\frac{a}{b}=2.72$。

本章小结

电磁波在导波系统中的传输问题，可归结为求解满足特定边界条件的波动方程的问题。根据解的性质，了解在不同导波装置中，各种模式电磁波的场分布和传播特性。

根据纵向场分量 E 和 H 的存在情况，可将导波系统中的电磁波分为三种——横电磁波、横电波、横磁波。截止频率最低的模式称为主模，矩形金属波导中的主模是 TE_{10} 模，其截止波长为 $2a$。波导系统中三种模式的传播条件和传播特性是本章重点，包括三种模式的分类方法和传播特性参数，如截止频率、相位常数、波导波长、波阻抗等，不同模式的传播特性由给定波导的参数决定。

习　题　7

一、选择题

7-1　下列说法错误的是（　　）。

A. 同轴波导中，电磁波能量集中在波导结构的导体中

B. 矩形金属波导中，可以传输比截止频率高的电磁波

C. 波导中的横向场分量均可由纵向场分量确定

D. 传输的电磁波频率越高，相应的波导尺寸越小

7-2　在给定尺寸的矩形金属波导中，传输模式的阶数越高，相应的截止频率（　　）。

A. 越高　　　　B. 越低　　　　C. 与阶数无关

7-3　在传输横电磁波的导波系统中，波的相速与参数相同的无界媒质中波的相速相比（　　）。

A. 更小　　　　B. 相等　　　　C. 更大

7-4　在传输模的矩形金属空波导管中填充电介质后，工作频率不变，其波阻抗（　　）。

A. 增大　　　　B. 减小　　　　C. 不变

7-5　对于给定宽边的矩形金属波导，当窄边长度增大时，衰减（　　）。

A. 减小　　　　B. 增大　　　　C. 不变

二、填空题

7-6　横电磁波既无________分量，又无________分量。

7-7　两个模式的截止传播常数相同，称为模式的________。

7-8　在导波系统中，存在横电磁波的条件是________。

7-9　矩形金属波导中的波导波长、工作波长和截止波长之间的关系为________。

7-10　矩形金属波导中，截止频率最低的是________。

三、简答与计算题

7-11　在矩形金属波导（a=22.86mm，b=10.16mm）中传输TE_{10}模，工作频率为10GHz。(1) 求截止波长λ_c、波导波长λ_g和波阻抗$Z_{TE_{10}}$；(2) 若波导的宽边尺寸增大一倍，上述参数如何变化？还能传输什么模式？(3) 若波导的窄边尺寸增大一倍，上述参数如何变化？还能传输什么模式？

7-12　(1) 写出边长为a和b的矩形金属波导中TM_{11}模场量的瞬时表达式；(2) 求其截止频率、波导波长、相速及波阻抗；(3) 画出xy平面和yz平面的电力线及磁力线。

7-13　圆波导中的电磁波主要具有什么特性？

7-14　如何在圆波导中实现单模传输？当矩形金属波导的宽边与窄边尺寸相等时，是否可实现单模传输？为什么？

7-15　空气填充的圆柱形金属波导中的TE_{01}模，已知$\lambda/\lambda_c=0.7$，工作频率f=3000MHz，求波导波长。

7-16　空气填充的圆柱形金属波导，周长为25.1cm，工作频率为3GHz，求该波导内可能传播的模式。

7-17　为保证仅传输横电磁波，如何设计同轴线的尺寸？

第8章 电磁辐射

麦克斯韦方程指出，时变的电荷和电流可以激发时变的电磁场。电磁场的能量脱离场源，以电磁波的形式在空间传播的现象，称为电磁波的辐射。时变的电荷和电流按照特殊方式分布，使得电磁波的能量按照指定方向辐射，就形成了天线，天线是无线电通信、导航、雷达、测控、遥感等民用和国防系统中必不可少的组成部分之一。本章将讨论电磁辐射的基本原理及天线的辐射特性。

教学目标

1. 掌握电偶极子和磁偶极子的辐射特性与辐射原理。
2. 了解天线的基本参数。
3. 了解对称天线的结构及工作原理。

教学要求

知识要点	能力要求	相关知识
电偶极子的辐射	（1）掌握电偶极子的辐射特性； （2）掌握电偶极子的辐射原理	坡印廷矢量，旋度
磁偶极子的辐射	（1）掌握磁偶极子的辐射特性； （2）掌握磁偶极子的辐射原理	坡印廷矢量，旋度
天线的基本参数	了解天线的基本参数	
对称天线	（1）了解对称天线的结构； （2）了解对称天线的工作原理	

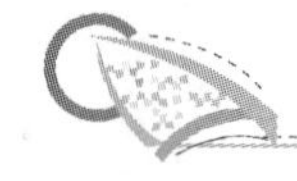

基本概念

电磁波的辐射：能量以电磁波的形式在空间传播。

天线：是一种变换器，把传输线上传播的导行电磁波变换为在空间传播的电磁波，或进行相反变换的装置。

电偶极子：在几何长度远小于波长的线元上载有等幅同相的电流。

引例：天线

天线是一种变换器，把传输线上传播的导行电磁波变换成在无界媒介（通常是自由空间）中传播的电磁波，或者进行相反变换。天线是在无线电设备中发射或接收电磁波的部件。凡是利用电磁波传递信息的工程系统（如无线电通信、广播、电视、雷达、导航、电子对抗、遥感、射电天文等），都依靠天线工作。此外，在用电磁波传送能量方面，非信号的能量辐射也需要天线。一般天线都具有可逆性，即同一副天线既可用作发射天线，又可用作接收天线。无论是作为发射天线还是接收天线，其基本特性参数都相同，这就是天线的互易性。

8.1 电偶极子的辐射

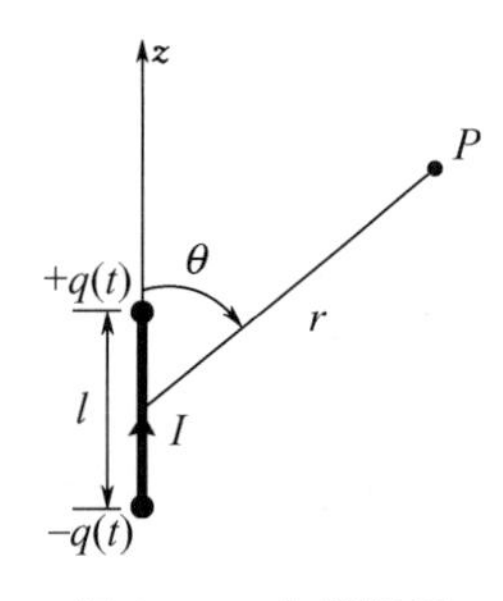

图 8-1 电偶极子

为了研究介质中任意点由电流线产生的场的作用，可以将其想象为两个距离为 l 且用直导线连接的带时变电荷的固定导体小球。当一个导体小球上的电荷为 $q(t)$ 时，另一个导体小球上的电荷为 $-q(t)$，如图 8-1 所示，两者之间的电流 $i(t)=\mathrm{d}q/\mathrm{d}t$。在几何长度远小于波长的线元上载有等幅同相的电流，就是电偶极子。

假设电流元位于无限大空间中，周围介质是均匀线性、各向同性的理想介质。建立直角坐标系，令电流元位于坐标原点，且沿 z 轴放置，如图 8-1 所示。线电流 I 产生的电磁矢量位

$$\boldsymbol{A}(r)=\frac{\mu_0}{4\pi}\int_l \frac{I(r')\mathrm{e}^{-\mathrm{j}kR}}{R}\mathrm{d}l' \tag{8-1}$$

式中，$R=|r-r'|$，由于 $l\ll\lambda$，$l\ll r$，即认为 $R\approx r$，再加上电流仅存在于 z 轴，即 $\mathrm{d}\boldsymbol{l}'=\boldsymbol{e}_z\mathrm{d}l'$，因此得

$$\boldsymbol{A}(r)=\boldsymbol{e}_z\frac{\mu_0 Il}{4\pi r}\mathrm{e}^{-\mathrm{j}kr} \tag{8-2}$$

为了方便讨论天线的电磁辐射特性，将电磁矢量位 $\boldsymbol{A}$ 变换到球坐标系中，其各分量

$$A_r=\frac{\mu_0 Il}{4\pi r}\mathrm{e}^{-\mathrm{j}kr}\cos\theta \tag{8-3a}$$

$$A_\theta=-\frac{\mu_0 Il}{4\pi r}\mathrm{e}^{-\mathrm{j}kr}\sin\theta \tag{8-3b}$$

$$A_\phi=0 \tag{8-3c}$$

由 $\boldsymbol{B}=\nabla\times\boldsymbol{A}$ 和 $\boldsymbol{B}=\mu_0\boldsymbol{H}$ 得 $\boldsymbol{H}=\frac{1}{\mu_0}\nabla\times\boldsymbol{A}$，从而求出磁场强度的各分量

$$H_r=0 \tag{8-4a}$$

$$H_\theta=0 \tag{8-4b}$$

$$H_\phi=\frac{k^2 Il\sin\theta}{4\pi}\left[\frac{j}{kr}+\frac{1}{(kr)^2}\right]\mathrm{e}^{-\mathrm{j}kr} \tag{8-4c}$$

根据麦克斯韦方程 $\nabla\times\boldsymbol{H}=j\omega\varepsilon_0\boldsymbol{E}$，计算电场强度的各分量

$$E_r=\frac{2Ilk^3\cos\theta}{4\pi\omega\varepsilon_0}\left[\frac{1}{(kr)^2}-\frac{j}{(kr)^3}\right]\mathrm{e}^{-\mathrm{j}kr} \tag{8-5a}$$

$$E_\theta=\frac{Ilk^3\sin\theta}{4\pi\omega\varepsilon_0}\left[\frac{j}{kr}+\frac{1}{(kr)^2}-\frac{j}{(kr)^3}\right]\mathrm{e}^{-\mathrm{j}kr} \tag{8-5b}$$

$$E_\phi=0 \tag{8-5c}$$

由式(8-4)和式(8-5)可以看出，电偶极子产生的电磁场的磁场强度只有 H_ϕ 分量，而电场强度有 E_r 和 E_θ 两个分量，每个分量都包含与距离 r 有关的项。

下面分别讨论天线附近和远处的场强，此处远近只是相对波长而言的。我们定义距离远小于波长（$r\ll\lambda$）的区域为近区场，距离远大于波长（$r\gg\lambda$）的区域为远区场。

8.1.1　近区场

$r\ll\lambda$（$kr\ll1$）的区域为近区场，在此区域中

$$\frac{1}{kr}\ll\frac{1}{(kr)^2}\ll\frac{1}{(kr)^3}$$

在式(8-4)和式(8-5)中，主要是高次项 $\frac{1}{(kr)^3}$ 起主要作用，其余各项均可忽略，且令 $\mathrm{e}^{-\mathrm{j}kr}\approx1$，得

$$E_r=-\mathrm{j}\,\frac{Il\cos\theta}{2\pi\omega\varepsilon_0 r^3} \tag{8-6a}$$

$$E_\theta=-\mathrm{j}\,\frac{Il\sin\theta}{4\pi\omega\varepsilon_0 r^3} \tag{8-6b}$$

$$H_\phi=\frac{Il\sin\theta}{4\pi r^2} \tag{8-6c}$$

喇叭天线内场结构

电偶极子满足 $I=\mathrm{j}\omega q$，式(8-6a)和式(8-6b)为电偶极子 $\boldsymbol{ql}$ 产生的静电场；式(8-6c)为恒定电流源 $\boldsymbol{Il}$ 产生的磁场。从以上结果可以看出，在近区场，时变电偶极子的电场表示式与静电偶极子的电场表示式相同，其产生的近区场与静态场的特性也完全相同，无滞后现象，因此把时变电偶极子的近区场称为准静态场或似稳场。

由式(8-6)可知，电场与磁场的时间相位差为 $\pi/2$，能流密度的实部为零，只有虚部。可见，电偶极子的近区场没有电磁功率向外输出，能量仅在场与源之间不断交换，近区场的能量完全束缚在源的周围，因此，近区场又称束缚场。但该结论仅为近似，实际上忽略的部分正是向外辐射的能量，只是在近区场内，与交换的部分相比，辐射部分比较微弱而已。

8.1.2　远区场

$r\gg\lambda$（$kr\gg1$）的区域为远区场，在此区域中

$$\frac{1}{kr} \gg \frac{1}{(kr)^2} \gg \frac{1}{(kr)^3}$$

在式(8－4）和式(8－5）中，含$\frac{1}{kr}$的低次项起主要作用，含$\frac{1}{kr}$的高次项可忽略，可得

$$E_\theta = \mathrm{j}\,\frac{IlZ_0}{2\lambda r}\sin\theta \mathrm{e}^{-\mathrm{j}kr} \tag{8－7a}$$

$$H_\phi = \mathrm{j}\,\frac{Il}{2\lambda r}\sin\theta \mathrm{e}^{-\mathrm{j}kr} \tag{8－7b}$$

式中，Z_0 为介质的波阻抗，$Z_0 = \sqrt{\frac{\mu_0}{\varepsilon_0}}$。式(8－7）表明，远区场具有以下性质。

（1）远区场是辐射场，电磁波沿径向辐射。远区场的平均坡印廷矢量 $\boldsymbol{S}_{av} = \frac{1}{2}\mathrm{Re}[\boldsymbol{E} \times \boldsymbol{H}^*] = \frac{1}{2}\mathrm{Re}\,[\boldsymbol{e}_\theta E_\theta \times \boldsymbol{e}_\phi H_\phi^*] = \boldsymbol{e}_r\,\frac{1}{2}\mathrm{Re}\,[E_\theta H_\phi^*]$，可见电磁能量沿径向辐射。

（2）远区场的电场和磁场只有横向分量，且 $\boldsymbol{E}$ 与 $\boldsymbol{H}$ 垂直，都垂直于传播方向，因此远区场中为横电磁波。

（3）远区场是非均匀球面波。相位因子 $\mathrm{e}^{-\mathrm{j}kr}$ 表明波的等相位面是 r＝常数的球面，在该等相位面上，电场（或磁场）的振幅并非处处相等。

（4）远区场的振幅与距离 r 成反比，因为场强随距离的增大而衰减，这种衰减是球面波固有的扩散特性。

（5）远区场分布有方向性，且与时间无关。在 r＝常数的球面上，当 θ 取不同值时，远区场的振幅不相等。当 $\theta=0°$时，场强为零；当 $\theta=90°$时，场强值最大；当 r＝常数时，场的相位均为常数。

为了计算电偶极子的辐射功率，可以用平均坡印廷矢量在任意包围电偶极子的球面上进行积分，即

$$\begin{aligned} P_r &= \oint_S \boldsymbol{S}_{av} \cdot \mathrm{d}\boldsymbol{S} = \oint_S \boldsymbol{e}_r\,\frac{1}{2}\mathrm{Re}[E_\theta H_\phi^*] \cdot \mathrm{d}\boldsymbol{S} \\ &= \int_0^{2\pi}\int_0^{\pi} \boldsymbol{e}_r\,\frac{1}{2}Z_0\left(\frac{Il}{2\lambda r}\sin\theta\right)^2 \cdot \boldsymbol{e}_r r^2 \sin\theta \mathrm{d}\theta \mathrm{d}\phi \\ &= \int_0^{2\pi}\mathrm{d}\phi\int_0^{\pi}\frac{15\pi\,(Il)^2}{\lambda^2}\sin^3\theta \mathrm{d}\theta \\ &= 40\pi^2 I^2\left(\frac{l}{\lambda}\right)^2 \end{aligned} \tag{8－8}$$

从计算结果可以看出，辐射功率与电偶极子长度有关。

因为电偶极子向外辐射的能量来自波源，所以对于源来说，电偶极子相当于负载。为了方便计算，可以用电阻上消耗的功率等效辐射的功率，此电阻称为辐射电阻。辐射电阻消耗的功率

$$P_r = \frac{1}{2}I^2 R_r \tag{8－9}$$

将式(8－8）代入式(8－9)，得到电偶极子的辐射电阻

$$R_r = 80\pi^2 \left(\frac{l}{\lambda}\right)^2 \tag{8-10}$$

辐射电阻越大，向外辐射的功率越大，天线的辐射能力越强。

小知识

天线是一种转换器，是将传输的导行电磁波变换为无界媒质中传输的电磁波，或将电磁波反向变换为导行电磁波，在无线电设备中发射和接收电磁波的装置。在生活中，处处离不开天线。例如，手机的无线电通信，广播、电视、雷达、遥感等都是利用天线发送和接收电磁波的。由于同一幅天线作为发射和接收的基本特性参数相同，因此天线具有互异性。由于同一幅天线既可以发射信号，又可以接收信号，因此一般天线都具有可逆性。天线使信息传递更加快捷，给我们的生活带来了巨大便利。

8.2　磁偶极子的辐射

磁偶极子又称磁流元，是与电偶极子密切相关的器件，实际上是一个小的电流圆环，如图 8-2 所示。它的周长远小于波长，且电流圆环上载有的时谐电流处处等幅同相，可以表示为 $i(t)=I\cos\omega t=\mathrm{Re}[I\mathrm{e}^{\mathrm{j}\omega t}]$。

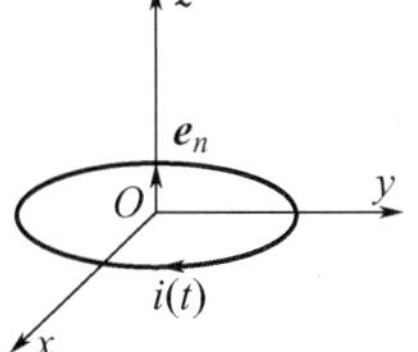

图 8-2　磁偶极子

可以运用 8.1 节中的方法，类比电偶极子求得磁偶极子的电磁场；也可以通过电与磁的对偶性求得磁偶极子的电磁场。下面根据电磁对偶性导出磁偶极子的远区辐射场。

磁偶极子的磁偶极矩（简称磁矩）$\boldsymbol{p}_m$ 与电流圆环上电流 i 的关系为

$$\boldsymbol{p}_m = \boldsymbol{S}\mu_0 i \tag{8-11}$$

式中，$\boldsymbol{S}$ 为小环的面积矢量，$\boldsymbol{S}=\boldsymbol{e}_n\pi a^2$。

下面只讨论电流圆环的远区场，只要满足 $r\gg a$，就可以把电流圆环看作时变的磁偶极子，将其等效为距离为 l 的 $+q_m$ 和 $-q_m$ 的磁荷，其磁矩

$$\boldsymbol{p}_m = q_m\boldsymbol{l} = \boldsymbol{e}_n q_m l \tag{8-12}$$

将式(8-11) 和式(8-12) 结合得

$$q_m = \frac{\mu_0 iS}{l} \tag{8-13}$$

可以求得假想的磁流

$$I_m = \frac{\mathrm{d}q_m}{\mathrm{d}t} = \frac{\mu_0 S}{l}\frac{\mathrm{d}i}{\mathrm{d}t} \tag{8-14}$$

将其表示为复数形式

$$I_m = \mathrm{j}\frac{\omega\mu_0 S}{l}I \tag{8-15}$$

根据电磁对偶原理，将磁偶极子与电偶极子进行对偶，得

$$\left.\begin{aligned}H_\theta|_m\leftrightarrow E_\theta|_e,-E_\phi|_m\leftrightarrow H_\phi|_e\\q_m\leftrightarrow q,\ I_m\leftrightarrow I\\\mu_0\leftrightarrow\varepsilon_0,\ \mu_0\leftrightarrow\varepsilon_0\end{aligned}\right\}\tag{8-16}$$

式中，下标 e 和 m 分别对应电源量和磁源量。

由式(8－7) 和式(8－16) 的对偶关系得

$$\left.\begin{aligned}E_\phi&=\frac{\omega\mu_0 SI}{2\lambda r}\sin\theta e^{-jkr}\\H_\theta&=-\frac{\omega\mu_0 SI}{2\lambda r}\sqrt{\frac{\varepsilon_0}{\mu_0}}\sin\theta e^{-jkr}\end{aligned}\right\}\tag{8-17}$$

可以看出，磁偶极子的远区场也是非均匀球面波。

磁偶极子的总辐射功率

$$P_r=\oint_S \boldsymbol{S}_{av}\cdot d\boldsymbol{S}=\oint_S\frac{1}{2}\mathrm{Re}[\boldsymbol{E}\times\boldsymbol{H}^*]\cdot d\boldsymbol{S}$$

将式(8－17) 代入得

$$P_r=160\pi^4 I^2\left(\frac{S}{\lambda^2}\right)^2\tag{8-18}$$

辐射电阻

$$R_r=\frac{2P_r}{I^2}=320\pi^4\left(\frac{S}{\lambda^2}\right)^2\tag{8-19}$$

8.3 天线的基本参数

天线的技术性能可用若干参数描述，为了正确设计和选用天线，需要了解这些参数。方向性是天线的重要特性，任何天线都具有方向性，向空间各个方向均匀辐射能量的无向天线实际上是不存在的。

发现故事

1859 年波波夫出生于俄国乌拉尔矿区小镇的普通家庭。他从小便对自然科学非常着迷，并开始研究木工和电工技术，18 岁那年以优异的成绩考入彼得堡大学数学物理系。在读期间，他研究出了用电线遥控炸药爆炸。1888 年波波夫得知德国著名物理学家赫兹发现电磁波后，开始对电磁波进行研究及试验。1894 年波波夫在传统电磁波检测装置的基础上进行改进，大幅提升了其灵敏度。与此同时，他还发明了一种天线装置，检测到大气中的放电现象，这便是人类历史上首次使用天线接收到自然界的无线电波。波波夫及其发明的天线如图 8－3 所示。1895 年波波夫在俄国物理化学会的物理分会上，第一次公开演示了他发明的无线电接收机，并称其为“雷电指示器”，无线电天线由此问世。波波夫继续潜心研究，在 1900 年使电台的通信距离增大到 45km。我们可以通过学习天线的相关参数，进一步了解天线的选型与工作原理。

（a）波波夫

（b）波波夫发明的天线

图 8－3 波波夫及其发明的天线

天线的辐射特性与空间坐标之间的函数关系式称为天线的方向性函数。根据方向性函数绘制的图形称为天线的方向性图。在距天线一定距离处，描述天线辐射场的相对值与空间方向的函数关系，称为方向性函数，表示为 $f(\theta,\phi)$。

$$F(\theta,\phi)=\frac{|\boldsymbol{E}(\theta,\phi)|}{|\boldsymbol{E}_{\max}|}=\frac{f(\theta,\phi)}{f(\theta,\phi)|_{\max}} \tag{8-20a}$$

$$F(\theta,\phi)=\frac{|\boldsymbol{E}(\theta,\phi)|}{|\boldsymbol{E}_{\max}|}=\frac{f(\theta,\phi)}{f(\theta,\phi)|_{\max}} \tag{8-20b}$$

式中，$|\boldsymbol{E}(\theta,\phi)|$为指定距离上某方向 (θ,ϕ) 的电场强度值；$|E_{\max}|$为同一距离的最大电场强度值；$f(\theta,\phi)|_{\max}$为方向性函数的最大值。

为了讨论天线的辐射功率的空间分布情况，引入功率方向性函数 $F_p(\theta,\phi)$，它与场强方向性函数 $F(\theta,\phi)$ 间的关系为

$$F_p(\theta,\phi)=F^2(\theta,\phi) \tag{8-21}$$

图 8－4 所示为典型雷达功率方向性图。方向性图中辐射最强的方向称为主射方向，辐射为零的方向称为零射方向。具有主射方向的叶称为主瓣，其余为副瓣。为了描述主瓣的宽窄程度，定义了半功率角和零功率角。主瓣轴西侧场强振幅下降为最大值的 $1/\sqrt{2}$ 的两个方向之间的夹角称为半功率角，用 $2\theta_{0.5}$表示；两个零射方向之间的夹角称为零功率角，用 $2\theta_0$ 表示。

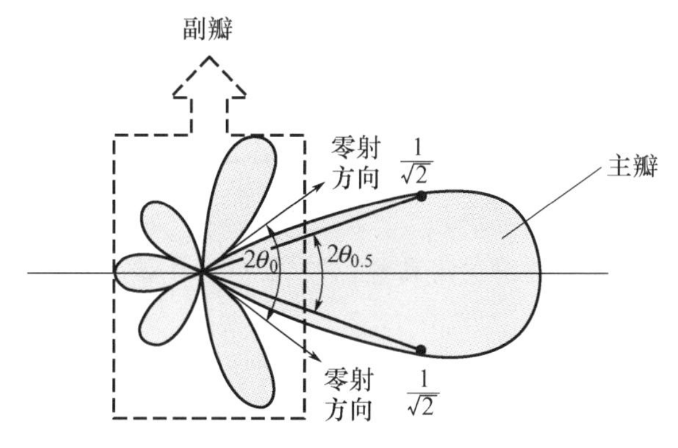

图 8－4 典型雷达功率方向性图

为了全面衡量有向天线的辐射功率向主射方向的相对集中程度，在一定条件下比较有向天线与无向天线，引入参数——方向性系数。在相等的辐射功率下，受试天线在最大辐射方向上某点产生的功率密度与理想的无方向性天线在同一点产生的功率密度的比值，称为方向性系数，表示为

$$D=\left.\frac{S_{\max}}{S_0}\right|_{P_r=P_{r0}}=\left.\frac{E_{\max}^2}{E_0^2}\right|_{P_r=P_{r0}} \tag{8-22}$$

式中，P_r 和 P_{r0} 分别为受试天线的辐射功率和理想的无方向性天线的辐射功率。由于有向天线的辐射功率主要集中在主射方向，因此有向天线所需的辐射功率小于无向天线的辐射功率，即 $P_r<P_{r0}$。可见，$D>1$。方向性越强，方向性系数 D 的值越大。

有向天线的辐射功率

$$\begin{aligned} P_r &= \oint_S \boldsymbol{S}_{av}\cdot \mathrm{d}\boldsymbol{S}=\oint_S \frac{1}{2}\frac{E^2(\theta,\phi)}{\eta_0}\mathrm{d}S \\ &= \frac{1}{2\eta_0}\int_0^{2\pi}\int_0^{\pi}[E_{\max}F^2(\theta,\phi)]r^2\sin\theta\mathrm{d}\theta\mathrm{d}\phi \\ &= \frac{E_{\max}^2 r^2}{240\pi}\int_0^{2\pi}\int_0^{\pi}F^2(\theta,\phi)\sin\theta\mathrm{d}\theta\mathrm{d}\phi \end{aligned} \tag{8-23}$$

理想的无方向性天线的辐射功率

$$P_{r0}=S_0\times 4\pi r^2=\frac{E_0^2}{2Z_0}\times 4\pi r^2=\frac{E_0^2 r^2}{60} \tag{8-24}$$

将式(8-23) 和式(8-24) 代入式(8-22) 得

$$D=\left.\frac{E_{\max}^2}{E_0^2}\right|_{P_r=P_{r0}}=\frac{4\pi}{\int_0^{2\pi}\int_0^{\pi}F^2(\theta,\phi)\sin\theta\mathrm{d}\theta\mathrm{d}\phi} \tag{8-25}$$

式(8-25) 为计算天线方向性系数的公式。

在实际应用中，任何一种天线都有一定的损耗，只有一部分功率向空间辐射，另一部分为天线的损耗。辐射功率 P_r 与输入功率 P_{in} 的比值称为天线的效率，表示为

$$\eta_A=\frac{P_r}{P_{\text{in}}}=\frac{P_r}{P_r+P_L} \tag{8-26}$$

式中，P_L 为天线的总损耗功率，通常包括天线导体中的损耗和介质材料中的损耗。

描述实际天线的另一个参数为增益，用 G 表示。在相同输入功率下，天线在最大辐射方向上某点产生的功率密度与理想的无方向性天线在同一点产生的功率密度的比值为增益，表示为

$$G=\left.\frac{S_{\max}}{S_0}\right|_{P_{\text{in}}=P_{\text{in}0}}=\left.\frac{E_{\max}^2}{E_0^2}\right|_{P_{\text{in}}=P_{\text{in}0}} \tag{8-27}$$

式中，P_{in} 和 $P_{\text{in}0}$ 分别为受试天线的辐射功率和理想的无方向性天线的输入功率。

考虑天线效率的定义，得

$$G=\eta_A D \tag{8-28}$$

由此可知，只有当天线效率高且方向性系数大时，天线的增益才大。可见，天线的增益可以比较全面地描述辐射性能。

8.4 对称天线

对称天线是一段中心馈电的、长度可以与波长比拟的载流导线。由于其电流分布以导线为中心对称，因此称为对称天线。对称天线是一种应用广泛的基本线形天线，既可以单独使用，又可以作为天线阵的组合单元使用。对称天线的辐射如图 8-5 所示。

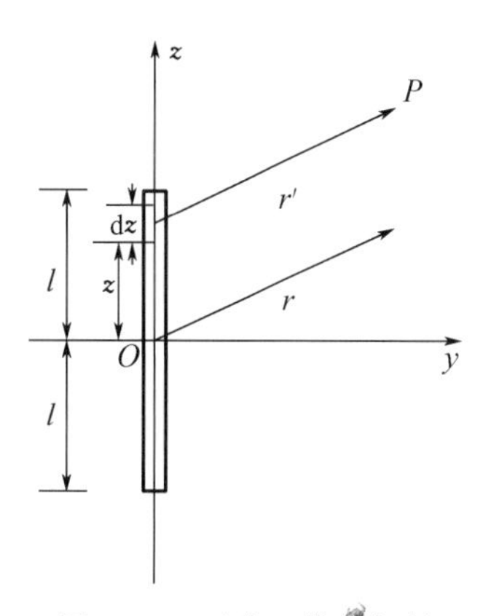

图 8-5 对称天线的辐射

若导线直径 d 远小于波长，即 $d \ll \lambda$，则电流沿线分布可以近似认为具有正弦驻波特性。对称天线可看作末端张开的平行双线传输线，并用末端开路传输线上的电流分布近似其上的电流分布。设对称天线的半长为 L，在直角坐标系中沿 z 轴放置，中点位于坐标原点处，则电流空间分布函数可以表示为

$$I(z)=I\sin[k(l-|z|)],|z|<l$$
$$=\begin{cases}I\sin[k(l-z)], & 0<z<l \\ I\sin[k(l+z)], & -l<z<0\end{cases} \tag{8-29}$$

式中，k 为相位常数，$k=\dfrac{2\pi}{\lambda}$。

由于按正弦驻波电流分布，对称天线可看作由许多电流元 $I(z)\mathrm{d}z$ 组成的，每个电流元是一个电偶极子，因此，对称天线的辐射场是这些电偶极子辐射场的叠加。各个源在空间中振幅不相等，相位相同，由式(8-7)得

$$\mathrm{d}E_\theta=\mathrm{j}\frac{60\pi I\sin[k(l-|z|)]\mathrm{d}z}{\lambda r'}\sin\theta \mathrm{e}^{-\mathrm{j}kr'} \tag{8-30}$$

由于对称天线的长度与波长为同一个量级，不能用 r 代替相位因子中的 r'，但 r' 与 r 平行，因此作为一次近似可认为

$$r'=r-z\cos\theta$$
$$\mathrm{e}^{-\mathrm{j}kr'}=\mathrm{e}^{-\mathrm{j}kr}\mathrm{e}^{\mathrm{j}kz\cos\theta}$$

天线的辐射场

$$E_\theta=\int_{-l}^{l}\mathrm{d}E_\theta=\mathrm{j}\frac{60\pi I\mathrm{e}^{-\mathrm{j}kr}}{\lambda r}\sin\theta\int_{-l}^{l}\sin[k(l-|z|)]\mathrm{e}^{\mathrm{j}kz\cos\theta}\mathrm{d}z$$
$$=\mathrm{j}\frac{60I}{r}\left[\frac{\cos(kl\cos\theta)-\cos(kl)}{\sin\theta}\right]\mathrm{e}^{-\mathrm{j}kr} \tag{8-31}$$

可见，对称天线的归一化方向性函数

$$F(\theta,\phi)=\frac{\cos(kl\cos\theta)-\cos(kl)}{\sin\theta} \tag{8-32}$$

图 8-6 所示为不同长度的对称天线的归一化方向性图（E 面）。由于结构对称，因此方向性图与 ϕ 无关，即 H 面方向性图是圆。将这些平面方向性图绕天线的轴线旋转一周，构成空间方向性图。

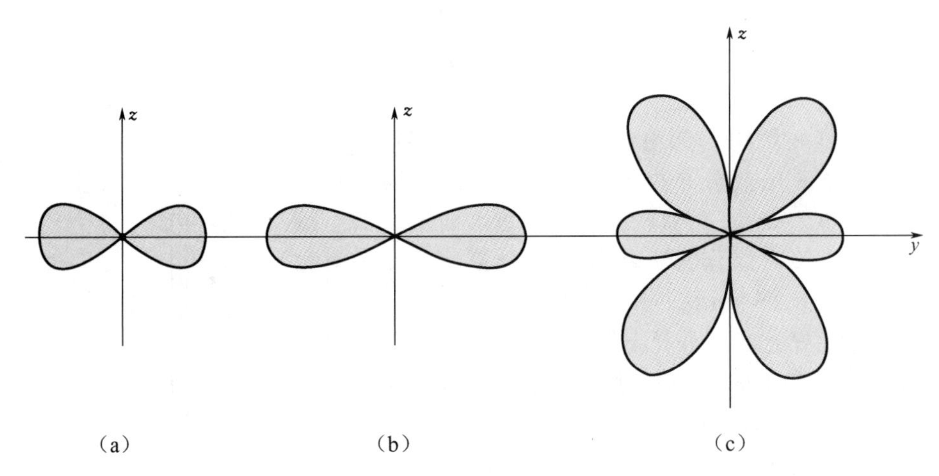

图 8-6　不同长度的对称天线的归一化方向性图（*E* 面）

全长为半波长的对称天线称为半波天线。将 $2l=\dfrac{\lambda}{2}$ 代入式(8-32)，得到半波天线的归一化方向性函数

$$F(\theta,\phi)=\frac{\cos\left(\dfrac{\pi}{2}\cos\theta\right)}{\sin\theta} \tag{8-33}$$

本章小结

本章主要讨论了电磁波辐射问题，包括电偶极子和磁偶极子的辐射，要求了解辐射场的研究方法及天线的基本参数。

电偶极子是一种基本辐射单元。在近区场，电磁场分布与静态场相同，而且电场与磁场的相位差为 90°，能量在电场与磁场之间交换且平均坡印廷矢量为零。在远区场，辐射场的平均坡印廷矢量不为零，且场分布具有方向性。本章需要掌握电偶极子的近区场和远区场的性质，可以应用电与磁的对偶关系得到磁偶极子的辐射场，了解对称天线分析方法和基本电参数的定义。

习　题　8

一、选择题

8-1　下列说法错误的是（　　）。

A. 天线具有可逆性

B. 天线具有互易性

C. 辐射电阻越大，天线辐射能量越大

D. 存在没有方向性的天线

8-2　下述关于理想点源天线的描述，错误的是（　　）。

A. 是无方向性天线　B. 方向性图是球面　C. 方向性图是不规则形状的曲面

8-3　下列（　　）不是天线的基本参数。

A. 方向性　　B. 辐射电阻　　C. 波瓣宽度　　D. 电压

二、填空题

8-4　一般来说，天线的方向图越宽，增益越____________。

8-5　当用圆极化天线接收任意线极化波或用线极化天线接收任意圆极化波时，会产生____________dB的极化损失。

8-6　在相等的辐射功率下，受试天线在最大辐射方向上某点产生的功率密度与理想的无方向性天线在同一点产生的功率密度的比值，称为____________。

三、简答与计算题

8-7　试解释滞后位的意义，并写出滞后位满足的方程。

8-8　设电偶极子天线的轴线沿东西方向放置，远处的一个移动接收电台停在正南方向且接收到最大电场强度，当电台沿以元天线为中心的圆周在地面移动时，电场强度渐渐减小。当电场强度减小到最大值的$1/\sqrt{2}$时，电台的位置偏离正南方向多少度？

8-9　频率$f=10\text{MHz}$的功率源馈送给电偶极子的电流为25A，设电偶极子的长度$l=50\text{cm}$。试求：(1) 赤道平面上离原点50m和10km处的电场强度及磁场强度；(2) $r=10\text{km}$处的平均功率密度；(3) 辐射电阻。

8-10　根据辐射电阻及方向性系数的定义，计算半波天线的辐射电阻及方向性系数。

8-11　均匀直线天线阵的元间距$d=\lambda/2$，如要求它的最大辐射方向在偏离天线阵轴线$\pm 60^\circ$的方向，则单元之间的相位差是多少？

8-12　若在垂直于赫兹偶极子轴线的方向上，距离其100km处得到电场强度的有效值大于$100\mu\text{V/m}$，则其辐射功率至少是多少？

参考文献

陈俊，叶宇煌，陈盈，等，2013. 电磁场理论与电磁波应用［M］. 北京：北京邮电大学出版社.
冯慈璋，1983. 电磁场［M］. 2版. 北京：高等教育出版社.
刘淑琴，2019. 工程电磁场基础及应用［M］. 2版. 北京：机械工业出版社.
谢处方，饶克谨，2006. 电磁场与电磁波［M］. 4版. 北京：高等教育出版社.
杨儒贵，2019. 电磁场与电磁波［M］. 3版. 北京：高等教育出版社.
钟顺时，钮茂德，1995. 电磁场理论基础［M］. 西安：西安电子科技大学出版社.

第1章　习题答案及解析

1-1　**答案：**B

解析：
$$\boldsymbol{A}\times\boldsymbol{B}=\begin{vmatrix}\boldsymbol{e}_x & \boldsymbol{e}_y & \boldsymbol{e}_z\\ 1 & 2 & -3\\ -3 & -2 & 4\end{vmatrix}=2\boldsymbol{e}_x+5\boldsymbol{e}_y+4\boldsymbol{e}_z$$

$$(\boldsymbol{A}\times\boldsymbol{B})\cdot\boldsymbol{C}=(2\boldsymbol{e}_x+5\boldsymbol{e}_y+4\boldsymbol{e}_z)\cdot(\boldsymbol{e}_x-2\boldsymbol{e}_y+\boldsymbol{e}_z)=-4$$

$$|\boldsymbol{C}|=\sqrt{1^2+(-2)^2+1^2}=\sqrt{6}$$

所以 $\boldsymbol{A}\times\boldsymbol{B}$ 在 $\boldsymbol{C}$ 上的分量

$$(\boldsymbol{A}\times\boldsymbol{B})_C=\frac{(\boldsymbol{A}\times\boldsymbol{B})\cdot\boldsymbol{C}}{|\boldsymbol{C}|}=-\frac{4}{\sqrt{6}}\approx-1.63$$

1-2　**答案：**D

解析：在球坐标系中，$\mathrm{d}V=r^2\sin\theta\mathrm{d}r\mathrm{d}\theta\mathrm{d}\phi$，

$$\nabla\cdot\boldsymbol{A}=\frac{1}{r^2}\frac{\partial}{\partial r}(r^2\boldsymbol{A}_r)+\frac{1}{r\sin\theta}\frac{\partial}{\partial\theta}(\sin\theta\boldsymbol{A}_\theta)+\frac{1}{r\sin\theta}\frac{\partial\boldsymbol{A}_\phi}{\partial\phi}$$

将矢量 $\boldsymbol{A}$ 的坐标分量代入，得

$$\int_V\nabla\cdot\boldsymbol{A}\mathrm{d}V=\int_V\left(-\frac{\cos^2\phi}{r^4}\right)\mathrm{d}V=-\int_0^{2\pi}\mathrm{d}\phi\int_0^{\pi}\mathrm{d}\theta\int_1^2\frac{\cos^2\varphi}{r^4}r^2\sin\theta\mathrm{d}r$$

$$=-\int_0^{2\pi}\mathrm{d}\phi\int_0^{\pi}\frac{\cos^2\phi}{2}\sin\theta\mathrm{d}\theta=-\int_0^{2\pi}\cos^2\phi\mathrm{d}\phi=-\pi$$

1-3　**答案：**A

解析：在球坐标系中，

$$\nabla\cdot\boldsymbol{A}=\frac{1}{r^2}\frac{\partial}{\partial r}(r^2\boldsymbol{A}_r)+\frac{1}{r\sin\theta}\frac{\partial}{\partial\theta}(\sin\theta\boldsymbol{A}_\theta)+\frac{1}{r\sin\theta}\frac{\partial\boldsymbol{A}_\phi}{\partial\phi}$$

将矢量 $\boldsymbol{A}$ 的坐标分量代入，求得

$$\nabla\cdot\boldsymbol{A}=\frac{1}{r^2}\frac{\partial}{\partial r}(r^2 3\sin\theta)=\frac{6\sin\theta}{r}$$

利用高斯定理，$\oint_S\boldsymbol{A}\cdot\mathrm{d}\boldsymbol{S}=\int_V\nabla\cdot\boldsymbol{A}\mathrm{d}V$，在球坐标系中，$\mathrm{d}V=r^2\sin\theta\mathrm{d}r\mathrm{d}\theta\mathrm{d}\phi$，

$$\oint_S\boldsymbol{A}\cdot\mathrm{d}\boldsymbol{S}=\int_V\nabla\cdot\boldsymbol{A}\mathrm{d}V=\int_0^{2\pi}\mathrm{d}\phi\int_0^{\pi}\mathrm{d}\theta\int_0^{10}\frac{6\sin\theta}{r}r^2\sin\theta\mathrm{d}r=300\pi^2$$

1-4　**答案：**C

解析：已知梯度

$$\nabla\Phi=\boldsymbol{e}_x\frac{\partial\Phi}{\partial x}+\boldsymbol{e}_y\frac{\partial\Phi}{\partial y}+\boldsymbol{e}_z\frac{\partial\Phi}{\partial z}=\boldsymbol{e}_x y^2+\boldsymbol{e}_y(2xy+z^3)+\boldsymbol{e}_z 3yz^2$$

则在点（2,−2,1）处 Φ 的梯度为

$$\nabla\Phi=4\boldsymbol{e}_x-7\boldsymbol{e}_y-6\boldsymbol{e}_z$$

标量函数 Φ 在点（2,−2,1）处沿矢量 $\boldsymbol{A}$ 方向的方向导数为

$$\nabla\Phi\cdot\boldsymbol{A}=(4\boldsymbol{e}_x-7\boldsymbol{e}_y-6\boldsymbol{e}_z)\cdot(4\boldsymbol{e}_x+\boldsymbol{e}_y-\boldsymbol{e}_z)=16-7+6=15$$

1-5　**答案：**-7，-7，是

解析：（1）积分路径为抛物线。已知抛物线方程为 $x=y^2$，$dx=2ydy$，$d\boldsymbol{l}=\boldsymbol{e}_x dx+\boldsymbol{e}_y dy$，则

$$\int_{P_2}^{P_1}\boldsymbol{A}\cdot d\boldsymbol{l}=\int_{P_2}^{P_1}ydx+xdy=\int_{P_2}^{P_1}(2y^2dy+y^2dy)=\int_{P_2}^{P_1}3y^2dy=y^3\ |_2^1=-7$$

（2）积分路径为直线。P_1 及 P_2 两点的直线方程为 $y-1=\dfrac{2-1}{4-1}(x-1)$，即 $3y=x+2$，$dx=3dy$，则

$$\int_{P_2}^{P_1}\boldsymbol{A}\cdot d\boldsymbol{l}=\int_{P_2}^{P_1}ydx+xdy=\int_{P_2}^{P_1}3ydy+(3y-2)dy=(3y^2-2y)\ |_2^1=-7$$

（3）可见积分与路径无关，故是保守场。

1-6　**答案：**$\dfrac{416}{\sqrt{50}}$

解析：已知梯度

$$\begin{aligned}\nabla u&=\boldsymbol{e}_x\frac{\partial u}{\partial x}+\boldsymbol{e}_y\frac{\partial u}{\partial y}+\boldsymbol{e}_z\frac{\partial u}{\partial z}\\&=\boldsymbol{e}_x\frac{\partial}{\partial x}(x^2y^2z)+\boldsymbol{e}_y\frac{\partial}{\partial y}(x^2y^2z)+\boldsymbol{e}_z\frac{\partial}{\partial z}(x^2y^2z)\\&=\boldsymbol{e}_x 2xy^2z+\boldsymbol{e}_y 2x^2yz+\boldsymbol{e}_z x^2y^2\end{aligned}$$

故沿方向 $\boldsymbol{e}_l=\boldsymbol{e}_x\dfrac{3}{\sqrt{50}}+\boldsymbol{e}_y\dfrac{4}{\sqrt{50}}+\boldsymbol{e}_z\dfrac{5}{\sqrt{50}}$的方向导数为$\dfrac{\partial u}{\partial l}=\nabla u\cdot\boldsymbol{e}_l=\dfrac{6xy^2z}{\sqrt{50}}+\dfrac{8x^2yz}{\sqrt{50}}+\dfrac{5x^2y^2}{\sqrt{50}}$，$u$ 在点（2,2,3）处沿 $\boldsymbol{e}_l$ 的方向导数为$\dfrac{\partial u}{\partial l}=\dfrac{144}{\sqrt{50}}+\dfrac{192}{\sqrt{50}}+\dfrac{80}{\sqrt{50}}=\dfrac{416}{\sqrt{50}}$。

1-7　**答案：**$(\nabla\Phi)_P=7\boldsymbol{e}_x-6\boldsymbol{e}_y-4\boldsymbol{e}_z$

解析：已知梯度$\nabla\Phi=\boldsymbol{e}_x\dfrac{\partial\Phi}{\partial x}+\boldsymbol{e}_y\dfrac{\partial\Phi}{\partial y}+\boldsymbol{e}_z\dfrac{\partial\Phi}{\partial z}$，将标量函数 Φ 代入得

$$\nabla\Phi=e_x(6x+y+2)+e_y(4y+x-3)+e_z(2z-6)$$

再将 P 点的坐标代入，求得标量函数 Φ 在 P 点处的梯度 $(\nabla\Phi)_P=7\boldsymbol{e}_x-6\boldsymbol{e}_y-4\boldsymbol{e}_z$。

1-8　**答案：**2，$-1/2$，-1

解析：由$\nabla\cdot\boldsymbol{E}=(2x+az)+(2xy+2b)+(1-2z+2cx-2xy)=0$，得

$$2x+az+2b+1-2z+2cx=0$$

令上式为 0，且与 x、y、z 的值无关，可得

$$a=2,b=-1/2,c=-1$$

1-9　**答案：**见解析

解析：

（1）

$$|\boldsymbol{A}|=\sqrt{A_x^2A_y^2A_z^2}=\sqrt{3^2+2^2+(-1)^2}=\sqrt{14}$$

$$|\boldsymbol{B}|=\sqrt{B_x^2B_y^2B_z^2}=\sqrt{1^2+1^2+3^2}=\sqrt{11}$$

$$|\boldsymbol{C}|=\sqrt{C_x^2C_y^2C_z^2}=\sqrt{1^2+0^2+(-3)^2}=\sqrt{10}$$

（2）
$$\boldsymbol{e}_a=\frac{\boldsymbol{A}}{|\boldsymbol{A}|}=\frac{\boldsymbol{A}}{\sqrt{14}}=\frac{1}{\sqrt{14}}(3\boldsymbol{e}_x+2\boldsymbol{e}_y-\boldsymbol{e}_z)$$
$$\boldsymbol{e}_b=\frac{\boldsymbol{B}}{|\boldsymbol{B}|}=\frac{\boldsymbol{B}}{\sqrt{11}}=\frac{1}{\sqrt{11}}(\boldsymbol{e}_x+\boldsymbol{e}_y+3\boldsymbol{e}_z)$$
$$\boldsymbol{e}_c=\frac{\boldsymbol{C}}{|\boldsymbol{C}|}=\frac{\boldsymbol{C}}{\sqrt{10}}=\frac{1}{\sqrt{10}}(\boldsymbol{e}_x-3\boldsymbol{e}_z)$$

（3）
$$\boldsymbol{A}\cdot\boldsymbol{B}=A_xB_x+A_yB_y+A_zB_z=3+2-3=2$$

（4）
$$\boldsymbol{A}\times\boldsymbol{B}=\begin{vmatrix}\boldsymbol{e}_x & \boldsymbol{e}_y & \boldsymbol{e}_z\\ A_x & A_y & A_z\\ B_x & B_y & B_z\end{vmatrix}=\begin{vmatrix}\boldsymbol{e}_x & \boldsymbol{e}_y & \boldsymbol{e}_z\\ 3 & 2 & -1\\ 1 & 1 & 3\end{vmatrix}=7\boldsymbol{e}_x-10\boldsymbol{e}_y+\boldsymbol{e}_z$$

（5）
$$(\boldsymbol{A}\times\boldsymbol{B})\times\boldsymbol{C}=\begin{vmatrix}\boldsymbol{e}_x & \boldsymbol{e}_y & \boldsymbol{e}_z\\ 7 & -10 & 1\\ 1 & 0 & -3\end{vmatrix}=30\boldsymbol{e}_x+22\boldsymbol{e}_y+10\boldsymbol{e}_z$$

$$\boldsymbol{A}\times\boldsymbol{C}=\begin{vmatrix}\boldsymbol{e}_x & \boldsymbol{e}_y & \boldsymbol{e}_z\\ A_x & A_y & A_z\\ C_x & C_y & C_z\end{vmatrix}=\begin{vmatrix}\boldsymbol{e}_x & \boldsymbol{e}_y & \boldsymbol{e}_z\\ 3 & 2 & -1\\ 1 & 0 & -3\end{vmatrix}=-6\boldsymbol{e}_x+8\boldsymbol{e}_y-2\boldsymbol{e}_z$$
$$(\boldsymbol{A}\times\boldsymbol{C})\times\boldsymbol{B}=\begin{vmatrix}\boldsymbol{e}_x & \boldsymbol{e}_y & \boldsymbol{e}_z\\ -6 & 8 & -2\\ 1 & 1 & 3\end{vmatrix}=26\boldsymbol{e}_x+16\boldsymbol{e}_y-14\boldsymbol{e}_z$$

（6）
$$(\boldsymbol{A}\times\boldsymbol{B})\cdot\boldsymbol{C}=7\times1-3\times1=4$$
$$(\boldsymbol{A}\times\boldsymbol{C})\cdot\boldsymbol{B}=(-6)\times1+8\times1+(-2)\times3=-4$$

1－10　**答案：**见解析

解析：
$$\boldsymbol{r}_{P'}=-3\boldsymbol{e}_x+\boldsymbol{e}_y+4\boldsymbol{e}_z,\ \boldsymbol{r}_P=2\boldsymbol{e}_x-2\boldsymbol{e}_y+3\boldsymbol{e}_z$$
则
$$\boldsymbol{R}=\boldsymbol{R}_{P'P}=\boldsymbol{r}_P-\boldsymbol{r}_{P'}=5\boldsymbol{e}_x-3\boldsymbol{e}_y-\boldsymbol{e}_z$$
$\boldsymbol{R}_{PP'}$ 与 x，y，z 轴的夹角分别为
$$\phi_x=\arccos\left(\frac{\boldsymbol{e}_x\cdot\boldsymbol{R}_{P'P}}{|\boldsymbol{R}_{P'P}|}\right)=\arccos\left(\frac{5}{\sqrt{35}}\right)\approx32.31^\circ$$
$$\phi_y=\arccos\left(\frac{\boldsymbol{e}_y\cdot\boldsymbol{R}_{P'P}}{|\boldsymbol{R}_{P'P}|}\right)=\arccos\left(\frac{-3}{\sqrt{35}}\right)\approx120.47^\circ$$
$$\phi_z=\arccos\left(\frac{\boldsymbol{e}_z\cdot\boldsymbol{R}_{P'P}}{|\boldsymbol{R}_{P'P}|}\right)=\arccos\left(-\frac{1}{\sqrt{35}}\right)\approx99.73^\circ$$

1－11　**答案：**见解析

解析：（1）$\nabla u=\boldsymbol{e}_x\dfrac{\partial u}{\partial x}+\boldsymbol{e}_y\dfrac{\partial u}{\partial y}+\boldsymbol{e}_z\dfrac{\partial u}{\partial z}=\boldsymbol{e}_x(4x+4)+\boldsymbol{e}_y(2y-3)+\boldsymbol{e}_z(6z-3)$

（2）由 $\nabla u=\boldsymbol{e}_x(4x+4)+\boldsymbol{e}_y(2y-3)+\boldsymbol{e}_z(6z-3)=0$，得 $x=-1, y=3/2, z=1/2$，即 ∇u 在点 $\left(-1,\ \dfrac{3}{2},\ \dfrac{1}{2}\right)$ 处等于 0。

1－12　**答案**：见解析

证　(1)
$$\nabla\cdot\boldsymbol{R}=\frac{\partial x}{\partial x}+\frac{\partial y}{\partial y}+\frac{\partial z}{\partial z}=3$$

(2)
$$\nabla\times\boldsymbol{R}=\begin{vmatrix}\boldsymbol{e}_x & \boldsymbol{e}_y & \boldsymbol{e}_z\\ \frac{\partial}{\partial x} & \frac{\partial}{\partial y} & \frac{\partial}{\partial z}\\ x & y & z\end{vmatrix}=0$$

(3) 设 $\boldsymbol{C}=\boldsymbol{e}_xC_x+\boldsymbol{e}_yC_y+\boldsymbol{e}_zC_z$，且 $\boldsymbol{C}$ 为常矢量，则 $\boldsymbol{C}\cdot\boldsymbol{R}=C_xx+C_yy+C_zz$

故

$$\begin{aligned}\nabla(\boldsymbol{C}\cdot\boldsymbol{R})&=\boldsymbol{e}_x\frac{\partial}{\partial x}(C_xx+C_yy+C_zz)+\boldsymbol{e}_y\frac{\partial}{\partial y}(C_xx+C_yy+C_zz)+\boldsymbol{e}_z\frac{\partial}{\partial z}(C_xx+C_yy+C_zz)\\&=\boldsymbol{e}_xC_x+\boldsymbol{e}_yC_y+\boldsymbol{e}_zC_z\\&=\boldsymbol{C}\end{aligned}$$

1－13　**答案**:见解析

解析:如题 1－13 解析图所示,可得

$$\begin{aligned}\oint_C\boldsymbol{A}\cdot d\boldsymbol{l}&=\int_0^2\boldsymbol{A}|_{y=0}\cdot\boldsymbol{e}_x dx+\int_0^2\boldsymbol{A}|_{x=2}\cdot\boldsymbol{e}_y dy+\int_2^0\boldsymbol{A}|_{y=2}\cdot\boldsymbol{e}_x dx+\int_2^0\boldsymbol{A}|_{x=0}\cdot\boldsymbol{e}_y dy\\&=\int_0^2 x dx+\int_0^2 2^2 dy+\int_2^0 x dx+\int_2^0 0 dy\\&=8\end{aligned}$$

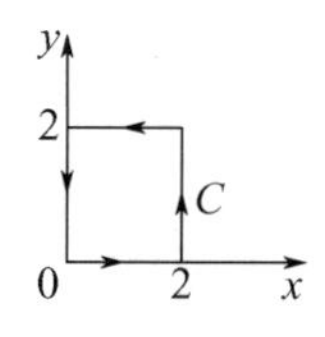

题 1－13 解析图

又
$$\nabla\times\boldsymbol{A}=\begin{vmatrix}\boldsymbol{e}_x & \boldsymbol{e}_y & \boldsymbol{e}_z\\ \frac{\partial}{\partial x} & \frac{\partial}{\partial y} & \frac{\partial}{\partial z}\\ x & x^2 & y^2z\end{vmatrix}=\boldsymbol{e}_x2yz+\boldsymbol{e}_z2x，可得$$

$$\int_s\nabla\times\boldsymbol{A}\cdot d\boldsymbol{S}=\int_0^2\int_0^2(\boldsymbol{e}_x2yz+\boldsymbol{e}_z2x)\cdot\boldsymbol{e}_z dxdy=\int_0^2\int_0^2 2x dxdy=8$$

故有旋度定理成立：
$$\oint_C\boldsymbol{A}\cdot d\boldsymbol{l}=\int_s\nabla\times\boldsymbol{A}\cdot d\boldsymbol{S}$$

1－14　**答案**：见解析

解析：(1)
$$\nabla\cdot\boldsymbol{A}=\frac{\partial A_x}{\partial x}+\frac{\partial A_y}{\partial y}+\frac{\partial A_z}{\partial z}=y^2z^3+0+0=y^2z^3$$

$$\begin{aligned}\nabla\times\boldsymbol{A}&=\begin{vmatrix}\boldsymbol{e}_x & \boldsymbol{e}_y & \boldsymbol{e}_z\\ \frac{\partial}{\partial x} & \frac{\partial}{\partial y} & \frac{\partial}{\partial z}\\ A_x & A_y & A_z\end{vmatrix}=\begin{vmatrix}\boldsymbol{e}_x & \boldsymbol{e}_y & \boldsymbol{e}_z\\ \frac{\partial}{\partial x} & \frac{\partial}{\partial y} & \frac{\partial}{\partial z}\\ xy^2z^3 & x^3z & x^2y^2\end{vmatrix}\\&=(2x^2y-x^3)\boldsymbol{e}_x+(3xy^2z^2-2xy^2)\boldsymbol{e}_y+(3x^2z-2xyz^3)\boldsymbol{e}_z\end{aligned}$$

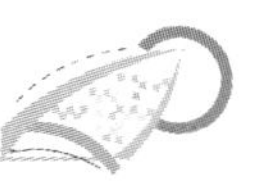

(2) $$\nabla\cdot\boldsymbol{A}=\frac{1}{r}\frac{\partial}{\partial r}(rA_r)+\frac{1}{r}\frac{\partial A_\phi}{\partial\phi}+\frac{\partial A_z}{\partial z}=\frac{1}{r}\frac{\partial}{\partial r}(r^3\cos\phi)+0=3r\cos\phi$$

$$\nabla\times\boldsymbol{A}=\begin{vmatrix}\frac{\boldsymbol{e}_r}{\mathrm{r}} & \boldsymbol{e}_\phi & \frac{\boldsymbol{e}_z}{r}\\ \frac{\partial}{\partial r} & \frac{\partial}{\partial\phi} & \frac{\partial}{\partial z}\\ A_r & A_\phi & A_z\end{vmatrix}=\begin{vmatrix}\frac{\boldsymbol{e}_r}{r} & \boldsymbol{e}_\phi & \frac{\boldsymbol{e}_z}{r}\\ \frac{\partial}{\partial r} & \frac{\partial}{\partial\phi} & \frac{\partial}{\partial z}\\ r^2\cos\phi & 0 & r^2\sin\phi\end{vmatrix}$$

$$=\frac{\boldsymbol{e}_r}{r}(r^2\cos\phi)+\boldsymbol{e}_\phi(-2\sin\phi)+\frac{\boldsymbol{e}_z}{r}(r^2\sin\phi)$$

$$=\boldsymbol{e}_r r\cos\phi-2\boldsymbol{e}_\phi\sin\phi+\boldsymbol{e}_z r\sin\phi$$

(3) $$\nabla\cdot\boldsymbol{A}=\frac{1}{r^2}\frac{\partial}{\partial r}(r^2A_r)+\frac{1}{r\sin\theta}\frac{\partial}{\partial\theta}(\sin\theta A_\theta)+\frac{1}{r\sin\theta}\left(\frac{\partial A_\phi}{\partial\phi}\right)$$

$$=\frac{1}{r^2}\frac{\partial}{\partial r}(r^3\sin\theta)+\frac{1}{r\sin\theta}\frac{\partial}{\partial\theta}(r^{-1}\sin^2\theta)+0$$

$$=3\sin\theta+\frac{2\cos\theta}{r^2}$$

$$\nabla\times\boldsymbol{A}=\begin{vmatrix}\frac{\boldsymbol{e}_r}{r^2\sin\theta} & \frac{\boldsymbol{e}_\theta}{r\sin\theta} & \frac{\boldsymbol{e}_\phi}{r}\\ \frac{\partial}{\partial r} & \frac{\partial}{\partial\theta} & \frac{\partial}{\partial\phi}\\ A_r & rA_\theta & r\sin\theta A_\phi\end{vmatrix}=\begin{vmatrix}\frac{\boldsymbol{e}_r}{r^2\sin\theta} & \frac{\boldsymbol{e}_\theta}{r\sin\theta} & \frac{\boldsymbol{e}_\phi}{r}\\ \frac{\partial}{\partial r} & \frac{\partial}{\partial\theta} & \frac{\partial}{\partial\phi}\\ r\sin\theta & \sin\theta & r^{-1}\sin\theta\cos\theta\end{vmatrix}$$

$$=\boldsymbol{e}_r\left(-\frac{\cos2\theta}{r^3\sin\theta}\right)+\boldsymbol{e}_\theta\left(\frac{\cos\theta}{r^3}\right)+\boldsymbol{e}_\phi(-\cos\theta)$$

$$=-\boldsymbol{e}_r\frac{\cos2\theta}{r^3\sin\theta}+\boldsymbol{e}_\theta\frac{\cos\theta}{r^3}-e_\phi\cos\theta$$

1-15 **答案：** $$\nabla^2\Phi_1=2xz,\nabla^2\Phi_2=0,\nabla^2\Phi_3=\frac{1}{r^4\sin\theta}$$

解析： $$\nabla^2\Phi_1=\frac{\partial^2\Phi_1}{\partial x^2}+\frac{\partial^2\Phi_1}{\partial y^2}+\frac{\partial^2\Phi_1}{\partial z^2}=0+2xz+0=2xz$$

$$\nabla^2\Phi_2=\frac{1}{r}\frac{\partial}{\partial r}\left(r\frac{\partial\Phi_2}{\partial r}\right)+\frac{1}{r^2}\left(\frac{\partial^2\Phi_2}{\partial\phi^2}\right)+\frac{\partial^2\Phi_2}{\partial z^2}$$

$$=\frac{1}{r}\frac{\partial}{\partial r}(rz\sin\phi)+\frac{1}{r^2}(-rz\sin\phi)=0$$

$$\nabla^2\Phi_3=\frac{1}{r^2}\frac{\partial}{\partial r}\left(r^2\frac{\partial\Phi_3}{\partial r}\right)+\frac{1}{r^2 sin\theta}\frac{\partial}{\partial\theta}\left(\sin\theta\frac{\partial\Phi_3}{\partial\theta}\right)+\frac{1}{r^2\sin\theta}\left(\frac{\partial^2\Phi_3}{\partial\phi^2}\right)$$

$$=\frac{1}{r^2}\frac{\partial}{\partial r}\left(r^2\frac{-2\sin\theta}{r^3}\right)+\frac{1}{r^2\sin\theta}\frac{\partial}{\partial\theta}\left(\frac{\sin\theta\cos\theta}{r^2}\right)+0$$

$$=\frac{2\sin\theta}{r^4}+\frac{\cos2\theta}{r^4\sin\theta}=\frac{1}{r^4\sin\theta}$$

1-16 **答案：**见解析

解析：根据亥姆霍兹定理，$\boldsymbol{F}(r)=-\nabla\Phi(r)+\nabla\times\boldsymbol{A}(r)$，其中

$$\Phi(r)=\frac{1}{4\pi}\int_{V'}\frac{\nabla'\cdot\boldsymbol{F}(r')}{|\boldsymbol{r}-\boldsymbol{r}'|}\mathrm{d}V',\ \boldsymbol{A}(r)=\frac{1}{4\pi}\int_{V'}\frac{\nabla'\times\boldsymbol{F}(r')}{|\boldsymbol{r}-\boldsymbol{r}'|}\mathrm{d}V'$$

当$\nabla\times\boldsymbol{F}=0$时，$\boldsymbol{A}(r)=0$，即$\boldsymbol{F}(r)=-\nabla\Phi(r)$。由$\nabla\cdot\boldsymbol{F}=q\delta(r)$得

$$\Phi(r)=\frac{1}{4\pi}\int_{V'}\frac{q\delta(r')}{|\boldsymbol{r}-\boldsymbol{r}'|}\mathrm{d}V'=\frac{q}{4\pi r}$$

则
$$\boldsymbol{F}(r)=-\nabla\Phi(r)=\frac{q}{4\pi r^2}\boldsymbol{e}_{\mathrm{r}}$$

第2章　习题答案及解析

2-1　**答案：**B

2-2　**答案：**A

2-3　**答案：**B

2-4　**答案：**C

2-5　**答案：**D

解析：两点间的电位差

$$V=\int_{P_1}^{P_2}\boldsymbol{E}\cdot\mathrm{d}\boldsymbol{l}$$

式中，$\boldsymbol{E}=5\boldsymbol{e}_x+8\boldsymbol{e}_y-10\boldsymbol{e}_z$，$\mathrm{d}\boldsymbol{l}=\boldsymbol{e}_x\mathrm{d}x+\boldsymbol{e}_y\mathrm{d}y+\boldsymbol{e}_z\mathrm{d}z$，因此电位差

$$V=\int_{(1,1,1)}^{(3,4,5)}(5\mathrm{d}x+8\mathrm{d}y-10\mathrm{d}z)=-6\mathrm{V}$$

2-6　**答案：**$10^{-9}/36\pi$ 或 8.85×10^{-12}

2-7　**答案：**$4\pi\varepsilon_0 a$

2-8　**答案：**$\dfrac{n(n+1)}{2}$

2-9　**答案：**$-\dfrac{\partial W_e}{\partial g}\bigg|_{q_k=\text{常量}}$，$+\dfrac{\partial W_e}{\partial g}\bigg|_{\varphi_k=\text{常量}}$

2-10　**答案：**求解域中的介质不变；求解域中的电荷及其分布不变；分界面上的边界条件不变。

2-11　**答案：**$\dfrac{\rho_l(e_z\pi-e_x 2)}{8\sqrt{2}\pi\varepsilon_0 a}$

解析：如题2-11图所示，场点$P(0,0,a)$的位置矢量$\boldsymbol{r}=\boldsymbol{e}_z a$，电荷元$\rho_l\mathrm{d}l'=\rho_l a\mathrm{d}\phi'$的位置矢量$\boldsymbol{r}'=\boldsymbol{e}_x a\cos\phi'+\boldsymbol{e}_y a\sin\phi'$，故

$$\begin{aligned}|\boldsymbol{r}-\boldsymbol{r}'|&=|\boldsymbol{e}_z a-\boldsymbol{e}_x a\cos\phi'-\boldsymbol{e}_y a\sin\phi'|\\&=\sqrt{a^2+(a\cos\phi')^2+(a\sin\phi')^2}\\&=\sqrt{2}a\end{aligned}$$

电荷元$\rho_l\mathrm{d}l'=\rho_l a\mathrm{d}\phi'$在轴线上$z=a$处的场强

$$\begin{aligned}\mathrm{d}\boldsymbol{E}&=\frac{\rho_l a}{4\pi\varepsilon_0}\frac{\boldsymbol{r}-\boldsymbol{r}'}{(\sqrt{2}a)^3}\mathrm{d}\phi'\\&=\frac{\rho_l}{8\sqrt{2}\pi\varepsilon_0}\frac{\boldsymbol{e}_z-(\boldsymbol{e}_x\cos\phi'+\boldsymbol{e}_y\sin\phi')}{a}\mathrm{d}\phi'\end{aligned}$$

在半圆环上对上式积分，得

$$\boldsymbol{E}(0,0,a)=\int \mathrm{d}\boldsymbol{E}$$

$$=\frac{\rho_l}{8\sqrt{2}\pi\varepsilon_0 a}\int_{-\frac{\pi}{2}}^{\frac{\pi}{2}}[\boldsymbol{e}_z-(\boldsymbol{e}_x\cos\phi'+\boldsymbol{e}_y\sin\phi')]\mathrm{d}\phi'$$

$$=\frac{\rho_l(\boldsymbol{e}_z\pi-\boldsymbol{e}_x 2)}{8\sqrt{2}\pi\varepsilon_0 a}$$

2-12 **答案：**存在

解析：$q_1=q$ 在点 $P(x,y,z)$ 处产生的电场

$$\boldsymbol{E}_1=\frac{q}{4\pi\varepsilon_0}\ \frac{\boldsymbol{e}_x(x+a)+\boldsymbol{e}_y y+\boldsymbol{e}_z z}{[(x+a)^2+y^2+z^2]^{3/2}}$$

电荷 $q_2=-2q$ 在点 $P(x,y,z)$ 处产生的电场

$$\boldsymbol{E}_2=-\frac{2q}{4\pi\varepsilon_0}\ \frac{\boldsymbol{e}_x(x-a)+\boldsymbol{e}_y y+\boldsymbol{e}_z z}{[(x-a)^2+y^2+z^2]^{3/2}}$$

$\boldsymbol{E}=\boldsymbol{E}_1+\boldsymbol{E}_2=0$，则 $\boldsymbol{E}$ 的各分量为 0，得

$$(x+a)[(x-a)^2+y^2+z^2]^{3/2}=2(x-a)[(x+a)^2+y^2+z^2]^{3/2} \quad (1)$$

$$y[(x-a)^2+y^2+z^2]^{3/2}=2y[(x+a)^2+y^2+z^2]^{3/2} \quad (2)$$

$$z[(x-a)^2+y^2+z^2]^{3/2}=2z[(x+a)^2+y^2+z^2]^{3/2} \quad (3)$$

当 $y\neq0$ 或 $z\neq0$ 时，将式（2）或式（3）代入式（1），得 $a=0$，两点电荷所在位置重合。所以，当 $y\neq0$ 或 $z\neq0$ 时无解。

当 $y=0$ 且 $z=0$ 时，由式（1）得 $(x+a)(x-a)^3=2(x-a)(x+a)^3$

解得

$$x=(-3\pm2\sqrt{2})a$$

当 $x=-3a+2\sqrt{2}a$ 时，该点处的 $\boldsymbol{E}_1$ 与 $\boldsymbol{E}_2$ 大小相等、方向相同，不符合题意。

故仅在 $(-3a-2\sqrt{2}a,0,0)$ 处 $\boldsymbol{E}=0$。

2-13 **答案：**$\boldsymbol{E}=\frac{\rho_l}{2\pi\varepsilon_0}\cdot\frac{e_x(x-10)+e_y(y-15)}{(x-10)^2+(y-15)^2}$

解析：因为线电荷沿 z 轴为无限长，所以电场分布与 z 无关。取点 P 位于 $z=0$ 的平面上，如题 2-13 解析图所示，线电荷与点 P 的距离矢量

$$\boldsymbol{R}=\boldsymbol{e}_x(x-10)+\boldsymbol{e}_y(y-15)$$

$$|\boldsymbol{R}|=\sqrt{(x-10)^2+(y-15)^2}$$

$$\boldsymbol{e}_R=\frac{\boldsymbol{R}}{|\boldsymbol{R}|}=\frac{\boldsymbol{e}_x(x-10)+\boldsymbol{e}_y(y-15)}{\sqrt{(x-10)^2+(y-15)^2}}$$

根据高斯定律，得点 P 处的场强

$$\boldsymbol{E}=\boldsymbol{e}_R\ \frac{\rho_l}{2\pi\varepsilon_0|\boldsymbol{R}|}=\frac{\boldsymbol{R}}{|\boldsymbol{R}|}\cdot\frac{\rho_l}{2\pi\varepsilon_0|\boldsymbol{R}|}=\frac{\rho_l}{2\pi\varepsilon_0}\cdot\frac{\boldsymbol{e}_x(x-10)+\boldsymbol{e}_y(y-15)}{(x-10)^2+(y-15)^2}$$

2-14 **答案：**见解析

解析：如题 2-13 解析图所示，在 $r\leqslant a$ 区域，电位

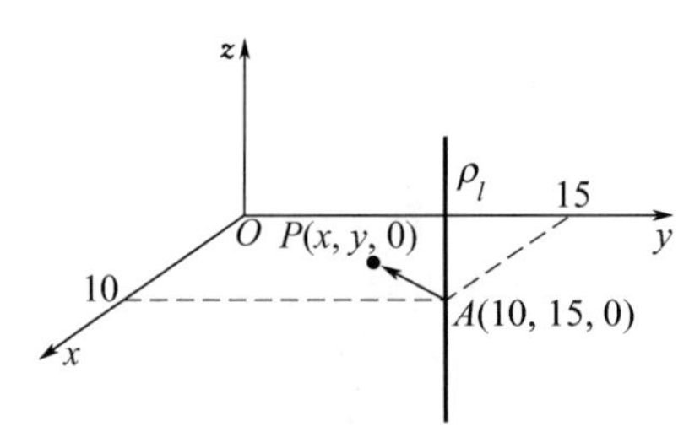

题 2－13 解析图

$$\varphi(r)=\int_r^{\infty}\boldsymbol{E}\cdot d\boldsymbol{r}=\int_r^{a}\boldsymbol{E}\cdot d\boldsymbol{r}+\int_a^{\infty}\boldsymbol{E}\cdot d\boldsymbol{r}=\frac{q}{2a}(a^2-r^2)+\frac{q}{a}$$

在 $r>a$ 区域，电位

$$\varphi(r)=\int_r^{\infty}\boldsymbol{E}\cdot d\boldsymbol{r}=\frac{q}{r}$$

2－15　**答案**：见解析

解析：利用高斯定律的微分形式$\nabla\cdot\boldsymbol{E}=\frac{\rho}{\varepsilon_0}$，得球坐标系中

$$\rho(r)=\varepsilon_0\,\nabla\cdot\boldsymbol{E}=\varepsilon_0\,\frac{1}{r^2}\frac{d}{dr}(r^2E_r)$$

那么，在 $r\leqslant a$ 区域电荷密度

$$\rho(r)=\varepsilon_0\,\frac{1}{r^2}\,\frac{d}{dr}(r^5)=5\varepsilon_0r^2$$

在 $r>a$ 区域电荷密度

$$\rho(r)=\varepsilon_0\,\frac{1}{r^2}\,\frac{d}{dr}(a^5)=0$$

2－16　**答案**：见解析

解析：由于电荷分布具有球对称性，取球面为高斯面，因此根据高斯定律

$$\oint_S\boldsymbol{E}\cdot d\boldsymbol{S}=\frac{q}{\varepsilon_0}\Rightarrow E4\pi r^2=\frac{q}{\varepsilon_0}$$

在 $0\leqslant r\leqslant a$ 区域，

$$q=\int_V\rho(r)dV=\int_0^r4\pi r^2r^2dr=\frac{4}{5}\pi r^5$$

$$\boldsymbol{E}=\boldsymbol{e}_r\,\frac{1}{4\pi r^2}\,\frac{4}{5}\pi r^5\,\frac{1}{\varepsilon_0}=\frac{r^3}{5\varepsilon_0}\boldsymbol{e}_r$$

在 $r>a$ 区域，

$$q=\int_V\rho(r)dV=\int_0^a4\pi r^2r^2dr=\frac{4}{5}\pi a^5$$

$$\boldsymbol{E}=\boldsymbol{e}_r\,\frac{1}{4\pi r^2}\,\frac{4}{5}\pi a^5\,\frac{1}{\varepsilon_0}=\frac{a^5}{5r^2\varepsilon_0}\boldsymbol{e}_r$$

2－17　**答案**：见解析

解析：作一个半径为 r 的球面为高斯面，由对称性可知

$$\oint_S\boldsymbol{D}\cdot d\boldsymbol{S}=q\Rightarrow\boldsymbol{D}=\frac{q}{4\pi r^2}\boldsymbol{e}_r$$

式中，q 为闭合面 S 包围的电荷。

那么，在 $0<r<a$ 区域，由于 $q=0$，因此 $\boldsymbol{D}=0$。

在 $a\leqslant r\leqslant b$ 区域，闭合面 $\boldsymbol{S}$ 包围的电荷量

$$q=\int_V \rho \mathrm{d}V=10^{-6}\times\frac{4}{3}\pi(r^3-a^3)$$

因此

$$\boldsymbol{D}=\frac{10^{-6}}{3}\ \frac{(r^3-a^3)}{r^2}\boldsymbol{e}_r$$

在 $r>b$ 区域，闭合面 $\boldsymbol{S}$ 包围的电荷量

$$q=\int_V \rho \mathrm{d}V=10^{-6}\times\frac{4}{3}\pi(b^3-a^3)$$

因此

$$\boldsymbol{D}=\frac{10^{-6}}{3}\ \frac{(b^3-a^3)}{r^2}\boldsymbol{e}_r$$

2-18　**答案：**见解析

解析：根据高斯定律

$$\oint_S \boldsymbol{D}\cdot \mathrm{d}\boldsymbol{S}=q\Rightarrow\boldsymbol{D}=\frac{q}{4\pi r^2}\boldsymbol{e}_r$$

在 $0<r\leqslant a$ 区域，场强

$$\boldsymbol{E}=\frac{\boldsymbol{D}}{\varepsilon_0}=\frac{q}{4\pi\varepsilon_0 r^2}\boldsymbol{e}_r$$

在 $a<r\leqslant b$ 区域，场强

$$\boldsymbol{E}=\frac{\boldsymbol{D}}{\varepsilon}=\frac{q}{4\pi\varepsilon r^2}\boldsymbol{e}_r$$

在 $r>b$ 区域，场强

$$\boldsymbol{E}=\frac{\boldsymbol{D}}{\varepsilon_0}=\frac{q}{4\pi\varepsilon_0 r^2}\boldsymbol{e}_r$$

2-19　**答案：**$\varphi=\varphi(x)=-\dfrac{k}{\varepsilon}\ \dfrac{x^4}{12}+\left(\dfrac{U}{d}+\dfrac{kd^3}{12\varepsilon}\right)x$

解析：由题 2-19 图可知，电位分布与坐标变量 x 有关，与坐标变量 y 和 z 无关。因此，电位方程简化为泊松方程。设电位分布函数 $\varphi=\varphi(x)$，则由 $\nabla^2\varphi=-\dfrac{\rho}{\varepsilon}$ 得

$$\frac{\mathrm{d}^2\varphi}{\mathrm{d}x^2}=-\frac{kx^2}{\varepsilon}$$

积分后，求得

$$\varphi(x)=-\frac{k}{\varepsilon}\ \frac{x^4}{12}+Ax+B$$

式中，A 和 B 为待求常数。

根据边界条件 $\begin{cases}x=0,\ \varphi=0\\ x=d,\ \varphi=U\end{cases}$ 得

$$B=0,A=\frac{U}{d}+\frac{kd^3}{12\varepsilon}$$

因此，电位分布函数

$$\varphi=\varphi(x)=-\frac{k}{\varepsilon}\frac{x^4}{12}+\left(\frac{U}{d}+\frac{kd^3}{12\varepsilon}\right)x$$

2-20　**答案：**$\varphi=-\frac{\rho_0 x^3}{6\varepsilon_0 d}+\left(\frac{U_0}{d}+\frac{\rho_0 d}{6\varepsilon_0}\right)x$，$E=\boldsymbol{e}_x\left[\frac{\rho_0 x^2}{2\varepsilon_0 d}-\left(\frac{U_0}{d}+\frac{\rho_0 d}{6\varepsilon_0}\right)\right]$

解析：两导体平板之间的电位满足泊松方程$\nabla^2\varphi=-\frac{\rho}{\varepsilon_0}$，得

$$\frac{\mathrm{d}^2\varphi}{\mathrm{d}x^2}=-\frac{1}{\varepsilon_0}\frac{\rho_0 x}{d}$$

得

$$\varphi=-\frac{\rho_0 x^3}{6\varepsilon_0 d}+Ax+B$$

在 $x=0$ 处，$\varphi=0$，故 $B=0$

在 $x=d$ 处，$\varphi=U_0$，故 $U_0=-\frac{\rho_0 d^2}{6\varepsilon_0}+Ad$

得

$$A=\frac{U_0}{d}+\frac{\rho_0 d}{6\varepsilon_0}$$

故

$$\varphi=-\frac{\rho_0 x^3}{6\varepsilon_0 d}+\left(\frac{U_0}{d}+\frac{\rho_0 d}{6\varepsilon_0}\right)x$$

$$\boldsymbol{E}=-\nabla\varphi=-\boldsymbol{e}_x\frac{\partial\varphi}{\partial x}\approx\boldsymbol{e}_x\left[\frac{\rho_0 x^2}{2\varepsilon_0 d}-\left(\frac{U_0}{d}+\frac{\rho_0 d}{6\varepsilon_0}\right)\right]$$

2-21　**答案：**$U'=\frac{2U}{1+\varepsilon_r}$，$\Delta q=\frac{\varepsilon_r-1}{\varepsilon_r+1}CU$

解析：(1) 两个电容器断开电源并联，将其中一个填满相对介电常数为 ε_r 的理想介质，两个电容器的电容量分别为

$$C_1=C,C_2=\varepsilon_\mathrm{r}C$$

两个电容器并联前的电荷量均为 $q=CU$，并联后的电荷量分别为 q_1 和 q_2，且并联前后电荷总量不变，得

$$q_1+q_2=2CU$$

并联后，由于两个电容器的电压相等，因此

$$\frac{q_1}{C_1}=\frac{q_2}{C_2}\Rightarrow q_1=\frac{q_2}{\varepsilon_\mathrm{r}}$$

联立上述两式，得

$$q_1=\frac{2CU}{1+\varepsilon_\mathrm{r}},\ q_2=\frac{2CU\varepsilon_\mathrm{r}}{1+\varepsilon_\mathrm{r}}$$

两个电容器的最终电位

$$U'=\frac{q_1}{C_1}=\frac{q_2}{C_2}=\frac{2U}{1+\varepsilon_\mathrm{r}}$$

(2) 考虑到 $q_2>q_1$，转移的电荷量

$$\Delta q=q_2-CU=\frac{\varepsilon_r-1}{\varepsilon_r+1}CU$$

2-22　**答案：** $C=\dfrac{S(\varepsilon_2-\varepsilon_1)}{d\ln\dfrac{\varepsilon_2}{\varepsilon_1}}$

解析： 设极板上的电荷密度分别为 ρ_s 和 $-\rho_s$，由高斯定律得电位移 $D=\rho_s$，因此场强

$$E(x)=\frac{D}{\varepsilon(x)}=\frac{\rho_s}{\dfrac{\varepsilon_2-\varepsilon_1}{d}x+\varepsilon_1},\ 0<x<d$$

两极板的电位差

$$U=\int_0^d E(x)\mathrm{d}x=\frac{\rho_s d}{\varepsilon_2-\varepsilon_1}\ln\frac{\varepsilon_2}{\varepsilon_1}$$

电容量

$$C=\frac{q}{U}=\frac{S\rho_s}{U}=\frac{S(\varepsilon_2-\varepsilon_1)}{d\ln\dfrac{\varepsilon_2}{\varepsilon_1}}$$

2-23　**答案：** $\boldsymbol{F}=\boldsymbol{e}_x 2.05\times10^{-5}\,\mathrm{N}$

解析： 根据题意，两种电荷的位置如题 2-23 解析图所示。已知无限大面电荷在 P 点产生的场强

$$\boldsymbol{E}=\boldsymbol{e}_x\frac{\rho_s}{2\varepsilon_0}$$

无限长线电荷在 P 点产生的场强

$$\boldsymbol{E}_2=-\frac{\rho_1}{2\pi\varepsilon_0 r}\boldsymbol{e}_x=-\frac{\rho_l}{\pi\varepsilon_0}\boldsymbol{e}_x$$

因此，P 点的总场强

$$\boldsymbol{E}=\boldsymbol{E}_1+\boldsymbol{E}_2=\left(\frac{\rho_s}{2\varepsilon_0}-\frac{\rho_l}{\pi\varepsilon_0}\right)\boldsymbol{e}_x$$

P 点的点电荷受到的电场力

$$\boldsymbol{F}=\boldsymbol{E}q=\boldsymbol{e}_x\left(\frac{\rho_s}{2\varepsilon_0}-\frac{\rho_l}{\pi\varepsilon_0}\right)q=\boldsymbol{e}_x 2.05\times10^{-5}\,\mathrm{N}$$

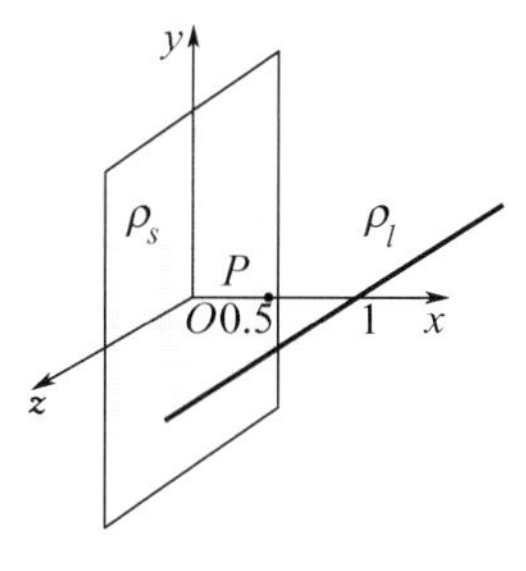

题 2-23 解析图

2-24　**答案**：(1) $F=\frac{aU^2}{2d}(\varepsilon-\varepsilon_0)$；(2) $F=\frac{ab^2U^2\varepsilon_0^2}{2d}\frac{\varepsilon-\varepsilon_0}{[\varepsilon_0 b+(\varepsilon-\varepsilon_0)x]^2}$

解析：(1) 由于此时为常电位系统，因此介质块受到的电场力

$$F=\frac{\mathrm{d}W_e}{\mathrm{d}x}\Big|_{\varphi=\mathrm{const}}$$

式中，x 为沿介质块宽边 b 的位移。

插入介质块后，电容改变。设插入深度为 x，则电容器的电容

$$C=\frac{\varepsilon ax}{d}+\frac{\varepsilon_0 a(b-x)}{d}=\frac{a}{d}[\varepsilon_0 b+(\varepsilon-\varepsilon_0)x]$$

电容器的电场能量可表示为

$$W_e=\frac{1}{2}U^2C=\frac{aU^2}{2d}[\varepsilon_0 b+(\varepsilon-\varepsilon_0)x]$$

介质块受到的 x 方向的电场力

$$F=\frac{\mathrm{d}W_e}{\mathrm{d}x}\Big|_{\varphi=\mathrm{const}}=\frac{aU^2}{2d}(\varepsilon-\varepsilon_0)$$

(2) 由于此时为常电荷系统，因此介质块受到的电场力

$$F=-\frac{\mathrm{d}W_e}{\mathrm{d}x}\Big|_{q=\mathrm{const}}$$

式中，x 为沿介质块宽边 b 的位移。

插入介质块后，极板电量不变，只有电容改变。此时电容器的电场能量可表示为

$$W_e=\frac{1}{2}\frac{q^2}{C}=\frac{q^2 d}{2a}\frac{1}{\varepsilon_0 b+(\varepsilon-\varepsilon_0)x}$$

插入介质块前

$$C=\frac{q}{U}=\frac{\varepsilon_0 ab}{d}$$

因电荷量不变，故求得板电荷

$$q=\frac{\varepsilon_0 abU}{d}$$

介质块受到的 x 方向的电场力

$$F=-\frac{\mathrm{d}W_e}{\mathrm{d}x}\Big|_{q=\mathrm{const}}=\frac{q^2 d}{2a}\frac{\varepsilon-\varepsilon_0}{[\varepsilon_0 b+(\varepsilon-\varepsilon_0)x]^2}$$

$$=\frac{ab^2U^2\varepsilon_0^2}{2d}\frac{\varepsilon-\varepsilon_0}{[\varepsilon_0 b+(\varepsilon-\varepsilon_0)x]^2}$$

2-25　**答案**：(1) $\boldsymbol{E}=\frac{U}{r\ln(\mathrm{b/a})}\boldsymbol{e}_r$；(2) $\rho'_{s1}=-\frac{\varepsilon_1 U}{b\ln(\mathrm{b/a})}$，$\rho'_{s2}=-\frac{\varepsilon_2 U}{b\ln(\mathrm{b/a})}$；(3) $W_e=\frac{1}{2}\frac{\pi U^2}{\ln(b/a)}(\varepsilon_1+\varepsilon_2)$

解析：(1) 设内导体的外表面上单位长度的电量为 q，外导体的内表面上单位长度的电量为 $-q$。取内、外导体之间一个同轴的单位长度圆柱面作为高斯面，由高斯定律

$$\oint_S \boldsymbol{D}\cdot\mathrm{d}\boldsymbol{S}=q,\ a<r<b$$

得

$$\pi r(D_1+D_2)=q$$

已知 $D_1=\varepsilon_1 E_1$，$D_2=\varepsilon_2 E_2$，在两种介质的分界面上场强的切向分量必须连续，即 $E_1=E_2$，得

$$E_1=E_2=E=\frac{q}{\pi r(\varepsilon_1+\varepsilon_2)}$$

内、外导体之间的电位差

$$U=\int_a^b \boldsymbol{E}\cdot \mathrm{d}\boldsymbol{r}=\frac{q}{\pi(\varepsilon_1+\varepsilon_2)}\ln\frac{b}{a}$$

单位长度的电荷量

$$q=\frac{\pi(\varepsilon_1+\varepsilon_2)U}{\ln(\mathrm{b}/\mathrm{a})}$$

故同轴电容器中的场强

$$\boldsymbol{E}=\frac{U}{r\ln(\mathrm{b}/\mathrm{a})}\boldsymbol{e}_r$$

（2）由于场强在两种介质的分界面上无法向分量，因此边界上的电荷密度为零。

内导体的外表面电荷面密度

$$\rho_{s1}=\varepsilon_1\boldsymbol{e}_r\cdot\boldsymbol{E}=\frac{\varepsilon_1 U}{a\ln(\mathrm{b}/\mathrm{a})},\ \rho_{s2}=\varepsilon_2\boldsymbol{e}_r\cdot\boldsymbol{E}=\frac{\varepsilon_2 U}{a\ln(\mathrm{b}/\mathrm{a})}$$

外导体的内表面电荷面密度

$$\rho'_{s1}=-\varepsilon_1\boldsymbol{e}_r\cdot\boldsymbol{E}=-\frac{\varepsilon_1 U}{b\ln(\mathrm{b}/\mathrm{a})},\ \rho'_{s2}=-\varepsilon_2\boldsymbol{e}_r\cdot\boldsymbol{E}=-\frac{\varepsilon_2 U}{b\ln(\mathrm{b}/\mathrm{a})}$$

（3）单位长度电容

$$C=\frac{q}{U}=\frac{\pi(\varepsilon_1+\varepsilon_2)}{\ln(\mathrm{b}/\mathrm{a})}$$

单位长度电容器中的静电能量

$$\begin{aligned}W_e&=\int_{V_1}\frac{1}{2}\varepsilon_1 E^2\mathrm{d}V_1+\int_{V_2}\frac{1}{2}\varepsilon_2 E^2\mathrm{d}V_2\\&=\int_a^b\frac{\varepsilon_1}{2}\frac{q^2}{\pi^2 r^2(\varepsilon_1+\varepsilon_2)^2}\pi r\mathrm{d}r+\int_a^b\frac{\varepsilon_2}{2}\frac{q^2}{\pi^2 r^2(\varepsilon_1+\varepsilon_2)^2}\pi r\mathrm{d}r\\&=\frac{q^2}{2\pi r(\varepsilon_1+\varepsilon_2)}\ln(b/a)\\&=\frac{1}{2}\frac{\pi U^2}{\ln(b/a)}(\varepsilon_1+\varepsilon_2)\end{aligned}$$

2-26 **答案：**见证明

证明：由高斯定律得同轴线内、外导体间的场强

$$E(\rho)=\frac{q_l}{2\pi\varepsilon\rho}$$

内、外导体间的电压

$$U=\int_a^b E\mathrm{d}\rho=\int_a^b\frac{q_l}{2\pi\varepsilon\rho}\mathrm{d}\rho=\frac{q_l}{2\pi\varepsilon}\ln\frac{b}{a}$$

则同轴线单位长度电容

$$C=\frac{q_l}{U}=\frac{2\pi\varepsilon}{\ln(b/a)}$$

得同轴线单位长度的静电能量

$$W_e=\frac{1}{2}\int_V \varepsilon E^2\mathrm{d}V=\frac{1}{2}\int_a^b \varepsilon\left(\frac{q_l}{2\pi\varepsilon\rho}\right)^2 2\pi\rho\mathrm{d}\rho$$

$$=\frac{1}{2}\frac{q_l^2}{2\pi\varepsilon}\ln(b/a)=\frac{q_l^2}{2C}$$

2-27　**答案：**（1）$C=2\pi(\varepsilon_1+\varepsilon_2)a$；（2）$W_e=\frac{q^2}{4\pi(\varepsilon_1+\varepsilon_2)a}$

解析：（1）由于电场沿径向分布，根据边界条件，在两种介质的分界面上 $E_{1t}=E_{2t}$，因此有 $E_1=E_2=E$。由于 $D_1=\varepsilon_1E_1$，$D_2=\varepsilon_2E_2$，因此 $D_1\neq D_2$。由高斯定律得

$$D_1S_1+D_2S_2=q$$

即

$$2\pi r^2\varepsilon_1E+2\pi r^2\varepsilon_2E=q$$

得

$$E=\frac{q}{2\pi r^2(\varepsilon_1+\varepsilon_2)}$$

导体球的电位

$$\varphi(a)=\int_a^\infty E\mathrm{d}r=\frac{q}{2\pi(\varepsilon_1+\varepsilon_2)}\int_a^\infty\frac{1}{r^2}\mathrm{d}r=\frac{q}{2\pi(\varepsilon_1+\varepsilon_2)a}$$

导体球的电容

$$C=\frac{q}{\varphi(a)}=2\pi(\varepsilon_1+\varepsilon_2)a$$

（2）总的静电能量

$$W_e=\frac{1}{2}q\varphi(a)=\frac{q^2}{4\pi(\varepsilon_1+\varepsilon_2)a}$$

第 3 章　习题答案及解析

3-1　**答案：**D

3-2　**答案：**C

3-3　**答案：**（1）$\sigma=1.02\times10^8\,\mathrm{S/m}$；（2）$E=2.5\times10^{-3}\,\mathrm{V/m}$；（3）$P=1\mathrm{W}$

解析：（1）由 $U=IR$，得 $R=\frac{5}{0.2}=25$

由 $R=\frac{l}{\sigma S}$，得导线的电导率

$$\sigma=\frac{l}{RS}=\frac{2\times10^3}{25\times\pi\times(0.5\times10^{-3})^2}\approx1.02\times10^8(\mathrm{S/m})$$

（2）导线中的电场强度

$$E=\frac{U}{l}=\frac{5}{2\times10^3}=2.5\times10^{-3}(\mathrm{V/m})$$

（3）单位体积中的损耗功率 $P_l=\sigma E^2$，则导线的损耗功率

$$P=\sigma E^2\pi r^2 L=637.5\times\pi\times(0.5\times10^{-3})^2\times2\times10^3\approx1(\mathrm{W})$$

3-4 **答案**：$G=\dfrac{2\pi\sigma}{\ln\left(\dfrac{b}{a}\right)}$

解析：建立圆柱坐标系，设 $\rho=a$ 时，$\varphi=U$；$\rho=b$ 时，$\varphi=0$，则电位应满足的拉普拉斯方程为

$$\nabla^2\varphi=\frac{1}{\rho}\frac{\mathrm{d}}{\mathrm{d}\rho}\left(\rho\frac{\mathrm{d}\varphi}{\mathrm{d}\rho}\right)=0$$

求得同轴线中的电位 φ 及电场强度 E

$$\varphi=\frac{U\ln\dfrac{\rho}{b}}{\ln\left(\dfrac{a}{b}\right)}$$

$$\boldsymbol{E}=-\nabla\varphi=-\frac{1}{\rho}\frac{U}{\ln\left(\dfrac{a}{b}\right)}\boldsymbol{e}_\rho$$

则

$$\boldsymbol{J}=\sigma\boldsymbol{E}=-\frac{1}{\rho}\frac{\sigma U}{\ln\left(\dfrac{a}{b}\right)}\boldsymbol{e}_\rho$$

单位长度内通过内半径的圆柱面流进同轴线的电流

$$I=\int_S\boldsymbol{J}\cdot\mathrm{d}\boldsymbol{S}=\frac{2\pi\sigma U}{\ln\left(\dfrac{b}{a}\right)}$$

则单位长度内同轴线的漏电导

$$G=\frac{1}{R}=\frac{I}{U}=\frac{2\pi\sigma}{\ln\left(\dfrac{b}{a}\right)}$$

3-5 **答案**：$R=\dfrac{2\ln\left(\dfrac{b}{a}\right)}{\pi h\sigma}$

解析：建立圆柱坐标系，电位与半径 ρ 有关，则电位应满足的拉普拉斯方程为

$$\nabla^2\varphi=\frac{1}{\rho}\frac{\mathrm{d}}{\rho\mathrm{d}\rho}\left(\rho\frac{\mathrm{d}\varphi}{\mathrm{d}\rho}\right)=0$$

该方程的解为

$$\varphi(\rho)=C_1\ln\rho+C_2$$

令 $\varphi(a)=U_0$，$\varphi(b)=0$

求得常数 $C_1=-\dfrac{U_0}{\ln\dfrac{b}{a}}$，$C_2=\dfrac{U_0\ln b}{\ln\dfrac{b}{a}}$，则 $\varphi(\rho)=\dfrac{U_0}{\ln\dfrac{b}{a}}\ln\dfrac{b}{\rho}$

电场强度

$$E(\rho)=-\frac{d\varphi}{d\rho}=\frac{U_0}{\rho\ln\frac{b}{a}}e_\rho$$

电流密度

$$J=\sigma E=\frac{\sigma U_0}{\rho\ln\frac{b}{a}}e_\rho$$

电流强度

$$I=\int J\cdot dS=\int_0^{\frac{\pi}{2}}\int_0^h\frac{\sigma U_0}{\rho\ln\left(\frac{b}{a}\right)}\rho\,d\varphi dz=\frac{\pi h\sigma U_0}{2\ln\left(\frac{b}{a}\right)}$$

得两个弧形表面之间的电阻

$$R=\frac{U_0}{I}=\frac{2\ln\left(\frac{b}{a}\right)}{\pi h\sigma}$$

3-6　**答案：**$R=\frac{1}{4\pi\sigma_0 k}\ln\frac{r_2\ (r_1+k)}{r_1\ (r_2+k)}$

解析：对于恒定电场，因$\nabla\times\left(\frac{J}{\sigma}\right)=0$，故可令$\frac{J}{\sigma}=-\nabla\varphi$，代入$\nabla\cdot J=0$得

$$\nabla\cdot(\sigma\nabla\varphi)=0$$

建立球坐标系，上式展开为

$$\frac{1}{r^2}\frac{d}{dr}\left[r^2\sigma_0\left(1+\frac{k}{r}\right)\frac{d\varphi}{dr}\right]=0$$

该方程的解为

$$\varphi=C_1\ln\frac{r}{r+k}+C_2$$

求得电流密度

$$J=-\sigma\nabla\varphi=-\sigma\frac{C_1 k}{r(r+k)}=-\frac{\sigma_0 C_1 k}{r^2}e_r$$

两个球形金属壳之间的电流

$$I=\int_S J\cdot dS=4\pi\sigma_0 C_1 k$$

两个球形金属壳之间的恒定电场

$$E=\frac{J}{\sigma}=-\frac{C_1 k}{r(r+k)}e_r$$

两个球形金属壳之间的电位差

$$U=\int E\cdot dl=\int_{r_1}^{r_2}\frac{C_1 k}{r(r+k)}dr=C_1\ln\frac{r_2(r_1+k)}{r_1(r_2+k)}$$

求得两个球形金属壳之间的电阻

$$R=\frac{U}{I}=\frac{1}{4\pi\sigma_0 k}\ln\frac{r_2(r_1+k)}{r_1(r_2+k)}$$

3-7　**答案：**$R=\frac{1}{4\pi\sigma}\left(\frac{1}{a_1}+\frac{1}{a_2}-\frac{2}{d}\right)$

解析：设两球携带的电荷分别为 Q 和 $-Q$，考虑到两球间距很大，$d \gg a_1$，$d \gg a_2$，可视两球表面电荷分布均匀。因此，两球的电位

$$\varphi_1 = \frac{1}{4\pi\varepsilon}\left(\frac{Q}{a_1} - \frac{Q}{d-a_1}\right),\ \varphi_2 = \frac{1}{4\pi\varepsilon}\left(\frac{-Q}{a_2} + \frac{Q}{d-a_2}\right)$$

则两球之间的电位差

$$U = \varphi_1 - \varphi_2 = \frac{Q}{4\pi\varepsilon}\left(\frac{1}{a_1} + \frac{1}{a_2} - \frac{1}{d-a_1} - \frac{1}{d-a_2}\right)$$

两球之间的电容

$$C = \frac{Q}{U} = \frac{4\pi\varepsilon}{\left(\frac{1}{a_1} + \frac{1}{a_2} - \frac{2}{d}\right)}$$

根据静电比拟 $\frac{C}{G} = \frac{\varepsilon}{\sigma}$，两球之间的电阻

$$R = \frac{\varepsilon}{C\sigma} = \frac{1}{4\pi\sigma}\left(\frac{1}{a_1} + \frac{1}{a_2} - \frac{2}{d}\right)$$

3-8　**答案**：(1) $R_1 = \frac{2d}{\alpha\sigma\ (r_2^2 - r_1^2)}$；(2) $R_2 = \frac{1}{\sigma\alpha d}\ln\frac{r_2}{r_1}$；(3) $R_3 = \frac{\alpha}{\sigma d\ln\ (r_2/r_1)}$

解析：(1) 设沿厚度方向的两电极的电压为 U_1，则有

$$E_1 = \frac{U_1}{d}$$

$$J_1 = \sigma E_1 = \frac{\sigma U_1}{d}$$

$$I_1 = J_1 S_1 = \frac{\sigma U_1}{d} \cdot \frac{\alpha}{2}(r_2^2 - r_1^2)$$

得沿厚度方向的电阻

$$R_1 = \frac{U_1}{I_1} = \frac{2d}{\alpha\sigma(r_2^2 - r_1^2)}$$

(2) 设内、外两圆弧面电极之间的电流为 I_2，则半径 r 处圆弧截面的电流密度

$$J_2 = \frac{I_2}{S_2} = \frac{I_2}{\alpha r d}$$

$$E_2 = \frac{J_2}{\sigma} = \frac{I_2}{\sigma\alpha r d}$$

$$U_2 = \int_{r_1}^{r_2} E_2\,\mathrm{d}r = \frac{I_2}{\sigma\alpha d}\ln\frac{r_2}{r_1}$$

得两圆弧面之间的电阻

$$R_2 = \frac{U_2}{I_2} = \frac{1}{\sigma\alpha d}\ln\frac{r_2}{r_1}$$

(3) 设沿 α 方向的两电极的电压为 U_3，则有 $U_3 = \int_0^{\alpha} E_3 r\,\mathrm{d}\phi$

由于 E_3 与 ϕ 无关，因此

$$\boldsymbol{E}_3 = \boldsymbol{e}_\phi \frac{U_3}{\alpha r}$$

$$\boldsymbol{J}_3=\sigma\boldsymbol{E}_3=\boldsymbol{e}_\phi\frac{\sigma U_3}{\alpha r}$$

$$I_3=\int_{S_3}\boldsymbol{J}_3\cdot\boldsymbol{e}_\phi\mathrm{d}S=\int_{r_1}^{r_2}\frac{\sigma dU_3}{\alpha r}\mathrm{d}r=\frac{\sigma dU_3}{\alpha}\ln\frac{r_2}{r_1}$$

得沿 α 方向的电阻

$$R_3=\frac{U_3}{I_3}=\frac{\alpha}{\sigma d\ln(r_2/r_1)}$$

3-9　**答案：**$G=\dfrac{\sigma h}{\theta}\ln\dfrac{R_2}{R_1}$

解析：取圆柱坐标，电位函数与 ρ 和 z 无关，拉普拉斯方程可简化为

$$\frac{1}{\rho^2}\frac{\partial^2\varphi}{\partial\phi^2}=0$$

得

$$\varphi=C_1\phi+C_2$$

代入给定的边界条件，可以求得

$$C_1=\frac{U_0}{\theta},\quad C_2=0$$

得电位

$$\varphi=\frac{U_0}{\theta}\phi$$

电场强度

$$\boldsymbol{E}=-\nabla\varphi=-\frac{\partial}{\rho\partial\phi}\left(\frac{U_0}{\theta}\phi\right)\boldsymbol{e}_\phi=-\frac{U_0}{\rho\theta}\boldsymbol{e}_\phi$$

电流密度

$$\boldsymbol{J}=\sigma\boldsymbol{E}=-\frac{\sigma U_0}{\rho\theta}\boldsymbol{e}_\phi$$

电流

$$I=\int\boldsymbol{J}\cdot\mathrm{d}\boldsymbol{S}=-\int_{R_1}^{R_2}\frac{\sigma U_0}{\rho\theta}\boldsymbol{e}_\phi\cdot h\mathrm{d}\rho(-\boldsymbol{e}_\phi)=\frac{\sigma hU_0}{\theta}\ln\frac{R_2}{R_1}$$

电导

$$G=\frac{I}{U_0}=\frac{\sigma h}{\theta}\ln\frac{R_2}{R_1}$$

第4章　习题答案及解析

4-1　**答案：**C

4-2　**答案：**C

4-3　**答案：**B

4-4　**答案：**B

解析：当磁矩方向与磁感应强度方向垂直（夹角 $\theta=\dfrac{\pi}{2}$）时，磁针承受的转矩最大，

因此磁针承受的最大转矩

$$T_{\max}=mB\sin\frac{\pi}{2}=15\times10\times1=150(\mathrm{N\cdot m})$$

4-5　**答案：** $4\pi\times10^{-7}$

4-6　**答案：** $\boldsymbol{e}_z 1.58\times10^3$

解析： 由磁化强度定义求得棒内磁化强度

$$\boldsymbol{M}=\frac{\boldsymbol{m}}{V}=100(\mathrm{A/m})$$

得棒内磁场强度

$$\boldsymbol{H}=\frac{\boldsymbol{B}}{\mu_0}-\boldsymbol{M}=\boldsymbol{e}_z\left(\frac{0.002}{4\pi\times10^{-7}}-100\right)=\boldsymbol{e}_z 1.58\times10^3(\mathrm{A/m})$$

4-7　**答案：** $f=-\left.\frac{\partial W_m}{\partial g}\right|_{\Psi_k=\text{常量}}$，$f=+\left.\frac{\partial W_m}{\partial g}\right|_{I_k=\text{常量}}$

4-8　**答案：** 求解域中的介质不变，求解域中的电流及其分布不变，分界面上的边界条件不变。

4-9　**答案：** $\boldsymbol{B}=-\boldsymbol{e}_z\frac{9\sqrt{3}\mu_0 I}{2\pi a}$

解析： 建立直角坐标系，令三角形 AB 边沿 x 轴，中心点 P 在 y 轴上，电流方向如题 4-9 图所示。由毕奥-萨伐尔定律，得 AB 段线电流在 P 点产生的磁感应强度

$$\boldsymbol{B}_1=\frac{\mu_0}{4\pi}\int_l\frac{I\mathrm{d}\boldsymbol{l}(\boldsymbol{r}-\boldsymbol{r}')}{|\boldsymbol{r}-\boldsymbol{r}'|^3}$$

式中，$I\mathrm{d}\boldsymbol{l}=-\boldsymbol{e}_x I\mathrm{d}x$，$\boldsymbol{r}=\boldsymbol{e}_y\frac{\sqrt{3}}{6}a$，$\boldsymbol{r}'=\boldsymbol{e}_x x$，即

$$\boldsymbol{B}_1=\frac{\mu_0}{4\pi}\int_{-\frac{a}{2}}^{\frac{a}{2}}\frac{-\boldsymbol{e}_x I\mathrm{d}x\left(\boldsymbol{e}_y\frac{\sqrt{3}}{6}a-\boldsymbol{e}_x x\right)}{\left|\boldsymbol{e}_y\frac{\sqrt{3}}{6}-\boldsymbol{e}_x x\right|^3}=-\boldsymbol{e}_z\frac{3\sqrt{3}\mu_0 I}{2\pi a}$$

由轴对称关系可知，BC 段及 AC 段电流在 P 点产生的磁感应强度与 AB 段产生的磁感应强度相等。因此，P 点的磁感应强度

$$\boldsymbol{B}=3\boldsymbol{B}_1=-\boldsymbol{e}_z\frac{9\sqrt{3}\mu_0 I}{2\pi a}$$

4-10　**答案：** $\boldsymbol{B}=2.57\times10^{-5}\boldsymbol{e}_z$

解析： 根据毕奥-萨伐尔定律，载流导线产生的磁场强度

$$\boldsymbol{H}=\frac{1}{4\pi}\int_l\frac{I\mathrm{d}\boldsymbol{l}\times(\boldsymbol{r}-\boldsymbol{r}')}{|\boldsymbol{r}-\boldsymbol{r}'|^3}$$

设半圆环圆心为坐标原点，两直导线平行于 x 轴，如题 4-10 图所示。那么，对于半无限长线段①，

$$I\mathrm{d}\boldsymbol{l}=-\boldsymbol{e}_x I\mathrm{d}x,\ \boldsymbol{r}=0,\ \boldsymbol{r}'=-\boldsymbol{e}_x x+\boldsymbol{e}_y r$$

因此，在圆心处产生的磁场强度

$$\boldsymbol{H}_1=\frac{1}{4\pi}\int_{-\infty}^{0}\frac{-\boldsymbol{e}_x I\mathrm{d}x\times(\boldsymbol{e}_x x-\boldsymbol{e}_y r)}{(x^2+r^2)^{\frac{3}{2}}}=\boldsymbol{e}_z\frac{I}{4\pi r}$$

同理，线段③在圆心处产生的磁场强度

$$\boldsymbol{H}_3=\boldsymbol{e}_z\frac{\mathrm{I}}{4\pi r}$$

对于半圆形线段②，

$$I\mathrm{d}\boldsymbol{l}=\boldsymbol{e}_\phi Ir\mathrm{d}\phi,\ \boldsymbol{r}=0,\ \boldsymbol{r}'=\boldsymbol{e}_r r$$

因此，在半圆心处产生的磁场强度

$$\boldsymbol{H}_2=\frac{1}{4\pi}\int_{-\frac{\pi}{2}}^{\frac{\pi}{2}}\frac{\boldsymbol{e}_\phi Ir\mathrm{d}\phi\times(0-\boldsymbol{e}_r r)}{r^3}=\boldsymbol{e}_z\frac{I}{4r}$$

半圆中心处总的磁感应强度

$$\boldsymbol{B}=\mu_0(\boldsymbol{H}_1+\boldsymbol{H}_2+\boldsymbol{H}_3)=\boldsymbol{e}_z\frac{\mu_0 I}{4r}\left(\frac{2}{\pi}+1\right)\approx 2.57\times10^{-5}\boldsymbol{e}_z$$

4-11　**答案：**$\boldsymbol{B}=\frac{\mu_0 I}{2\pi a}(2\boldsymbol{e}_z-\boldsymbol{e}_x)$

解析：根据无限长电流产生的磁场强度公式，求得 $y=-a$ 处的无限长线电流 $\boldsymbol{e}_z I$ 在原点处产生的磁场强度

$$\boldsymbol{H}_1=-\boldsymbol{e}_x\frac{I}{2\pi a}$$

$y=a$ 处的无限长线电流 $-\boldsymbol{e}_x 2I$ 在原点处产生的磁场强度

$$\boldsymbol{H}_2=\boldsymbol{e}_z\frac{I}{\pi a}$$

因此，坐标原点处总的磁感应强度

$$\boldsymbol{B}=\mu_0(\boldsymbol{H}_1+\boldsymbol{H}_2)=\frac{\mu_0 I}{2\pi a}(2\boldsymbol{e}_z-\boldsymbol{e}_x)$$

4-12　**答案：**$\boldsymbol{B}=\frac{\mu_0 I}{2R}$

解析：建立坐标系，令圆形载流回路的轴线与 y 轴重合。圆形回路的元电流段 $I\mathrm{d}\boldsymbol{l}$，在回路轴线上距离回路平面 y 处的 P 点所引起的元磁感应强度

$$\mathrm{d}\boldsymbol{B}=\frac{\mu_0 I\mathrm{d}l\sin\frac{\pi}{2}}{4\pi(a^2+y^2)}$$

其方向如题 4-12 图所示。$\mathrm{d}\boldsymbol{B}$ 的 y 分量 $\mathrm{d}B_y=\mathrm{d}\boldsymbol{B}\sin\theta$，由于圆形回路对 P 点具有对称性，因此在 P 点，由整个电流回路引起的磁感应强度 $\boldsymbol{B}$ 的方向沿 y 轴正方向，可求得

$$\begin{aligned}\boldsymbol{B}=B_y&=\frac{\mu_0 I}{4\pi(a^2+y^2)}\sin\theta\oint\mathrm{d}l\\&=\frac{\mu_0 I}{4\pi(a^2+y^2)}\frac{a}{\sqrt{(a^2+y^2)}}\cdot 2\pi a\\&=\frac{\mu_0 Ia^2}{2(a^2+y^2)^{3/2}}=\frac{\mu_0 Ia^2}{2r^3}\end{aligned}$$

矢量形式为

$$\boldsymbol{B}=\frac{\mu_0 Ia^2}{2(a^2+y^2)^{3/2}}\boldsymbol{e}_y$$

在回路中心点 $O(y=0)$ 处

$$\boldsymbol{B}=\frac{\mu_0 I}{2R}$$

4－13　**答案：** 圆柱内 $\boldsymbol{B}=\boldsymbol{e}_\phi \dfrac{\mu_0 rI}{2\pi a^2}$，圆柱外 $\boldsymbol{B}=\boldsymbol{e}_\phi \dfrac{\mu_0 I}{2\pi R}$

解析： 建立圆柱坐标系，令圆柱的轴线为轴，由安培环路定律可知，在圆柱内，线积分包围的部分电流为 $I_1=\dfrac{\pi r^2}{\pi a^2}I$，又 $\mathrm{d}\boldsymbol{l}=\boldsymbol{e}_\phi r\mathrm{d}\phi$，则

$$\oint_l \boldsymbol{H}\cdot\mathrm{d}\boldsymbol{l}=\frac{\pi r^2}{\pi a^2}I\Rightarrow \boldsymbol{H}_\phi=\frac{rI}{2\pi a^2}$$

即

$$\boldsymbol{B}=\boldsymbol{e}_\phi \frac{\mu_0 rI}{2\pi a^2}$$

在圆柱外，线积分包围全部电流 I，那么

$$\oint_l \boldsymbol{H}\cdot\mathrm{d}\boldsymbol{l}=I\Rightarrow \boldsymbol{H}_\phi=\frac{\mathrm{I}}{2\pi R}$$

即

$$\boldsymbol{B}=\boldsymbol{e}_\phi \frac{\mu_0 I}{2\pi R}$$

4－14　**答案：** 圆柱内 $\boldsymbol{B}=\boldsymbol{e}_\phi\mu_0\left(\dfrac{1}{2}r^3+r^2\right)$，圆柱外 $\boldsymbol{B}=\boldsymbol{e}_\phi \dfrac{\mu_0}{r}\left(\dfrac{1}{2}a^4+a^3\right)$

解析： 建立圆柱坐标系，如题 4-14 解析图所示。

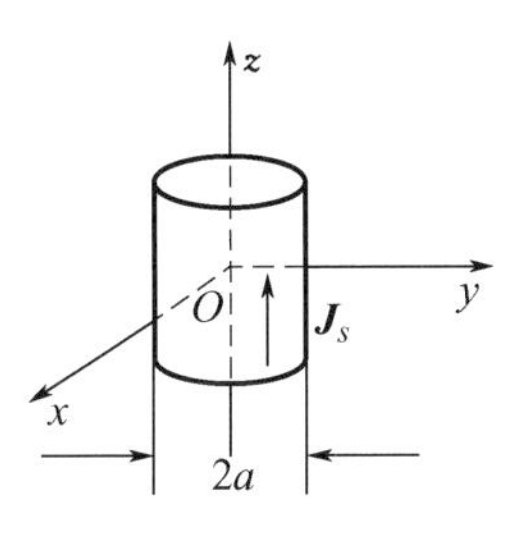

题 4-14 解析图

通过半径为 r 的圆柱电流

$$\begin{aligned} I_i &= \int_S \boldsymbol{J}\cdot\mathrm{d}\boldsymbol{S}=\int_S \boldsymbol{e}_z(2r^2+3r)\cdot\boldsymbol{e}_z\mathrm{d}\boldsymbol{S}=\int_0^{2\pi}\mathrm{d}\phi\int_0^r(2r^2+3r)r\mathrm{d}r \\ &= \pi(r^4+2r^3) \end{aligned}$$

由 $\oint_l \boldsymbol{B}\cdot\mathrm{d}\boldsymbol{l}=\mu_0 I_r$，得 $\boldsymbol{B}=\boldsymbol{e}_\phi\mu_0\left(\dfrac{1}{2}r^3+r^2\right)$。

当 $r\geqslant a$ 时，

$$\begin{aligned} I_o &= \int_0^{2\pi}\mathrm{d}\phi\int_0^a(2r^2+3r)\cdot r\mathrm{d}r \\ &= \pi(a^4+2a^3) \end{aligned}$$

由 $\oint_l \boldsymbol{B}\cdot\mathrm{d}\boldsymbol{l}=\mu_0 I_o$，得 $\boldsymbol{B}=\boldsymbol{e}_\phi \dfrac{\mu_0}{r}\left(\dfrac{1}{2}a^4+a^3\right)$。

4－15　**答案：**（1）$\boldsymbol{B}=\boldsymbol{e}_x 800-\boldsymbol{e}_y 5$（mT）；（2）$\boldsymbol{B}_0=\boldsymbol{e}_x 0.005+\boldsymbol{e}_y 5$（mT）

解析：根据题意建立直角坐标系，如题 4-15 解析图所示。

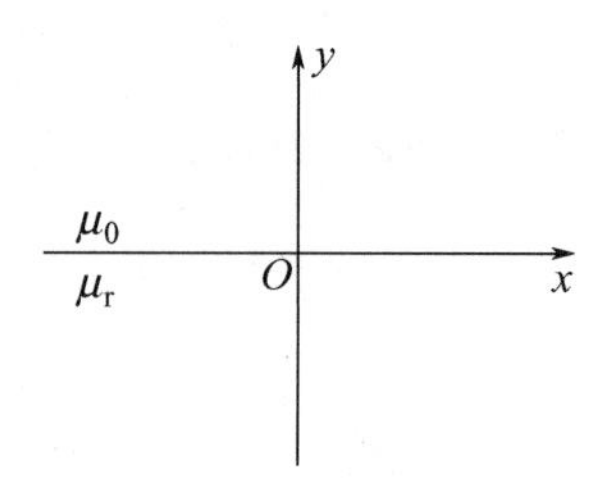

题 4-15 解析图

（1）设磁性媒质中的磁感应强度

$$\boldsymbol{B}=\boldsymbol{e}_x B_x+\boldsymbol{e}_y B_y$$

已知在此边界上磁感应强度的法向分量连续，磁场强度的切向分量连续，则

$$B_y=-5,\ \frac{B_x}{4000\mu_0}=\frac{0.2}{\mu_0}$$

得

$$B_x=800,\ B_y=-5$$

即

$$\boldsymbol{B}=\boldsymbol{e}_x 800-\boldsymbol{e}_y 5(\text{mT})$$

（2）设空气中的磁感应强度

$$\boldsymbol{B}_0=\boldsymbol{e}_x B_{0x}+\boldsymbol{e}_y B_{0y}$$

由边界条件可知

$$\frac{B_{0x}}{\mu_0}=\frac{20}{4000\mu_0},\ B_{0y}=5$$

得

$$B_{0x}=0.005,\ B_{0y}=5$$

即

$$\boldsymbol{B}_0=\boldsymbol{e}_x 0.005+\boldsymbol{e}_y 5(\text{mT})$$

4－16　**答案：**见解析

解析：建立的坐标如题 4-16 图所示。在 $c<x<b+c$ 区域，两导线产生的磁感应强度

$$\boldsymbol{B}=\boldsymbol{e}_z\frac{\mu_0 I_1}{2\pi x}+\boldsymbol{e}_z\frac{\mu_0 I_2}{2\pi(b+c+d-x)}$$

则穿过回路的磁通量

$$\Phi=\int_S \boldsymbol{B}\cdot \mathrm{d}\boldsymbol{S}=\int_c^{b+c}\boldsymbol{e}_z\frac{\mu_0 I_1}{2\pi}\left(\frac{1}{x}+\frac{1}{b+c+d-x}\right)\cdot \boldsymbol{e}_z a\,\mathrm{d}x$$

$$=\frac{\mu_0 I_1 a}{2\pi}\ln\left[\frac{(b+c)(b+d)}{cd}\right]$$

线圈中的感应电动势

$$e=-\frac{\mathrm{d}\Phi}{\mathrm{d}t}=-\frac{\mu_0 a}{2\pi}\ln\left[\frac{(b+c)(b+d)}{cd}\right]\frac{\mathrm{d}I_1}{\mathrm{d}t}$$

$$=\mu_0 a\sin(2\pi\times10^6 t)\ln\left[\frac{(b+c)(b+d)}{cd}\right]\times10^7(\text{V})$$

4-17　**答案：** $I=\omega(\cos2\omega t-\cos\omega t)(\text{A})$

解析： 建立的坐标如题 4-17 图所示。令并联电阻位于 $x=0$ 处，在 t 时刻回路的磁通量

$$\Phi_m=\int_S \boldsymbol{B}\cdot\mathrm{d}\boldsymbol{S}=\int_S \boldsymbol{e}_z 10\sin\omega t\cdot\boldsymbol{e}_z\mathrm{d}x\mathrm{d}y$$

由于 t 时刻回路中的 $\boldsymbol{B}$ 为常量，因此

$$\Phi_m=\boldsymbol{B}\cdot\boldsymbol{S}=\boldsymbol{e}_z 10\sin\omega t\cdot\boldsymbol{e}_z 0.1x=0.3(1-\cos\omega t)\sin\omega t(\text{Wb})$$

回路中的感应电动势

$$\boldsymbol{e}=-\frac{\mathrm{d}\Phi_m}{\mathrm{d}t}=-0.3\frac{\mathrm{d}[(1-\cos\omega t)\sin\omega t]}{\mathrm{d}t}$$
$$=0.3\omega(\cos2\omega t-\cos\omega t)(\text{V})$$

回路中的感应电流

$$I=\frac{\boldsymbol{e}}{R}=\frac{0.3\omega(\cos2\omega t-\cos\omega t)}{0.3}$$
$$=\omega(\cos2\omega t-\cos\omega t)(\text{A})$$

4-18　**答案：** 内电感 $L_i=\frac{\mu_0}{8\pi}$，外电感 $L_0=\frac{\mu_0}{\pi}\ln\frac{d-a}{a}$

解析： 建立直角坐标系，令一根导线位于坐标原点处沿 z 轴放置。在双导线中取单位长度，沿长度方向取出一个矩形回路，其方向与 y 轴正方向遵循右手螺旋定则，如题 4-18解析图 (a) 所示。令 $I_1=I\boldsymbol{e}_z$，$I_2=-I\boldsymbol{e}_z$。

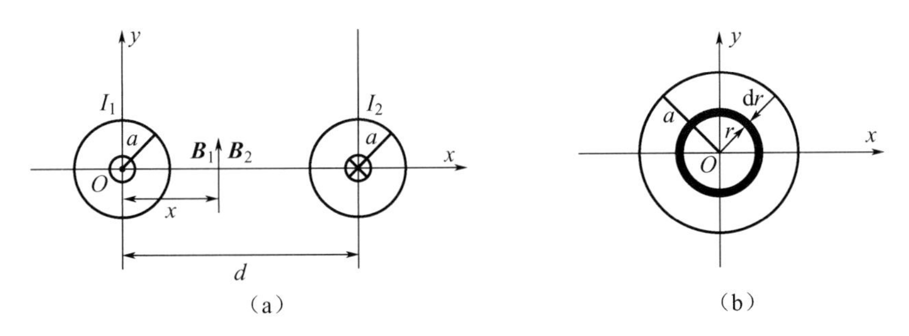

题 4-18 解析图

那么，两个电流在两导线间产生的磁感应强度

$$\boldsymbol{B}_o=\boldsymbol{B}_1+\boldsymbol{B}_2=\boldsymbol{e}_y\frac{\mu_0 I}{2\pi x}+\boldsymbol{e}_y\frac{\mu_0 I}{2\pi(d-x)}$$

磁场形成的外磁通

$$\Phi_o=\int_S \boldsymbol{B}\cdot\mathrm{d}\boldsymbol{S}=\int_a^{d-a}\boldsymbol{e}_y\frac{\mu_0 I}{2\pi}\left(\frac{1}{x}+\frac{1}{d-x}\right)\cdot\boldsymbol{e}_y\mathrm{d}x=\frac{\mu_0 I}{\pi}\ln\frac{d-a}{a}$$

由于此时磁通链等于磁通，即 $\psi=\Phi_o$，因此外电感

$$L_o=\frac{\psi}{I}=\frac{\mu_0}{\pi}\ln\frac{d-a}{a}$$

如题 4-18 解析图（b）所示，导体内的磁感应强度

$$\boldsymbol{B}_i=\frac{\mu_0 Ir}{2\pi a^2}$$

单位长度导体内磁通

$$\mathrm{d}\Phi_i=\boldsymbol{B}_i\cdot\mathrm{d}\boldsymbol{S}=\frac{\mu_0 Ir}{2\pi a^2}\mathrm{d}r$$

内磁通链

$$\mathrm{d}\psi_i=\frac{I'}{I}\mathrm{d}\Phi_i=\frac{r^2}{a^2}\frac{\mu_0 Ir}{2\pi a^2}\mathrm{d}r=\frac{\mu_0 Ir^3}{2\pi a^4}\mathrm{d}r$$

即

$$\psi_i=\int_0^a\mathrm{d}\psi_i=\frac{\mu_0 I}{8\pi}$$

单位长度导体内电感

$$L_i=\frac{\psi_i}{I}=\frac{\mu_0}{8\pi}$$

4－19　**答案：**$M_{21}=-\mu_0 d$

解析：建立直角坐标系，如题 4-19 解析图所示，令长直导线位于 z 轴。

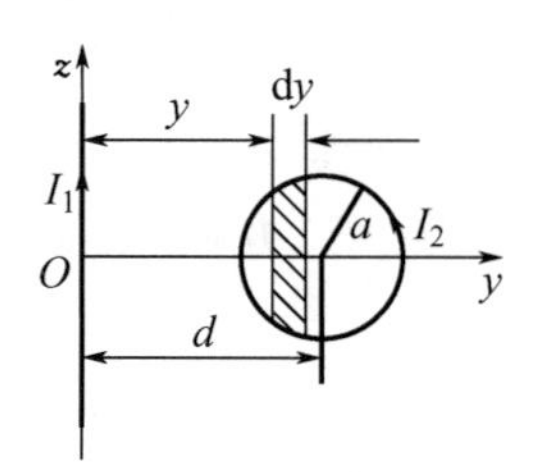

题 4-19 解析图

无限长 z 轴方向电流在 $x=0$ 平面内正 y 轴产生的磁感应强度

$$\boldsymbol{B}_1=-\boldsymbol{e}_x\frac{\mu_0 I_1}{2\pi y}$$

$\boldsymbol{B}_1$产生的磁通与圆环电流 I_2 交链的磁通链

$$\psi_{21}=\int_{S_2}\boldsymbol{B}_1\cdot\mathrm{d}\boldsymbol{S}=-\frac{\mu_0 I_1}{\pi}\int_{d-a}^{d+a}\frac{\sqrt{a^2-(d-y)^2}}{y}\mathrm{d}y=-\mu_0 I_1 d$$

圆环与直导线之间的互感

$$M_{21}=\frac{\psi_{21}}{I_1}=-\mu_0 d$$

可见，M_{21}为负，因为 I_2 产生的磁通方向与互磁通方向相反。

4－20　**答案：**$M_{21}=\frac{\mu_0 a}{2\pi}\ln\left(\frac{D+b}{D}\right)$

解析：建立圆柱坐标系，令 z 轴方向与电流 I_1 方向一致，I_1 产生的磁通密度

$$\boldsymbol{B}_1=\frac{\mu_0 I_1}{2\pi r}\boldsymbol{e}_\phi$$

与线圈电流 I_2 交链的磁通链

$$\psi_{21}=\int_{S_2}\boldsymbol{B}_1\cdot\mathrm{d}\boldsymbol{S}$$

若线圈电流为题 4-20 图所示的顺时针方向，则 $\mathrm{d}\boldsymbol{S}$ 与 $\boldsymbol{B}_1$ 方向相同，得

$$\psi_{21}=\frac{\mu_0 I_1 a}{2\pi}\int_D^{D+b}\frac{1}{r}\mathrm{d}r=\frac{\mu_0 I_1 a}{2\pi}\ln\left(\frac{D+b}{D}\right)$$

互感

$$M_{21}=\frac{\psi_{21}}{I_1}=\frac{\mu_0 a}{2\pi}\ln\left(\frac{D+b}{D}\right)$$

可见 $M_{21}>0$，因为当导线的电流向上，线圈电流为顺时针方向时，互磁通 Φ_{21} 与 I_2 产生的磁通方向相同，所以电流 I_2 的磁通链增大，M_{21} 为正；反之，当线圈电流为逆时针方向时，$\boldsymbol{B}_1$ 与 $\mathrm{d}\boldsymbol{S}$ 反向，M_{21} 为负。但在任何线性介质中，$M_{12}=M_{21}$。

4－21　**答案：**见解析

解析：由安培环路定律得内导体中的磁场感应强度

$$B_1=\frac{\mu_0 Ir}{2\pi a^2},\ r<a$$

内导体单位长度的磁场能量

$$W_{m1}=\frac{1}{2\mu_0}\int_{V_1}B_1^2\mathrm{d}V=\frac{1}{2\mu_0}\int_0^a\left(\frac{\mu_0 Ir}{2\pi a^2}\right)^2 2\pi r\mathrm{d}r=\frac{\mu_0}{16\pi}I^2$$

在内、外导体之间单位长度的磁感应强度及磁场能量分别如下：

$$B_2=\frac{\mu_0 I}{2\pi r},\ a<r<b$$

$$W_{m2}=\frac{1}{2\mu_0}\int_a^b\left(\frac{\mu_0 I}{2\pi r}\right)^2 2\pi r\mathrm{d}r=\frac{\mu_0 I^2}{4\pi}\ln\frac{b}{a}$$

在外导体中，单位长度的磁感应强度及磁场能量分别如下：

$$B_3=\frac{\mu_0 I}{2\pi r}\frac{c^2-r^2}{c^2-b^2}$$

$$\begin{aligned}W_{m3}&=\frac{1}{2\mu_0}\int_b^c\left(\frac{\mu_0 I}{2\pi r}\frac{c^2-r^2}{c^2-b^2}\right)^2 2\pi r\mathrm{d}r\\&=\frac{\mu_0 I^2}{4\pi(c^2-b^2)^2}\int_b^c\left(\frac{c^4}{r}-2c^2r+r^3\right)\mathrm{d}r\\&=\frac{\mu_0 I^2}{4\pi(c^2-b^2)^2}\left[c^4\ln\frac{c}{b}-\frac{1}{4}(3c^2-b^2)(c^2-b^2)\right]\end{aligned}$$

因此，同轴线单位长度的磁场能量

$$W_m=W_{m1}+W_{m2}+W_{m2}=\frac{\mu_0 I^2}{16\pi}\left[1+4\ln\frac{b}{a}+\frac{4c^2}{(c^2-b^2)^2}\ln\frac{c}{b}-\frac{3c^2-b^2}{c^2-b^2}\right]$$

单位长度的自感

$$L=\frac{2W_m}{I^2}=\frac{\mu_0}{8\pi}\left[1+4\ln\frac{b}{a}+\frac{4c^4}{(c^2-b^2)^2}\ln\frac{c}{b}-\frac{3c^2-b^2}{c^2-b^2}\right]$$

4－22　**答案：**$\boldsymbol{F}=\boldsymbol{e}_y 4\times10^{-4}$（N）

解析：建立直角坐标系，如题 4-22 图所示，令电流 I_1 位于 z 轴且电流方向沿 z 轴正方向，则电流 I_1 在 $x=0$ 平面内 $y>0$ 区域产生的磁感应强度

$$\boldsymbol{B}_1=-\boldsymbol{e}_x\frac{\mu_0 I_1}{2\pi y}$$

当电流 I_1 与 I_2 同向时，电流 I_2 上的电流元 $\boldsymbol{e}_z I_2\mathrm{d}z$ 受到磁场 $\boldsymbol{B}_1$ 的作用力

$$\mathrm{d}\boldsymbol{F}=I_2\mathrm{d}\boldsymbol{l}\times\boldsymbol{B}_1=-\boldsymbol{e}_y\frac{\mu_0 I_1 I_2}{2\pi y}\mathrm{d}z$$

单位长度电流 I_2 受到磁场 $\boldsymbol{B}_1$ 的作用力

$$\boldsymbol{F}=-\boldsymbol{e}_y\frac{\mu_0 I_1 I_2}{2\pi d}\int_0^1\mathrm{d}z=-\boldsymbol{e}_y\frac{\mu_0 I_1 I_2}{2\pi d}=-\boldsymbol{e}_y 4\times 10^{-4}\,(\mathrm{N})$$

可见，当电流同向时，导线间的作用力为吸力。

当电流 I_1 与 I_2 反向时，同理可以求出单位线电流 I_2 受到磁场 $\boldsymbol{B}_1$ 的作用力

$$\boldsymbol{F}=\boldsymbol{e}_y\frac{\mu_0 I_1 I_2}{2\pi d}\int_0^1\mathrm{d}z=\boldsymbol{e}_y\frac{\mu_0 I_1 I_2}{2\pi d}=\boldsymbol{e}_y 4\times 10^{-4}\ (\mathrm{N})$$

可见，当电流反向时，导线间的作用力为斥力。

4-23　**答案：**(1) $W_m=\frac{\mu_0 I^2}{16\pi}+\frac{\mu_1\mu_2 I^2}{2\pi\ (\mu_1+\mu_2)}\ln\frac{b}{a}$；(2) $L=\frac{\mu_0}{8\pi}+\frac{\mu_1\mu_2}{\pi(\mu_1+\mu_2)}\ln\frac{b}{a}$

解析：同轴线的内、外导体之间的磁场沿 ϕ 方向，在两种磁介质的分界面上，磁场只有法向分量。根据边界条件可知，两种磁介质中的磁感应强度 $\boldsymbol{B}_1=\boldsymbol{B}_2=\boldsymbol{B}=\boldsymbol{e}_\phi B$，但磁场强度 $\boldsymbol{H}_1\neq\boldsymbol{H}_2$。

(1) 利用安培环路定律，当 $r<a$ 时，有

$$2\pi r B_0=\frac{\mu_0 I}{\pi a^2}\pi r^2$$

则

$$B_0=\frac{\mu_0 I r}{2\pi a^2}$$

在 $a<r<b$ 区域，有

$$\pi r(H_1+H_2)=I$$

即

$$\pi r\left(\frac{B_1}{\mu_1}+\frac{B_2}{\mu_2}\right)=I$$

则

$$\boldsymbol{B}=\boldsymbol{e}_\phi\frac{\mu_2\mu_1 I}{\pi(\mu_1+\mu_2)r},\ a<r<b$$

同轴线中单位长度的磁场能量

$$\begin{aligned}W_m&=\frac{1}{2}\int_0^a\frac{\boldsymbol{B}_0^2}{\mu_0}2\pi r\mathrm{d}r+\frac{1}{2}\int_a^b\frac{\boldsymbol{B}^2}{\mu_1}\pi r\mathrm{d}r+\frac{1}{2}\int_a^b\frac{\boldsymbol{B}^2}{\mu_2}\pi r\mathrm{d}r\\&=\frac{1}{2}\int_0^a\frac{1}{\mu_0}\left(\frac{\mu_0 I r}{2\pi a^2}\right)^2 2\pi r\mathrm{d}r+\frac{1}{2}\left(\frac{1}{\mu_1}+\frac{1}{\mu_2}\right)\int_a^b\left[\frac{\mu_1\mu_2 I}{\pi(\mu_1+\mu_2)r}\right]^2\pi r\mathrm{d}r\\&=\frac{\mu_0 I^2}{16\pi}+\frac{\mu_1\mu_2 I^2}{2\pi(\mu_1+\mu_2)}\ln\frac{b}{a}\end{aligned}$$

(2) 由 $W_m=\frac{1}{2}LI^2$ 得单位长度的自感

$$L=\frac{2W_m}{I^2}=\frac{\mu_0}{8\pi}+\frac{\mu_1\mu_2}{\pi(\mu_1+\mu_2)}\ln\frac{b}{a}$$

第 5 章　习题答案及解析

5-1　**答案：** C

5-2　**答案：** B

5-3　**答案：** C

5-4　**答案：** C

5-5　**答案：** C

5-6　**答案：** $\boldsymbol{E}\times\boldsymbol{H}$，$\frac{1}{2}\mathrm{Re}\left[\boldsymbol{E}\times\boldsymbol{H}^*\right]$

5-7　**答案：** 感应电动势

5-8　**答案：** 电极化损耗，欧姆损耗

5-9　**答案：** $\oint_l \boldsymbol{H}\cdot \mathrm{d}\boldsymbol{l}=\oint_S\left(J+\frac{\partial \boldsymbol{D}}{\partial t}\right)\cdot \mathrm{d}\boldsymbol{S}$

5-10　**答案：** $\nabla^2\boldsymbol{E}+k^2\boldsymbol{E}=0$，$\nabla^2\boldsymbol{H}+k^2\boldsymbol{H}=0$

5-11　**答案：** (1) $e_{in}=-\omega B_0 ab\cos\omega t\cos\alpha$；(2) $e_{in}=-\omega B_0 ab\cos 2\omega t$

解析： (1) 线圈静止时，感应电动势是由磁场随时间变化引起的，线圈回路的磁通

$$\begin{aligned}\Phi&=\int_S B\cdot \mathrm{d}S\\&=e_yB_0\sin\omega t\cdot e_n ab\\&=B_0 ab\sin\omega t\cos\alpha\end{aligned}$$

线圈静止时的感应电动势

$$e_{\mathrm{in}}=-\frac{\mathrm{d}\varphi}{\mathrm{d}t}=-\omega B_0 ab\cos\omega t\cos\alpha$$

(2) 线圈以角速度 ω 旋转时，穿过线圈的磁通变化既是由磁场随时间变化引起的，又是由线圈转动引起的，此时线圈面的法线 e_n 是时间的函数，表示为 $e_n(t)$，$\alpha=\omega t$。

线圈回路的总磁通

$$\begin{aligned}\Phi&=B(t)\cdot e_n(t)S\\&=e_yB_0\sin\omega t\cdot e_y ab\cos\alpha\\&=B_0 ab\sin\omega t\cos\omega t\end{aligned}$$

线圈以角速度 ω 绕 x 轴旋转时的感应电动势

$$e_{\mathrm{in}}=-\frac{\mathrm{d}\varphi}{\mathrm{d}t}=-\omega B_0 ab\cos 2\omega t$$

5-12　**答案：** 见解析

解析： (1) 设两种媒质中的电场强度分别为 E_1 和 E_2，由于两种媒质均为非理想介质，因此电容器中有传导电流，且在两媒质的分界面上连续，即 $J_1=J_2$，而 $J=\sigma E$，有

$$\sigma_1E_1=\sigma_2E_2$$

$$\int_{d_2}^{0}E_2\cdot \mathrm{d}l+\int_{d_1+d_2}^{d_2}E_1\cdot \mathrm{d}l=U$$

即

$$\sigma_1 E_1 = \sigma_2 E_2$$
$$E_1 d_1 + E_2 d_2 = U_0 \sin\omega t$$

得

$$E_1 = \frac{\sigma_2 U_0 \sin\omega t}{\sigma_2 d_1 + \sigma_1 d_2}, \ E_2 = \frac{\sigma_1 U_0 \sin\omega t}{\sigma_2 d_1 + \sigma_1 d_2}$$

分别代入 σ_1 和 σ_2，得

$$E_1 = \frac{2U_0 \sin\omega t}{2d_1 + d_2}, \ E_2 = \frac{U_0 \sin\omega t}{2d_1 + d_2}$$

损耗功率

$$P = \sigma_1 E_1^2 + \sigma_2 E_2^2 = \frac{\sigma_1 \sigma_2 U_0^2 \ \sin^2 \omega t}{\sigma_2 d_1 + \sigma_1 d_2}(\sigma_2 + \sigma_1) = \frac{12SU_0^2 \sin\omega t}{m^2(2d_1 + d_2)}$$

系统能量

$$W = W_1 + W_2 = \int_{U_1} \omega_1 \mathrm{d}U + \int_{U_2} \omega_2 \mathrm{d}U = \int_{U_1} \frac{1}{2}\varepsilon_1 E_1^2 \mathrm{d}U + \int_{U_2} \frac{1}{2}\varepsilon_2 E_2^2 \mathrm{d}U$$
$$= \frac{S}{2}\left[\varepsilon_1 d_1 \ \frac{\sigma_2^2 U_0^2 \ \sin^2 \omega t}{(\sigma_2 d_1 + \sigma_1 d_2)^2} + \varepsilon_2 d_2 \ \frac{\sigma_1^2 U_0^2 \ \sin^2 \omega t}{(\sigma_2 d_1 + \sigma_1 d_2)^2}\right] = \frac{(8d_1 + d_2)S^3 U_0^2 \sin\omega t}{(2Sd_1 + Sd_2)^2}$$

(2) 当 $\sigma_1 = 0$ 时，电容器中的传导电流中断，介质 1 中存在位移电流，两媒质之间的分界面上逐渐积累表面电荷，导致介质 2 中的电场为零。

此时，$E_1 d_1 = U \Rightarrow E_1 = \frac{U_0}{d_1}\sin\omega t$，$E_2 = 0$，损耗功率为零，系统能量储存在介质 1 中，即

$$W = W_1 = \int_{U_1} \frac{1}{2}\varepsilon_1 E_1^2 \mathrm{d}U = \frac{S}{2d_1}U_0^2 \ \sin^2 \omega t$$

5-13 **答案：**见解析

解析：位移电流的表达式为 $\boldsymbol{J} = \frac{\partial \boldsymbol{D}}{\partial t}$（$\boldsymbol{D}$ 为偏微分算符），即电位移矢量对时间的偏导数。

意义：位移电流是指穿过某曲面的电位移通量$\partial \boldsymbol{D}$ 的时间变化率。

5-14 **答案：**$\frac{J_{dm}}{J_{cm}} = 9.6 \times 10^{-19} f$

解析：铜中的传导电流

$$J_c = \sigma E = \sigma E_m \cos\omega t$$

铜中的位移电流

$$J_d = \frac{\partial D}{\partial t} = \varepsilon \ \frac{\partial E}{\partial t} = -\varepsilon\omega E_m \sin\omega t$$

因此，位移电流密度与传导电流密度的比值

$$\frac{J_{dm}}{J_{cm}} = \frac{\omega\varepsilon}{\sigma} = \frac{2\pi f \ \frac{1}{36\pi} \times 10^{-9}}{5.8 \times 10^7} \approx 9.6 \times 10^{-19} f$$

5-15 **答案：**见解析

解析：对麦克斯韦第一方程$\nabla\times\boldsymbol{H}=\boldsymbol{J}+\frac{\partial \boldsymbol{D}}{\partial t}$等式两边进行散度运算，等号左边散度为0，等号右边散度也为0，即

$$\nabla\cdot\left(\boldsymbol{J}+\frac{\partial \boldsymbol{D}}{\partial t}\right)=\nabla\cdot\boldsymbol{J}+\frac{\partial(\nabla\cdot\boldsymbol{D})}{\partial t}=0$$

把微分形式的高斯通量定理$\nabla\cdot\boldsymbol{D}=\rho$代入上式，因为坐标变量和时间变量是相互独立的自变量，所以

$$\nabla\cdot\boldsymbol{J}+\frac{\partial\rho}{\partial t}=0$$

5-16 **答案**：见解析

解析：(1) E 和 H 的瞬时矢量

$$\begin{aligned}\boldsymbol{E}(x,z,t)&=\mathrm{Re}\left[-\boldsymbol{e}_y\mathrm{j}\omega\mu\frac{a}{\pi}H_0\sin\left(\frac{\pi x}{a}\right)\mathrm{e}^{-\mathrm{j}\beta z}\mathrm{e}^{\mathrm{j}\omega t}\right]\\&=\boldsymbol{e}_y\omega\mu\frac{a}{\pi}H_0\sin\left(\frac{\pi x}{a}\right)\sin(\omega t-\beta z)(\mathrm{V/m})\end{aligned}$$

$$\begin{aligned}\boldsymbol{H}(x,z,t)&=\mathrm{Re}\left\{\left[\boldsymbol{e}_x\mathrm{j}\beta\frac{a}{\pi}H_0\sin\left(\frac{\pi x}{a}\right)+\boldsymbol{e}_zH_0\cos\left(\frac{\pi x}{a}\right)\right]\mathrm{e}^{-\mathrm{j}\beta z}\mathrm{e}^{\mathrm{j}\omega t}\right\}\\&=-\boldsymbol{e}_x\beta\frac{a}{\pi}H_0\sin\frac{\pi x}{a}\sin(\omega t-\beta z)+\boldsymbol{e}_zH_0\cos\left(\frac{\pi x}{a}\right)\cos(\omega t-\beta z)(\mathrm{W/m^2})\end{aligned}$$

故瞬时坡印廷矢量

$$\boldsymbol{S}(x,z,t)=\boldsymbol{e}_z\omega\mu\beta\left(\frac{a}{\pi}H_0\right)^2\sin^2\left(\frac{\pi x}{a}\right)\sin^2(\omega t-\beta z)+\boldsymbol{e}_x\frac{a\omega\mu}{4\pi}H_0{}^2\sin\left(\frac{2\pi x}{a}\right)\sin(2\omega t-2\beta z)(\mathrm{W/m^2})$$

(2) 平均坡印廷矢量

$$\boldsymbol{S}_{av}(x,z)=\frac{1}{2}\mathrm{Re}[\boldsymbol{E}(x,z)\times\boldsymbol{H}^*(x,z)]=\boldsymbol{e}_x\frac{\omega\mu\beta}{2}\left(\frac{a}{\pi}H_0\right)^2\sin^2\left(\frac{\pi x}{a}\right)(\mathrm{W/m^2})$$

5-17 **答案**：$\boldsymbol{S}_{av}=\boldsymbol{e}_y240\pi\cos^2(20x)$

解析：由$\boldsymbol{H}(y,t)=\boldsymbol{e}_x\sqrt{2}\cos20x\sin(\omega t-k_yy)$，得其复值

$$\boldsymbol{H}(y)=\boldsymbol{e}_x\sqrt{2}\cos20x\mathrm{e}^{-\mathrm{j}k_yy-\frac{\pi}{2}\mathrm{j}}$$

因真空中传导电流为零，$\nabla\times\boldsymbol{H}=\boldsymbol{J}+\mathrm{j}\omega\boldsymbol{D}=\mathrm{j}\omega\varepsilon_0\boldsymbol{E}$，得

$$\boldsymbol{E}=\frac{\boldsymbol{E}\times\boldsymbol{H}}{\mathrm{j}\omega\varepsilon_0}=\frac{1}{\mathrm{j}\omega\varepsilon_0}\left(\boldsymbol{e}_y\frac{\partial H_x}{\partial z}-\boldsymbol{e}_z\frac{\partial H_x}{\partial y}\right)=-\frac{1}{\mathrm{j}\omega\varepsilon_0}\boldsymbol{e}_z\frac{\partial H_x}{\partial y}$$

电场强度复矢量

$$\boldsymbol{E}=\boldsymbol{e}_z120\pi\sqrt{2}\cos(20x)\mathrm{e}^{-\mathrm{j}k_yy-\frac{\pi}{2}\mathrm{j}}$$

能流密度矢量的平均值

$$\boldsymbol{S}_{av}=\mathrm{Re}(S_c)=\mathrm{Re}(\boldsymbol{E}\times\boldsymbol{H}^*)=\boldsymbol{e}_y240\pi\cos^2(20x)$$

5-18 **答案**：(1) $\boldsymbol{E}_m(z)=(\boldsymbol{e}_x\boldsymbol{E}_{xm}e^{\mathrm{j}\phi_z}-\boldsymbol{e}_y\mathrm{j}\boldsymbol{E}_{ym}\mathrm{e}^{\mathrm{j}\phi_y})\mathrm{e}^{-\mathrm{j}kz}$；(2) $\boldsymbol{H}_m(x,z)=\boldsymbol{e}_xH_mk\frac{a}{\pi}\sin\left(\frac{\pi x}{a}\right)\mathrm{e}^{-\mathrm{j}kz+\mathrm{j}\frac{\pi}{2}}+\boldsymbol{e}_xH_m\cos\left(\frac{\pi x}{a}\right)\mathrm{e}^{-\mathrm{j}kz}$

解析：(1) 由于

$$\boldsymbol{E}(z,t)=\boldsymbol{e}_xE_{xm}\cos(\omega t-kz+\phi_z)+\boldsymbol{e}_xE_{ym}\cos\left(\omega t-kz+\phi_y-\frac{\pi}{2}\right)$$

$$=\mathrm{Re}[\boldsymbol{e}_x E_{xm}\mathrm{e}^{\mathrm{j}(\omega t-kz+\phi_z)}+\boldsymbol{e}_x E_{ym}\mathrm{e}^{\mathrm{j}(\omega t-kz+\phi_y-\frac{\pi}{2})}]$$

因此

$$\dot{\boldsymbol{E}}_m(z)=\boldsymbol{e}_x E_{xm}\mathrm{e}^{\mathrm{j}(-kz+\phi_z)}+\boldsymbol{e}_y E_{ym}\mathrm{e}^{\mathrm{j}(\omega t-kz+\phi_y-\frac{\pi}{2})}$$
$$=(\boldsymbol{e}_x E_{xm}\mathrm{e}^{\mathrm{j}\phi_z}-\boldsymbol{e}_y \mathrm{j}E_{ym}\mathrm{e}^{\mathrm{j}\varphi_y})\mathrm{e}^{-\mathrm{j}kz}$$

(2) 因为

$$\cos(kz-\omega t)=\cos(\omega t-kz)$$
$$\sin(kz-\omega t)=\cos\left(kz-\omega t-\frac{\pi}{2}\right)=\cos\left(\omega t-kz+\frac{\pi}{2}\right)$$

所以

$$\boldsymbol{H}(x,z,t)=\boldsymbol{e}_x H_m k\ \frac{a}{\pi}\sin\left(\frac{\pi x}{a}\right)\sin(kz-\omega t)+\boldsymbol{e}_x H_m\cos\left(\frac{\pi x}{a}\right)\cos(kz-\omega t)$$
$$=\boldsymbol{e}_x H_m k\ \frac{a}{\pi}\sin\left(\frac{\pi x}{a}\right)\cos\left(\omega t-kz+\frac{\pi}{2}\right)+\boldsymbol{e}_x H_m\cos\left(\frac{\pi x}{a}\right)\cos(\omega t-kz)$$

故

$$\dot{\boldsymbol{H}}_m(x,z)=\boldsymbol{e}_x H_m k\ \frac{a}{\pi}\sin\left(\frac{\pi x}{a}\right)\mathrm{e}^{-\mathrm{j}kz+\mathrm{j}\frac{\pi}{2}}+\boldsymbol{e}_x H_m\cos\frac{\pi x}{a}\mathrm{e}^{-\mathrm{j}kz}$$

5-19 **答案：** $\boldsymbol{E}(\boldsymbol{r},t)=(-\boldsymbol{e}_x-2\boldsymbol{e}_y+\sqrt{3}\boldsymbol{e}_z)\cos[9.42\times10^7 t-0.05\pi(\sqrt{3}x+z)]$，$\boldsymbol{B}(\boldsymbol{r})=\frac{\pi}{10}(\boldsymbol{e}_x-2\boldsymbol{e}_y-\sqrt{3}\boldsymbol{e}_z)\mathrm{e}^{-\mathrm{j}0.05\pi(\sqrt{3}x+z)}$，$\boldsymbol{S}_c=\frac{2\pi}{5y_0}(\sqrt{3}\boldsymbol{e}_x+\boldsymbol{e}_z)$

解析： 由 $\boldsymbol{E}(\boldsymbol{r})=(-\boldsymbol{e}_x-2\boldsymbol{e}_y+\sqrt{3}\boldsymbol{e}_z)\mathrm{e}^{-\mathrm{j}0.05\pi(\sqrt{3}x+z)}$ 得

$$k\cdot r=k_x X+k_y Y+k_z Z=0.05\pi(\sqrt{3}x+z)$$

求得

$$k_x=0.05\sqrt{3}\pi, k_y=0, k_z=0.05\pi$$
$$k=\sqrt{k_x^2+k_y^2+k_z^2}=0.1\pi$$

则

$$\omega=\frac{k}{\sqrt{\varepsilon_0\mu_0}}\approx9.42\times10^7(\mathrm{rad/s})$$

电场强度的瞬时值

$$\boldsymbol{E}(\boldsymbol{r},t)=(-\boldsymbol{e}_x-2\boldsymbol{e}_y+\sqrt{3}\boldsymbol{e}_z)\cos[9.42\times10^7 t-0.05\pi(\sqrt{3}x+z)]$$

由麦克斯韦方程求得磁通密度的复矢量

$$\boldsymbol{B}(\boldsymbol{r})=\frac{\pi}{10\eta}(\boldsymbol{e}_x-2\boldsymbol{e}_y-\sqrt{3}\boldsymbol{e}_z)\mathrm{e}^{-\mathrm{j}0.05\pi(\sqrt{3}x+z)}$$

复坡印廷矢量

$$\boldsymbol{S}_c=\boldsymbol{E}\times\dot{\boldsymbol{H}}=\frac{2\pi}{5\eta_0}(\sqrt{3}\boldsymbol{e}_x+\boldsymbol{e}_z)$$

5-20 **答案：** 见解析

解析： 复数形式的麦克斯韦方程组为

$$\nabla \times \boldsymbol{H}(r)=\boldsymbol{J}(r)+\mathrm{j}\omega \boldsymbol{D}(r)$$
$$\nabla \times \boldsymbol{E}(r)=-\mathrm{j}\omega \boldsymbol{B}(r)$$
$$\nabla \cdot \boldsymbol{B}(r)=0$$
$$\nabla \cdot \boldsymbol{D}(r)=\rho(r)$$

复数形式的麦克斯韦方程组没有时间相关项。

第6章　习题答案及解析

6-1　**答案：** D

6-2　**答案：** A

6-3　**答案：** C

6-4　**答案：** A

6-5　**答案：** D

6-6　**答案：** 377Ω

6-7　**答案：** −1/3，2/3

6-8　**答案：** 4rad/m

6-9　**答案：** 垂直，波阻抗

6-10　**答案：** 反比

6-11　**答案：** 见如下证明

证明：（1）$\nabla^2 \boldsymbol{E}=\boldsymbol{e}_x E_0 \nabla^2 cos\left(\omega \mathrm{t}-\frac{\omega}{\mathrm{c}} \mathrm{z}\right)=\boldsymbol{e}_x E_0 \frac{\partial^2}{\partial z^2}\cos\left(\omega t-\frac{\omega}{c} z\right)$

$$=-\boldsymbol{e}_x\left(\frac{\omega}{c}\right)^2 E_0 \cos\left(\omega t-\frac{\omega}{c} z\right)$$

$$\frac{\partial^2 \boldsymbol{E}}{\partial t^2}=\boldsymbol{e}_x E_0 \frac{\partial^2}{\partial t^2}\cos\left(\omega t-\frac{\omega}{c} z\right)=-\boldsymbol{e}_x \omega^2 E_0 \cos\left(\omega t-\frac{\omega}{c} z\right)$$

$$\nabla^2 \boldsymbol{E}-\frac{1}{c^2} \frac{\partial^2 \boldsymbol{E}}{\partial t^2}=-\boldsymbol{e}_x\left(\frac{\omega}{c}\right)^2 E_0 \cos\left(\omega t-\frac{\omega}{c} z\right)-\frac{1}{c^2}\left[-\boldsymbol{e}_x \omega^2 E_0 \cos\left(\omega t-\frac{\omega}{c} z\right)\right]=0$$

即矢量函数 $\boldsymbol{E}=\boldsymbol{e}_x E_0 \cos\left(\omega t-\frac{\omega}{c} z\right)$满足波动方程$\nabla^2 \boldsymbol{E}-\frac{1}{c^2} \frac{\partial^2 \boldsymbol{E}}{\partial t^2}=0$。

（2）$\nabla^2 \boldsymbol{E}=\boldsymbol{e}_x E_0 \nabla^2\left[\sin\left(\frac{\omega}{c} z\right)\cos\omega t\right]=\boldsymbol{e}_x E_0 \frac{\partial^2}{\partial z^2}\left[\sin\left(\frac{\omega}{c} z\right)\cos\omega t\right]$

$$=-\boldsymbol{e}_x\left(\frac{\omega}{c}\right)^2 E_0 \sin\left(\frac{\omega}{c} z\right)\cos\omega t$$

$$\frac{\partial^2 \boldsymbol{E}}{\partial t^2}=\boldsymbol{e}_x E_0 \frac{\partial^2}{\partial t^2}\left[\sin\left(\frac{\omega}{c} z\right)\cos\omega t\right]=-\boldsymbol{e}_x \omega^2 E_0\left[\sin\left(\frac{\omega}{c} z\right)\cos\omega t\right]$$

$$\nabla^2 \boldsymbol{E}-\frac{1}{c^2} \frac{\partial^2 \boldsymbol{E}}{\partial t^2}=-\boldsymbol{e}_x\left(\frac{\omega}{c}\right)^2 E_0 \sin\left(\frac{\omega}{c} z\right)\cos\omega t-\frac{1}{c^2}\left[-\boldsymbol{e}_x \omega^2 E_0 \sin\left(\frac{\omega}{c} z\right)\cos\omega t\right]=0$$

即矢量函数 $\boldsymbol{E}=\boldsymbol{e}_x E_0 \sin\left(\frac{\omega}{c} z\right)\cos\omega t$ 满足波动方程$\nabla^2 \boldsymbol{E}-\frac{1}{c^2} \frac{\partial^2 \boldsymbol{E}}{\partial t^2}=0$。

（3）$\nabla^2 \boldsymbol{E}=\boldsymbol{e}_y E_0 \nabla^2 \cos\left(\omega t+\frac{\omega}{c} z\right)=\boldsymbol{e}_y E_0 \frac{\partial^2}{\partial z^2}\cos\left(\omega t+\frac{\omega}{c} z\right)$

$$=-\boldsymbol{e}_y\left(\frac{\omega}{c}\right)^2 E_0\cos\left(\omega t+\frac{\omega}{c}z\right)$$

$$\frac{\partial^2\boldsymbol{E}}{\partial t^2}=\boldsymbol{e}_yE_0\ \frac{\partial^2}{\partial t^2}\cos\left(\omega t+\frac{\omega}{c}z\right)=-\boldsymbol{e}_y\omega^2E_0\cos\left(\omega t+\frac{\omega}{c}z\right)$$

$$\nabla^2\boldsymbol{E}-\frac{1}{c^2}\ \frac{\partial^2\boldsymbol{E}}{\partial t^2}=-\boldsymbol{e}_y\left(\frac{\omega}{c}\right)^2E_0\cos\left(\omega t+\frac{\omega}{c}z\right)-\frac{1}{c^2}\left[-\boldsymbol{e}_y\omega^2E_0\cos\left(\omega t+\frac{\omega}{c}z\right)\right]=0$$

即矢量函数 $\boldsymbol{E}=\boldsymbol{e}_yE_0\cos\left(\omega t+\frac{\omega}{c}z\right)$满足波动方程$\nabla^2\boldsymbol{E}-\frac{1}{c^2}\ \frac{\partial^2\boldsymbol{E}}{\partial t^2}=0$。

6-12　**答案：**见如下证明

证明：在直角坐标系中，$\boldsymbol{r}=\boldsymbol{e}_xx+\boldsymbol{e}_yy+\boldsymbol{e}_zz$

设 $\boldsymbol{k}=\boldsymbol{e}_xk_x+\boldsymbol{e}_yk_y+\boldsymbol{e}_zk_z$

则 $\boldsymbol{k}\cdot\boldsymbol{r}=(\boldsymbol{e}_xk_x+\boldsymbol{e}_yk_y+\boldsymbol{e}_zk_z)\cdot(\boldsymbol{e}_xx+\boldsymbol{e}_yy+\boldsymbol{e}_zz)=k_xx+k_yy+k_zz$

故 $\boldsymbol{E}(r)=\boldsymbol{E}_0e^{-\mathrm{j}\boldsymbol{k}\cdot\boldsymbol{r}}=\boldsymbol{E}_0\mathrm{e}^{-\mathrm{j}(k_xx+k_yy+k_zz)}$

$$\begin{aligned}\nabla^2\boldsymbol{E}(\boldsymbol{r})&=\boldsymbol{E}_0\ \nabla^2\mathrm{e}^{-\mathrm{j}\boldsymbol{k}\cdot\boldsymbol{r}}=\boldsymbol{E}_0\nabla^2\mathrm{e}^{-\mathrm{j}(k_xx+k_yy+k_zz)}\\&=\boldsymbol{E}_0\left(\frac{\partial^2}{\partial x^2}+\frac{\partial^2}{\partial y^2}+\frac{\partial^2}{\partial z^2}\right)\mathrm{e}^{-\mathrm{j}(k_xx+k_yy+k_zz)}\\&=(-k_x^2-k_y^2-k_z^2)\boldsymbol{E}_0\mathrm{e}^{-\mathrm{j}(k_xx+k_yy+k_zz)}=-k^2\boldsymbol{E}(\boldsymbol{r})\end{aligned}$$

代入方程$\nabla^2\boldsymbol{E}(\boldsymbol{r})+\omega^2\mu\varepsilon\boldsymbol{E}(\boldsymbol{r})=0$，得

$$-k^2\boldsymbol{E}+\omega^2\mu\varepsilon\boldsymbol{E}=0$$

故 $k^2=\omega^2\mu\varepsilon$

6-13　**答案：**$v=1.996\times10^8\mathrm{m/s}$，$\lambda=2.12\mathrm{m}$，$y=251\Omega$，$E_m=1.757\mathrm{V/m}$

解析：由题意 $\varepsilon_\mathrm{r}=2.26$，$\mu_\mathrm{r}=1$，$f=9.4\times10^9\,\mathrm{Hz}$

因此 $v=\frac{1}{\sqrt{\mu\varepsilon}}=\frac{1}{\sqrt{\varepsilon_\mathrm{r}\varepsilon_0\mu_r\mu_0}}=\frac{1}{\sqrt{\varepsilon_\mathrm{r}\mu_\mathrm{r}}}\cdot\frac{1}{\sqrt{\varepsilon_0\mu_0}}$

$$=\frac{v_0}{\sqrt{\varepsilon_\mathrm{r}}}=\frac{v_0}{\sqrt{2.26}}\approx1.996\times10^8(\mathrm{m/s})$$

$$\lambda=\frac{v}{f}=\frac{1.996\times10^8}{9.4\times10^9}\approx2.12(\mathrm{m}),\ Z=\sqrt{\frac{\mu}{\varepsilon}}=\frac{\eta_0}{\sqrt{\varepsilon_r}}=\frac{377}{\sqrt{2.26}}\approx251(\Omega)$$

$$E_m=H_mZ=7\times10^3\times251=1.757(\mathrm{V/m})$$

6-14　**答案：**$P_\mathrm{av}=65.1\mathrm{W}$

解析：电场强度的复数表示式为 $\boldsymbol{E}=\boldsymbol{e}_x50\mathrm{e}^{-\mathrm{j}kz}$

自由空间的本征阻抗为 $Z_0=120\pi\Omega$

得到该平面波的磁场强度

$$\boldsymbol{H}=\boldsymbol{e}_y\ \frac{E}{Z_0}=\boldsymbol{e}_y\ \frac{5}{12\pi}\mathrm{e}^{-\mathrm{j}kz}\,(\mathrm{A/m})$$

平均坡印廷矢量

$$\boldsymbol{S}_{av}=\frac{1}{2}\mathrm{Re}(\boldsymbol{E}\times\boldsymbol{H}^*)=\boldsymbol{e}_z\ \frac{1}{2}\times50\times\frac{5}{12\pi}=\boldsymbol{e}_z\ \frac{125}{12\pi}(\mathrm{W/m^2})$$

垂直穿过半径 $R=2.5\mathrm{m}$ 的圆平面的平均功率

$$P_{av}=\int_S\boldsymbol{S}_{av}\,\mathrm{d}\boldsymbol{S}=\frac{125}{12\pi}\times\pi R^2=\frac{125}{12\pi}\times\pi\times(2.5)^2\approx65.1(\mathrm{W})$$

6－15　**答案：**见解析

解析：当 $f=10\text{kHz}$ 时，$\omega=2\pi\times10^4$

$$\frac{\sigma}{\omega\varepsilon}=\frac{4\times36\pi}{2\pi\times10^4\times80\times10^{-9}}=9\times10^4\gg1$$

故可视为良导体，那么

相位常数：$k'=\sqrt{\pi f\mu\sigma}\approx0.40$；衰减常数：$k''=k'=0.40$

波长：$\lambda=\dfrac{2\pi}{k'}=5\pi$；相速 $v_p=\dfrac{\omega}{k'}=\dfrac{2\pi\times10^4}{0.40}\approx3.14\times10^5(\text{ms}^{-1})$

波阻抗：$Z_c=(1+\text{j})\sqrt{\dfrac{\pi f\mu}{\sigma}}=0.14e^{\text{j}\frac{\pi}{4}}(\Omega)$

当 $f=10\text{GHz}$ 时，$\omega=2\pi\times10^{10}$

$$\frac{\sigma}{\omega\varepsilon}=\frac{4\times36\pi}{2\pi\times10^{10}\times80\times10^{-9}}\approx0.09\ll1,$$

故可视为非理想电解质，则

相位常数：$k'=\omega\sqrt{\mu\varepsilon}=2\pi\times10^{10}\times\sqrt{4\pi\times10^{-7}\times80\times\dfrac{10^{-9}}{36\pi}}\approx1873.28$

衰减常数：$k''=\dfrac{\sigma}{2}\sqrt{\dfrac{\mu}{\varepsilon}}=\dfrac{4}{2}\sqrt{(4\pi\times10^{-7})\ \Big/\left(80\times\dfrac{10^{-9}}{36\pi}\right)}\approx84.3$

波长：$\lambda=\dfrac{2\pi}{k'}\approx3.354(\text{mm})$

相速 $v_p=\dfrac{\omega}{k'}\approx3.354\times10^7(\text{ms}^{-1})$

波阻抗：$Z_c=\sqrt{\dfrac{\mu}{\varepsilon}}=\sqrt{\dfrac{\mu_r}{\varepsilon_r}}Z_0=\dfrac{120\pi}{\sqrt{80}}\approx42.15(\Omega)$

6－16　**答案：**见解析

解析：设两个振幅相等、旋向相反的圆极化波分别为

$$\boldsymbol{E}_1(z)=(\boldsymbol{e}_x+\text{j}\boldsymbol{e}_y)E_{1m}\text{e}^{-\text{j}kz},\ \boldsymbol{E}_2(z)=(\boldsymbol{e}_x-\text{j}\boldsymbol{e}_y)E_{2m}\text{e}^{-\text{j}kz}$$

式中，E_{1m} 和 E_{2m} 为待定常数。令

$$\boldsymbol{E}_1(z)+\boldsymbol{E}_2(z)=\boldsymbol{E}(z)$$

即

$$(\boldsymbol{e}_x+\text{j}\boldsymbol{e}_y)E_{1m}\text{e}^{-\text{j}kz}+(\boldsymbol{e}_x-\text{j}\boldsymbol{e}_y)E_{2m}\text{e}^{-\text{j}kz}=\boldsymbol{e}_xE_m\text{e}^{-\text{j}kz}+\boldsymbol{e}_yE_m\text{e}^{-\text{j}kz}$$

可得

$$E_{1m}=\frac{E_m}{2}(1-\text{j})=\frac{E_m}{\sqrt{2}}\text{e}^{-\frac{\text{j}\pi}{4}},E_{2m}=\frac{E_m}{2}(1+\text{j})=\frac{E_m}{\sqrt{2}}\text{e}^{\frac{\text{j}\pi}{4}}$$

显然有 $|E_{1m}|=|E_{2m}|=\dfrac{E_m}{\sqrt{2}}$。故两个振幅相等、旋向相反的圆极化波分别为

$$\boldsymbol{E}_1(z)=(\boldsymbol{e}_x+\text{j}\boldsymbol{e}_y)\frac{E_m}{\sqrt{2}}\text{e}^{-\frac{\text{j}\pi}{4}}\text{e}^{-\text{j}kz},\ \boldsymbol{E}_2(z)=(\boldsymbol{e}_x-\text{j}\boldsymbol{e}_y)\frac{E_m}{\sqrt{2}}\text{e}^{\frac{\text{j}\pi}{4}}\text{e}^{-\text{j}kz}$$

6－17　**答案：**见解析

解析：(1) 由题意知，可设该右旋圆极化平面波的电场强度的复数形式

$$\boldsymbol{E}(z)=\frac{E_0}{\sqrt{2}}(\boldsymbol{e}_x-\mathrm{j}\boldsymbol{e}_y)\mathrm{e}^{-\mathrm{j}kz}$$

其瞬时值

$$\boldsymbol{E}(z,t)=\boldsymbol{e}_xE_0\sin(\omega t-kz)+\boldsymbol{e}_yE_0\sin\left(\omega t-kz-\frac{\pi}{2}\right)$$

(2) 反射波为 $\boldsymbol{E}^r(z)=\frac{E_0}{\sqrt{2}}R(\boldsymbol{e}_x-\mathrm{j}\boldsymbol{e}_y)\mathrm{e}^{\mathrm{j}kz}$，因为 $R=-1$，所以

$$\boldsymbol{E}^r(z,t)=-\frac{E_0}{\sqrt{2}}(\boldsymbol{e}_x-\mathrm{j}\boldsymbol{e}_y)\mathrm{e}^{\mathrm{j}kz}$$

令真空中的合成磁场 $\boldsymbol{H}(z)=\boldsymbol{H}^i(z)+\boldsymbol{H}^r(z)$

因为

$$\boldsymbol{H}^i(z)=\frac{E_0}{\sqrt{2}Z_0}(\boldsymbol{e}_y+\mathrm{j}\boldsymbol{e}_x)\mathrm{e}^{-\mathrm{j}kz},\ \boldsymbol{H}^r(z)=\frac{E_0}{\sqrt{2}Z_0}(\boldsymbol{e}_y+\mathrm{j}\boldsymbol{e}_x)\mathrm{e}^{\mathrm{j}kz}$$

所以合成磁场

$$\boldsymbol{H}(z)=\frac{\sqrt{2}E_0}{Z_0}(\boldsymbol{e}_y+\mathrm{j}\boldsymbol{e}_x)\cos kz$$

(3) 已知表面电流密度

$$\boldsymbol{J}_S=\boldsymbol{e}_n\times\boldsymbol{H}(0)$$

式中，$\boldsymbol{e}_n=-\boldsymbol{e}_z$；$\boldsymbol{H}(0)$ 为理想导电体表面的合成磁场。求得表面电流

$$\boldsymbol{J}_S=(-\boldsymbol{e}_z)\times\boldsymbol{H}(0)=\frac{\sqrt{2}E_0}{Z_0}(\boldsymbol{e}_x-\mathrm{j}\boldsymbol{e}_y)$$

6-18 **答案：**见解析

解析：(1) 设反射波电场的复数形式

$$\boldsymbol{E}_r(z)=(\boldsymbol{e}_xE_{rx}+\boldsymbol{e}_yE_{ry})\mathrm{e}^{\mathrm{j}\beta z}$$

由理想导体表面电场所满足的边界条件，$z=0$ 时有 $[\boldsymbol{E}_i(z)+\boldsymbol{E}_r(z)]_{z=0}=0$ 得

$$\boldsymbol{E}_r(z)=(-\boldsymbol{e}_x+\boldsymbol{e}_{\mathrm{j}y})E_m\mathrm{e}^{\mathrm{j}\beta z}$$

这是一个沿负 $\boldsymbol{e}_z$ 方向传播的右旋圆极化波。

(2) 在 $z<0$ 区域的总电场强度

$$\begin{aligned}\boldsymbol{E}_1(z,t)&=\mathrm{Re}\{[\boldsymbol{E}_1(z)+\boldsymbol{E}_r(z)]\mathrm{e}^{\mathrm{j}\omega t}\}\\&=\mathrm{Re}\{[(\boldsymbol{e}_x-\boldsymbol{e}_y\mathrm{j})\mathrm{e}^{-\mathrm{j}\beta z}+(-\boldsymbol{e}_x+\boldsymbol{e}_y\mathrm{j})\mathrm{e}^{\mathrm{j}\beta z}]E_m\mathrm{e}^{\mathrm{j}\omega t}\}\\&=\mathrm{Re}\{[-(\boldsymbol{e}_x-\boldsymbol{e}_y)\mathrm{j}2\sin\beta z]E_m\mathrm{e}^{\mathrm{j}\omega t}\}\\&=2E_m\sin\beta z(\boldsymbol{e}_x\sin\omega t-\boldsymbol{e}_y\cos\omega t)\end{aligned}$$

(3) 由理想导体表面磁场所满足的边界条件

$$\boldsymbol{e}_n\times\boldsymbol{H}_1=\boldsymbol{J}_s$$

因为 $\boldsymbol{e}_n=-\boldsymbol{e}_z$，所以 $\boldsymbol{J}_S=-\boldsymbol{e}_z\times[\boldsymbol{H}_i(z)+\boldsymbol{H}_r(z)]_{z=0}$

而

$$\boldsymbol{H}_i(z)=\frac{1}{Z}\boldsymbol{e}_z\times\boldsymbol{E}_i(z)=(\boldsymbol{e}_{x\mathrm{j}}+\boldsymbol{e}_y)\frac{E_m}{Z_0}\mathrm{e}^{-\mathrm{j}\beta z}$$

$$\boldsymbol{H}_r(z)=\frac{1}{Z}(-\boldsymbol{e}_z)\times\boldsymbol{E}_r(z)=(\boldsymbol{e}_{x\mathrm{j}}+\boldsymbol{e}_y)\frac{E_m}{Z_0}\mathrm{e}^{\mathrm{j}\beta z}$$

故 $\boldsymbol{J}_S=-\boldsymbol{e}_z\times[\boldsymbol{H}_i(z)+\boldsymbol{H}_r(z)]_{z=0}=(\boldsymbol{e}_x-\boldsymbol{e}_y\mathrm{j})\dfrac{2\boldsymbol{E}_m}{Z_0}$

6-19 **答案：**见解析

解析：依题意知

$$R_{12}=\frac{Z_2-Z_1}{Z_2+Z_1},\ R_{23}=\frac{Z_3-Z_2}{Z_3+Z_2},$$

式中，Z_1，Z_2，Z_3 分别为三种媒质的波阻抗，可得

$$Z_1=\frac{1-R_{12}}{1+R_{12}}Z_2,\ Z_3=\frac{1+R_{23}}{1-R_{23}}Z_2$$

在 $z=0$ 处的输入波阻抗

$$Z_{\text{in}}=Z_2\ \frac{Z_3+\mathrm{j}Z_2\tan(k_2d)}{Z_2+\mathrm{j}Z_3\tan(k_2d)}=Z_2\ \frac{(1+R_{23})+\mathrm{j}(1-R_{23})\tan(k_2d)}{(1-R_{23})+\mathrm{j}(1+R_{23})\tan(k_2d)}$$

已知总反射系数 $R=\dfrac{Z_{\text{in}}-Z_1}{Z_{\text{in}}+Z_1}$，将 Z_1 与 Z_{in}代入，求得

$$R=\frac{(R_{12}+R_{23})+\mathrm{j}(R_{12}-R_{23})\tan(k_2d)}{(1+R_{12}R_{23})+\mathrm{j}(1-R_{12}R_{23})\tan(k_2d)}$$

6-20 **答案：**见解析

解析：$\boldsymbol{E}=\boldsymbol{E}_0\mathrm{e}^{-\mathrm{j}k\boldsymbol{e}_s\times\boldsymbol{r}}=\boldsymbol{E}_0\mathrm{e}^{-\mathrm{j}\boldsymbol{k}\times\boldsymbol{r}}$

$\boldsymbol{r}$ 为空间任意点的位置矢量。

传播矢量 $\boldsymbol{k}$ 可以表示为

$$\boldsymbol{k}=k_x\boldsymbol{e}_x+k_y\boldsymbol{e}_y+k_z\boldsymbol{e}_z$$

式中，$k_x=\boldsymbol{k}\cos\alpha$，$k_y=\boldsymbol{k}\cos\beta$，$k_z=\boldsymbol{k}\cos\gamma$。

第7章　习题答案及解析

7-1 **答案：**A

7-2 **答案：**A

7-3 **答案：**B

7-4 **答案：**B

7-5 **答案：**A

7-6 **答案：**传播方向上的电场，传播方向上的磁场

7-7 **答案：**简并

7-8 **答案：**$r^2+k^2=0$

7-9 **答案：**$\lambda_g=\lambda/\sqrt{1-(\lambda/\lambda_c)^2}$

7-10 **答案：**TM_{11}

7-11 **答案：**见解析

解析：(1)

$$\lambda_{c10}=2a=2\times22.86=45.72(\text{mm})$$

$$(f_c)_{\mathrm{TE}_{10}}=\frac{1}{2a\sqrt{\mu_0\varepsilon_0}}=\frac{3\times10^8}{2\times22.86\times10^{-3}}\approx6.56\times10^9(\text{Hz})$$

$$(\lambda_g)_{TE_{10}}=\frac{\lambda_0}{\sqrt{1-\left(\frac{f_c}{f}\right)^2}}=\frac{3\times10^{-2}}{\sqrt{1-\left(\frac{6.56\times10^9}{10\times10^9}\right)^2}}\approx3.97\times10^{-2}(\text{m})$$

$$Z_{TE}=\frac{Z_0}{\sqrt{1-\left(\frac{f_c}{f}\right)^2}}=\frac{3.77}{0.755}\approx499.3(\Omega)$$

(2) 当 $a'=2a=2\times22.86\text{mm}=45.72$ (mm) 时，

$$(\lambda_c)_{TE_{10}}=2a'=2\times45.72=91.44(\text{mm})$$

$$(f_c)_{TE_{10}}=\frac{1}{2a'\sqrt{\mu_0\varepsilon_0}}=\frac{1}{2}\times6.56\times10^9=3.28\times10^9(\text{Hz})$$

$$(\lambda_g)_{TE_{10}}=\frac{\lambda_0}{\sqrt{1-\left(\frac{f_c}{f}\right)^2}}=\frac{3\times10^{-2}}{\sqrt{1-\left(\frac{3.28\times10^9}{10\times10^9}\right)^2}}\approx3.176\times10^{-2}(\text{m})$$

$$Z_{TE_{10}}=\frac{Z_0}{\sqrt{1-\left(\frac{f_c}{f}\right)^2}}=\frac{377}{\sqrt{1-\left(\frac{3.28\times10^9}{10\times10^9}\right)^2}}\approx399.1(\Omega)$$

此时，$(\lambda_c)_{TE_{20}}=a'=45.72\text{mm}$

$$(\lambda_c)_{TE_{30}}=\frac{2}{3}a'=\frac{2}{3}\times45.72=30.48(\text{mm})$$

工作波长 $\lambda=30\text{mm}$，可见，此时能传输的模式为TE_{10}、TE_{20}、TE_{30}。

(3) 当 $b'=2b=2\times10.16\text{mm}=20.32(\text{mm})$ 时，

$$(\lambda_c)_{TE_{10}}=2a=2\times22.86=45.72(\text{mm})$$

$$(f_c)_{TE_{10}}=\frac{1}{2a\sqrt{\mu_0\varepsilon_0}}\approx6.56\times10^9(\text{Hz})$$

$$(\lambda_g)_{TE_{10}}=\frac{\lambda_0}{\sqrt{1-\left(\frac{f_c}{f}\right)^2}}\approx3.97\times10^{-2}(\text{m})$$

$$Z_{TE_{10}}=\frac{Z_0}{\sqrt{1-\left(\frac{f_c}{f}\right)^2}}\approx499.3(\Omega)$$

此时

$$(\lambda_c)_{TE_{01}}=2b'=2\times20.32=40.64(\text{mm})$$

$$(\lambda_c)_{TE_{11},TM_{11}}=\frac{2}{\sqrt{\left(\frac{1}{a}\right)^2+\left(\frac{1}{b}\right)^2}}=\frac{2}{\sqrt{\left(\frac{1}{22.86}\right)^2+\left(\frac{1}{20.32}\right)^2}}\approx30.4(\text{mm})$$

工作波长 $\lambda=30\text{mm}$，可见，此时能传输的模式为TE_{10}、TE_{01}、TE_{11}、TM_{11}。

7-12 **答案：**见解析

解析：(1) 将 $E_{z(x,y,z)}=E_{z(x,y)}\,e^{-\gamma z}=E_m\sin\left(\frac{m\pi}{a}x\right)\sin\left(\frac{n\pi}{b}y\right)e^{-\gamma z}$

$$E_{x(x,y,z)}=-\frac{\gamma}{k_c^2}\left(\frac{m\pi}{a}\right)E_m\cos\left(\frac{m\pi}{a}x\right)\sin\left(\frac{n\pi}{b}y\right)e^{-\gamma z}$$

$$E_{y(x,y,z)}=-\frac{\gamma}{k_c^2}\left(\frac{n\pi}{b}\right)E_m\sin\left(\frac{m\pi}{a}x\right)\cos\left(\frac{n\pi}{b}y\right)e^{-\gamma z}$$

$$H_{x(x,y,z)}=\frac{j\omega\varepsilon}{k_c^2}\left(\frac{n\pi}{b}\right)E_m\sin\left(\frac{m\pi}{a}x\right)\cos\left(\frac{n\pi}{b}y\right)e^{-\gamma z}$$

$$H_{y(x,y,x)}=-\frac{j\omega\varepsilon}{k_c^2}\left(\frac{m\pi}{a}\right)E_m\cos\left(\frac{m\pi}{a}x\right)\sin\left(\frac{n\pi}{b}y\right)e^{-\gamma z}$$

等式的复数表示乘以 $e^{j\omega t}$，并将 $\gamma=j\beta$ 代入，取实部，令 $m=n=1$，可得TM_{11}模的瞬间表达式

$$E_{x(x,y,z;t)}=\frac{\beta}{k_c^2}\left(\frac{\pi}{a}\right)E_m\cos\left(\frac{\pi}{a}x\right)\sin\left(\frac{\pi}{b}y\right)\sin(\omega t-\beta z)$$

$$E_{y(x,y,z;t)}=\frac{\beta}{k_c^2}\left(\frac{\pi}{b}\right)E_m\sin\left(\frac{\pi}{a}x\right)\sin\left(\frac{\pi}{b}y\right)\sin(\omega t-\beta z)$$

$$E_{z(x,y,z;t)}=E_m\sin\left(\frac{\pi}{a}x\right)\sin\left(\frac{\pi}{b}y\right)\cos(\omega t-\beta z)$$

$$H_{x(x,y,z;t)}=-\frac{\omega\varepsilon}{k_c^2}\left(\frac{\pi}{b}\right)E_m\sin\left(\frac{\pi}{a}x\right)\cos\left(\frac{\pi}{b}y\right)\sin(\omega t-\beta z)$$

$$H_{y(x,y,z;t)}=-\frac{\omega\varepsilon}{k_c^2}\left(\frac{\pi}{a}\right)E_m\cos\left(\frac{\pi}{a}x\right)\sin\left(\frac{\pi}{b}y\right)\sin(\omega t-\beta z)$$

$$H_{x(x,y,z;t)}=0$$

式中，$\beta=\sqrt{\omega^2\mu\varepsilon-\left(\frac{\pi}{a}\right)^2-\left(\frac{\pi}{b}\right)^2}$。

（2）截止波长

$$\lambda_{c11}=\frac{2\pi}{k_c}=\frac{2\pi}{\sqrt{\left(\frac{\pi}{a}\right)^2+\left(\frac{\pi}{b}\right)^2}}$$

截止频率

$$f_{c11}=\frac{1}{2\pi\sqrt{\varepsilon\mu}}\sqrt{\left(\frac{\pi}{a}\right)^2+\left(\frac{\pi}{b}\right)^2}$$

波导波长

$$\lambda_{g11}=\frac{2\pi}{\beta}=\frac{2\pi}{\sqrt{\omega^2\mu\varepsilon-\left(\frac{\pi}{a}\right)^2-\left(\frac{\pi}{b}\right)^2}}$$

相速

$$v_{g11}=\frac{\omega}{\beta}=\frac{\omega}{\sqrt{\omega^2\mu\varepsilon-\left(\frac{\pi}{a}\right)^2-\left(\frac{\pi}{b}\right)^2}}$$

波阻抗

$$Z_{TM_{11}}=Z_0\sqrt{1-\left(\frac{f_c}{f}\right)^2}$$

（3）场图

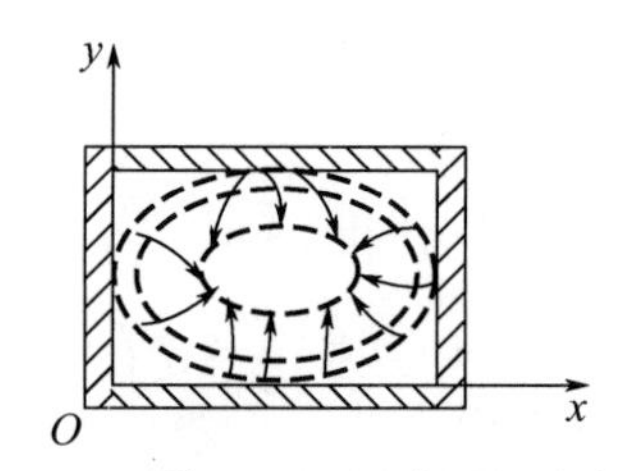

(a) TM_{11}模x-y平面的电磁场分布

(b) TM_{11}模y-z平面的电磁场分布

题 7-12 解析图

7－13　**答案**：(1) 圆柱形金属波导中存在无穷多个可能的传播模式——TM_{mn}模和TE_{mn}模；(2) 圆柱形金属波导中截止频率最低的模式是TE_{11}模，是圆柱形金属波导中的主模，其截止波长为$3.41a$；(3) 圆柱形金属波导中存在模式的双重简并。

7－14　**答案**：见解析

解析：TE_{11}模是圆柱形金属波导中的主模，TM_{01}模是圆柱形金属波导中的第一个高次模，它们的截止波长分别如下：

$$(\lambda_c)_{TE_{11}}=3.4126a,(\lambda_c)_{TM_{01}}=2.6127a$$

由于$2.6127a<\lambda<3.412a$，因此可实现单模传输。

当矩形金属波导的宽边尺寸与窄边尺寸相等时，不能实现单模传输。因为当宽边尺寸与窄边尺寸相等时，TE_{10}模和TE_{01}模会出现模式简并。

7－15　**答案**：$\lambda_g=0.14\text{m}$

解析：相位常数

$$\beta=\sqrt{k^2-k_c^2}=\omega\sqrt{\mu\varepsilon}\sqrt{1-\left(\frac{\lambda}{\lambda_c}\right)^2}$$
$$=2\pi f\sqrt{\mu_0\varepsilon_0}\sqrt{1-0.7^2}\approx 44.9(\text{rad/m})$$

则波导波长

$$\lambda_g=\frac{2\pi}{\beta}=\frac{2\pi}{44.9}\approx 0.14(\text{m})$$

7－16　**答案**：TE_{11}模、TM_{01}模

解析：电磁波的工作波长

$$\lambda=c/f=\frac{3\times 10^8}{3\times 10^9}=0.1(\text{m})=10(\text{cm})$$

若某个模式的截止波长大于工作波长，则可以传播，即

$$\lambda_c>\lambda=10\text{cm}$$

该波导的半径

$$a=l/(2\pi)=\frac{25.1}{2\times 3.14}\approx 4(\text{cm})$$

TE_{11}的截止波长

$$\lambda_c\approx 3.413a=3.413\times 4\approx 13.7(\text{cm})$$

TM_{01}的截止波长

$$\lambda_c\approx 2.613a=2.613\times 4\approx 10.5(\text{cm})$$

TE_{21}的截止波长

$$\lambda_c\approx 2.057a=2.057\times 4\approx 8.2(\text{cm})$$

其他模的截止波长均小于10cm。

所以，该波导内可能传播的模式为TE_{11}模、TM_{01}模。

7-17　**答案：** 见解析

解析： 在同轴波导中，内导体半径为a，外导体半径为b，TE_{11}模和TM_{01}模的截止波长分别如下：

$$(\lambda_c)_{TE_{11}}\approx\pi(b+a)$$

$$(\lambda_c)_{TM_{01}}\approx 2(b-a)$$

为保证同轴波导在给定工作频率内只传输横电磁模，必须使工作波长大于第一个次高模TE_{11}模的截止波长，即

$$\lambda>\pi(a+b)$$

或者说同轴线的尺寸应该满足

$$a+b<\frac{\lambda}{\pi}\approx\frac{\pi}{3}$$

该式给出了$a+b$的取值范围，要确定尺寸，还必须确定$\frac{a}{b}$的值，可以根据实际需要选择该值。例如，当要求功率容量最大时，选择$\frac{a}{b}=1.65$；当要求传输损耗最小时，选择$\frac{a}{b}=3.59$；当要求耐压最高时，选择$\frac{a}{b}=2.72$。

第8章　习题答案及解析

8-1　**答案：** D

8-2　**答案：** C

8-3　**答案：** D

8-4　**答案：** 小

8-5　**答案：** 3

8-6　**答案：** 方向性系数

8-7　**答案：** 见解析

解析：

$$\boldsymbol{A}(\boldsymbol{r},t)=\frac{\mu}{4\pi}\int_V\frac{\boldsymbol{J}(\boldsymbol{r}',t-|\boldsymbol{r}-\boldsymbol{r}'|/v)}{|\boldsymbol{r}-\boldsymbol{r}'|}\mathrm{d}V'$$

$$\varphi(\boldsymbol{r},t)=\frac{1}{4\pi\varepsilon}\int_V\frac{\rho(\boldsymbol{r}',t-|\boldsymbol{r}-\boldsymbol{r}'|/v)}{|\boldsymbol{r}-\boldsymbol{r}'|}\mathrm{d}V'$$

矢量位 $\boldsymbol{A}$ 和标量位 φ 的值是由此时刻以前的源 $\rho(\boldsymbol{r}',t-|\boldsymbol{r}-\boldsymbol{r}'|/v)$ 和 $\boldsymbol{J}(\boldsymbol{r}',t-|\boldsymbol{r}-\boldsymbol{r}'|/v)$ 决定的，滞后时间为$\frac{|\boldsymbol{r}-\boldsymbol{r}'|}{v}$，与正弦变化的相位相比滞后 $k|\boldsymbol{r}-\boldsymbol{r}'|$，因此矢量位 $\boldsymbol{A}$ 和标量位 φ 又称滞后位。

8-8　**答案：**$\pm\frac{\pi}{4}$（或$\pm45°$）

解析：电偶极子天线的辐射场

$$\boldsymbol{E}=\boldsymbol{e}_\theta\mathrm{j}\frac{Il\sin_\theta}{2\lambda r}\sqrt{\frac{\mu_0}{\varepsilon_0}}\mathrm{e}^{-\mathrm{j}kr}$$

由辐射场公式和题干可知，当接收电台停在正南方向时，$\theta=\frac{\pi}{2}$，且电场的最大值

$$|\boldsymbol{E}|_{\max}=\frac{Il}{2\lambda r}\sqrt{\frac{\mu_0}{\varepsilon_0}}$$

设当电场强度减小到最大值的$\frac{1}{\sqrt{2}}$时，电台的位置偏离正南方向 θ 度，则有

$$|\boldsymbol{E}|=\frac{1}{\sqrt{2}}|\boldsymbol{E}|_{\max}$$

即

$$\frac{Il}{2\lambda r}\sqrt{\frac{\mu_0}{\varepsilon_0}}|\sin\theta|=\frac{1}{\sqrt{2}}\frac{Il}{2\lambda r}\sqrt{\frac{\mu_0}{\varepsilon_0}}$$

解得

$$\sin\theta=\pm\frac{\sqrt{2}}{2}$$

$$\theta=\pm\frac{\pi}{4}=\pm45°$$

当接收电台的位置偏离正南方向$\pm\frac{\pi}{4}$（或$\pm45°$）时，接收的信号减小到最大值的$\frac{1}{\sqrt{2}}$。

8-9　**答案：**见解析

解析：(1) 在自由空间，$\lambda=\frac{c}{f}=\frac{3\times10^8}{10\times10^6}=30$（m）

$r=50$m 的点属于近区场，由

$$E_r=-\mathrm{j}\frac{Il\cos\theta}{2\pi\omega\varepsilon_0 r^3}$$

$$E_0=-\mathrm{j}\frac{Il\sin\theta}{4\pi\omega\varepsilon_0 r^3}$$

$$H_\phi=\frac{Il\sin\theta}{4\pi r^2}$$

得

$$E_r(\theta=90°)=0$$

$$E_\theta(\theta=90°)=-\mathrm{j}\frac{Il}{4\pi\omega\varepsilon_0 r^3}$$

$$=-\mathrm{j}\frac{25\times50\times10^{-2}}{4\pi\times2\pi\times10\times10^6\varepsilon_0\times50^3}\approx-\mathrm{j}0.014(\mathrm{V/m})$$

$$H_\phi(\theta=90°)=\frac{Il}{4\pi r^2}=\frac{25\times50\times10^{-2}}{4\pi\times50^2}\approx0.398\times10^{13}(\mathrm{A/m})$$

$r=10\mathrm{km}$ 的点属于远区场，根据

$$E_\theta=\mathrm{j}\frac{Il\eta_0}{2\lambda r}\sin\theta\mathrm{e}^{-\mathrm{j}kr}$$

$$H_\phi=\mathrm{j}\frac{Il}{2\lambda r}\sin\theta\mathrm{e}^{-\mathrm{j}kr}$$

得

$$E_\theta(\theta=90°)=\mathrm{j}\frac{Il}{2\lambda r}\eta_0\mathrm{e}^{-\mathrm{j}kr}$$

$$=\mathrm{j}\frac{25\times50\times10^{-2}}{2\times30\times10\times10}\times12\pi\mathrm{e}^{\mathrm{j}\frac{2\pi}{30}\times10\times10^3}$$

$$\approx7.854\times10^3\mathrm{e}^{\mathrm{j}\left(2.1\times10^3-\frac{\pi}{2}\right)}(\mathrm{V/m})$$

$$H_\phi(\theta=90°)=\mathrm{j}\frac{Il}{2\pi r}\mathrm{e}^{-\mathrm{j}kr}$$

$$\approx20.93\times10^{-6}\mathrm{e}^{-\mathrm{j}\left(2.1\times10^3-\frac{\pi}{2}\right)}(\mathrm{A/m})$$

(2) $\boldsymbol{S}_{av}=\boldsymbol{e}_r\frac{\eta}{2}\left|\frac{Il\sin\theta}{2\lambda r}\right|^2\approx\boldsymbol{e}_r81.8\times10^{-9}(\mathrm{W/m^2})$

(3) $R_r=80\pi^2\left(\frac{l}{\lambda_0}\right)^2\approx0.22(\Omega)$

8-10　**答案：** 见解析

解析： 已知自由空间半波天线的远区电场

$$\boldsymbol{E}_\theta=\mathrm{j}\frac{60I_m}{\boldsymbol{r}}\frac{\cos\left(\frac{\pi}{2}\cos\theta\right)}{\sin\theta}\mathrm{e}^{-\mathrm{j}\boldsymbol{k}r}$$

得半波天线的辐射功率

$$P_r=\int_S\frac{|\boldsymbol{E}_\theta|^2}{Z_0}\mathrm{d}\boldsymbol{S}=\int_0^{2\pi}\mathrm{d}\phi\int_0^\pi\frac{3600I_M^2}{120\pi\boldsymbol{r}^2}\frac{\cos^2\left(\frac{\pi}{2}\cos\theta\right)}{\sin^2\theta}r^2\sin\theta\mathrm{d}\theta=60I_0^\pi\frac{\cos^2\left(\frac{\pi}{2}\cos\theta\right)}{\sin\theta}\mathrm{d}\theta$$

若定义辐射电阻为 $R_r=\frac{P_r}{I_m^2}$，则

$$R_r=60\int_0^\pi\frac{\cos^2\left(\frac{\pi}{2}\cos\theta\right)}{\sin\theta}\mathrm{d}\theta\approx73.1(\Omega)$$

由于对称天线的电流分布是不均匀的，线上各点电流振幅不相等，因此选出不同的电流作为参考电流，辐射电阻的数值不相等。通常选取波腹电流或输入端电流作为辐射电阻的参考电流，求得的辐射电阻分别称为以波腹电流或输入端电流为参考的辐射电阻。由于半波天线的输入端电流等于波腹电流，因此上述辐射电阻可以认为是以波腹电流或者以输入端电流为参考的辐射电阻。

由

$$D=\frac{4\pi}{\int_0^{2\pi}\mathrm{d}\phi\int_0^{\pi}\boldsymbol{F}^2(\theta,\phi)\sin\theta\mathrm{d}\theta},\quad f(\theta)=\frac{\cos\left(\frac{\pi}{2}\cos\theta\right)}{\sin\theta}\mathrm{e}^{-\mathrm{j}kr}$$

得半波天线的方向系数

$$D=1.64$$

可见，半波天线的方向性系数比电流源稍大，说明半波天线的方向性较强。

8-11 **答案：** $-\frac{\pi}{2}$

解析： 均匀直线天线阵的阵因子

$$f(\psi)=\frac{\sin\frac{N\psi}{2}}{\sin\frac{\psi}{2}}$$

最大辐射条件由 $\frac{\mathrm{d}f(\psi)}{\mathrm{d}\psi}=0$ 求得

$$\psi=0$$

即

$$\psi=\xi+kd\sin\theta\cos\phi=0$$

式中，ξ 为单元天线上电流的相位差。

考虑 $\theta=90°$ 的平面，当 $\phi=\pm60°$ 时，有

$$\xi+kd\cos60°=0$$

得

$$\xi=-kd\cos60°=-\frac{2\pi}{\lambda}\frac{\lambda}{2}\cos60°=-\frac{\pi}{2}$$

8-12 **答案：** $P\geqslant2.2\mathrm{W}$

解析： 赫兹偶极子的辐射场

$$E_\theta=\mathrm{j}\frac{Il}{2\lambda r}\frac{k}{\omega\varepsilon}\mathrm{e}^{-\mathrm{j}kr}\sin\theta$$

当 $\theta=90°$ 时，电场强度达到最大值

$$|E_{90°}|=\frac{Il}{2\lambda r}\frac{k}{\omega\varepsilon}=\eta\frac{Il}{2\lambda r}$$

得

$$\frac{Il}{\lambda}=\frac{2r|E_{90°}|}{\eta}$$

将 $r=1\times10^5\mathrm{m}$，$|E_{90°}|\gg\sqrt{2}\times10^{-4}\mathrm{V/m}$ 代入上式，得

$$\frac{Il}{\lambda}\geqslant\frac{2\times10^5\times\sqrt{2}}{\eta}$$

辐射功率

$$P=80\pi^2I^2\left(\frac{l}{\lambda}\right)^2=\frac{\pi}{3}\eta\left(\frac{Il}{\lambda}\right)^2$$

有

$$P \geqslant \frac{\pi}{3}\eta\left(\frac{2\times10^{5}\times\sqrt{2}\times10^{-4}}{\eta}\right)^{2}$$

解得

$$P \geqslant 2.2\mathrm{W}$$